"十四五"职业教育部委级规划教材

U0742577

针织服装设计与生产

张玉红　贺庆玉　主　编

王心悦　副主编

中国纺织出版社有限公司

内 容 提 要

本书系统地介绍了针织面料的服用性能及缝制特性、针织服装款式造型、设计风格及特点、常用针织服装结构设计与制图方法、用料计算、排料与裁剪、缝制工艺与设备等内容。通过实例进一步说明了设计方法的具体应用，同时安排了常用缝纫设备练习，领、袋等成衣部件的缝制练习等实践环节，使学生初步掌握代表性针织服装的样板设计及制作、缝制工艺和设备的使用，以期提高学生的动手能力。

本书既可作为高等职业技术学院针织专业、服装专业的教材，也可作为针织服装企业技术人员的学习、参考用书。

图书在版编目（CIP）数据

针织服装设计与生产/张玉红，贺庆玉主编. --北京：中国纺织出版社有限公司，2021.12
"十四五"职业教育部委级规划教材
ISBN 978-7-5180-9198-0

Ⅰ.①针… Ⅱ.①张… ②贺… Ⅲ.①针织物-服装设计-高等职业教育-教材 ②针织物-服装工艺-高等职业教育-教材 Ⅳ. TS186

中国版本图书馆 CIP 数据核字（2021）第 257218 号

责任编辑：沈 靖 孔会云 责任校对：寇晨晨
责任印制：何 建

中国纺织出版社有限公司出版发行
地址：北京市朝阳区百子湾东里 A407 号楼 邮政编码：100124
销售电话：010—67004422 传真：010—87155801
http：//www.c-textilep.com
中国纺织出版社天猫旗舰店
官方微博 http：//weibo.com/2119887771
三河市宏盛印务有限公司印刷 各地新华书店经销
2021 年 12 月第 1 版第 1 次印刷
开本：787×1092 1/16 印张：16
字数：317 千字 定价：56.00 元

　　针织服装是服装领域中发展最快的一个重要分支，针织服装结构设计、制图方法是一个不断探索的领域。由于针织服装传统的款式、结构设计方法的局限以及针织面料特有的服用、缝制性能，针织服装行业非常需要既懂针织面料和针织服装生产工艺特点，又懂针织服装设计制作的专业技术人员，以满足针织服装外衣化、时装化发展的迫切要求。

　　本书系统地介绍了针织面料的服用性能及缝制特性、针织服装设计与生产工艺流程、针织服装造型设计原理、针织服装结构设计与制图方法、样板制作、排料与裁剪、缝制工艺与整烫工艺等内容。本书安排了实例章节，其中重点介绍了常见针织成衣款式设计与制作，并结合高职高专加强实践动手能力培养的需要安排了实验章节，希望学生通过实验课加深对所学理论知识的理解，并能初步掌握代表性针织服装的样板设计及制作和工艺设计方法，学会使用典型通用针织缝纫设备制作针织服装。

　　本书可作为针织服装专业教材，也可作为服装专业学习针织服装设计制作的教材，各校在使用时可根据需要选择组合教学；同时可供其他相关专业及针织服装企业技术人员学习、参考。

　　教材第一章第一节、第三节、第四节由陈国芬编写；第一章第二节由贺庆玉、张玉红编写；第二章、第三章由贺庆玉、王心悦编写；第四章由熊宪、张玉红编写；第五章、第六章由张玉红编写。

　　教材在编写过程中参考了多种书籍、资料，并结合了企业的生产实践经验，在此向有关作者和单位表示感谢。

　　全书由成都纺织高等专科学校张玉红、贺庆玉统稿，由于编者水平有限，书中难免有缺点和错误，敬请读者批评指正。

编者

2021 年 12 月

第一章　概　述

本章知识点

1. 针织服装的种类及特点。
2. 针织服装设计内容及生产工艺流程。
3. 针织面料的种类、性能及用途。
4. 不同针织面料的选择。
5. 针织面料的缝制特性。

　　针织服装是现代服装中不可缺少的组成部分。随着人们对舒适、休闲和运动的崇尚，针织服装在服装总量中所占比例越来越高。特别是针织新材料、新工艺、新技术的应用，使针织服装品种不断增多，功能更强、性能更优良，在现代服装中占有十分重要的地位。

　　针织服装因其制作工艺的独特性，可分为针织成形编织服装和由针织坯布裁剪、缝制加工制成的服装，后者称为针织成衣，其工艺过程就是针织成衣生产工艺。

第一节　针织服装的分类

一、针织服装的分类

（一）按服装的服用功能分类

1. 生活装　指人们日常生活中穿着的服装，它包括成人和儿童的各种内衣、衬衫、T恤、浴衣、裙子、外衣及各种时装。生活装在针织服装中占有相当大的比例。

2. 运动装　指从事某项运动时穿着的专用服装，如体操服、球赛服、滑冰服、滑雪服、登山服、泳装及入场服等，有时也包括旅游服、轻便服类。由于运动服能最大限度地满足具体运动项目的要求，如弹性、延伸性、弯曲性等，制作运动服针织面料是最好的选择。

3. 职业装　指人们从事一定工作时所穿的服装，如象征某项职业特征、起标识作用的职业服。

4. 特殊服装　指特定条件下需要穿着的服装，如军服、校服、各种戏剧服装及防火、防水、防尘、防油、防辐射、防毒、电绝缘服装等。

（二）按纤维原料和纱线的构成分类

按纤维原料和纱线的构成可分为棉针织服装、真丝针织服装、麻针织服装、毛针织服装、化学纤维针织服装、混纺类针织服装、交织类针织服装。

（三）按人们的穿着方式分类

按人们的穿着方式可分为内衣和外衣。

二、针织内衣

内衣是指紧贴肌肤不在公共场合穿着，或者与肌肤比较接近但穿在外衣里面的服装，如汗衫、背心、短裤、睡衣、文胸、衬裙、棉毛衫裤等，它是针织服装生产中数量最多的一种。

1. 普通内衣 也称贴身内衣，主要有汗衫、背心、内裤类，棉毛衫裤类，睡衣、浴衣类，以及各种弹力衫裤、紧身衣等。

内衣以护体、舒适为主要目的，即能保护人体，维持人体热平衡以适应气候变化的影响，并在穿着中起居方便、动作自如。因此要求柔软贴身，保温、吸湿、透气，弹性、延伸性好，穿着舒适。选料多为天然纤维如棉、毛、丝等，色彩多为悦目、温馨。普通内衣主要包括背心、短裤、三角裤等。随着人们生活水平的提高，内衣的装饰作用也显得越来越突出。

2. 补整内衣 又称"基础衣""矫形内衣"，起源于20世纪30年代初期。它紧裹人体，可调整、弥补体形缺陷，达到美化人体曲线的目的，其主要品种有文胸、束腰、束裤等。

3. 装饰内衣 一般贴身或穿在贴身内衣的外面，以装饰、保持服装基本造型、方便外衣穿脱、掩饰和修饰体形的不足为目的。主要品种有衬裙、衬裤、吊带衣、吊带裙等。

就发展趋势看，内衣越来越注重其舒适、保健、卫生和装饰美化的要求，内衣的品种越来越多，并更加时装化、功能化和高品质化。

三、针织外衣

针织外衣是指穿在人体外面能在公共、社交等场合穿用的服装。常见的有各种旅游休闲服、运动服、日常生活装、职业装、学生服、外套、时装等，也包括某些舞台表演服装。

由于人们穿着习惯的改变，近年来运动衣时装化、内衣外衣化的趋势，使得某些内衣和外衣的界限已难以明显区分。

外衣种类繁多、款式丰富，它偏重装饰性和反映穿着者的气质、风度、身份和工作性质，因此更注重面料的质地、做工的精细、款式的合体性或宽松性。随着针织面料花色品种的不断开发，传统的西装、大衣类以机织面料为主的外衣也开始使用一些挺括且尺寸稳定的针织面料，如罗马布。

1. 针织运动服 运动服是针织外衣的传统品种，在针织外衣领域中占有重要地位。因针织面料具有良好的延伸性和弹性，已经成为运动服（尤其是高级运动服）的首选用料。根据季节、运动项目和服用场合的不同，针织运动服的用材、款式等也有所不同。

2. 日常生活装、休闲装及时装 针织日常生活装和休闲装主要有T恤、衬衫、马甲、套装、裤子、裙装、家居服等，以舒适、宽松或合体、穿脱方便为主要目的。一般选料较高档、做工考究、色彩鲜艳、款式多样、功能各异。天然纤维和化学纤维面料均为适用范围。

由于针织面料的色彩款式易于翻新，使得它在时装领域也越来越受重视。这种服装以追求面料肌理、款式造型和色彩的新颖时尚为主要目的，如多年来一直翻样流行的针织长裙、连衣裙、迷你裙、短上衣、短裤、套装等。这种针织外衣具有明显的时间性，往往隔几年就变换一种特有的形式，形成一种时尚。

3. 毛衫类　指用较粗的毛纱、毛型化纤纱或棉纱编织而成的羊毛衫裤。主要品种有套衫、开衫、背心、裙、裤、外套等。常作为中衣穿，但如今已越来越时装化、外衣化。

针织外衣的发展仍趋向于舒适、轻便、美观、创新、随意、有时代感等。针织服装的生命力重点在于新面料的开发和高质量的后整理技术上。

第二节　针织服装设计的主要内容和生产工艺流程

针织服装多以成品的形式出售，这与机织服装既可以以成衣面世，也可以以布匹形式出售不同。主要是因为针织面料易变形、易脱散，而且针织服装设备种类较多的特点。针织成衣是针织工业织造、染整、成衣三大生产环节中非常重要的一环。现代针织服装工程设计包括款式造型设计、结构设计和成衣工艺设计三个部分。

一、针织服装设计的主要内容

1. 针织服装造型设计　是针织服装产品设计的基础和依据。它是设计者在市场调研基础上，充分考虑服用对象和服用目的，运用服装款式造型的形式美法则，结合针织面料的特点对针织服装的外轮廓形状、内结构线、领型、袖型、口袋、边口、装饰等各个方面进行的综合设计，一般以服装效果图的形式体现，有时也直接以平面的线条款式图形式表达。

2. 针织服装结构设计　指将服装造型设计转换成可供裁剪的平面结构图，即样板（纸样）。

（1）针织服装规格设计：根据服装规格标准和针织服装款式特点、穿着对象、针织面料的特点等对针织服装的规格和各个细部尺寸进行系列设计，同时确定各个部位规格的测量方法。它是样板设计的依据，是从造型设计到样板设计的重要桥梁。

（2）平面结构设计：即样板设计和制作。它是根据服装平面设计的基本方法和服装的规格尺寸将服装款式效果图变成平面的结构图，最终形成样板。

3. 色彩的选择与搭配　是一项非常重要的设计。在服装效果上，其重要性甚至是先于款式的。色彩的选择与搭配应考虑穿着对象、款式风格、穿着环境等因素，对消费者产生美的强烈刺激；符合现代色彩的审美形式原则，同时注意流行色的运用。

4. 面料的选择或设计　如原料组织结构、平方米克重（即厚薄）、幅宽的设计等。

注意，色彩和面料的选择在款式造型设计时就应给予考虑。

5. 实样制作、样品试制和生产工艺设计

（1）确定成衣缝制工艺及缝制设备：根据产品的款式特点、所选面料的性能、缝合部位的缝合要求来确定成衣缝制工艺和选择缝制设备，并制定出缝制工艺流程，说明缝制工艺要求；根据缝制工艺及面料的种类确定成衣缝制的工艺损耗和工艺回缩。

（2）确定各衣片样板的排料方法：根据各衣片样板的结构特点，结合面料幅宽，确定各衣片样板的排料方法。合理的排料可以提高坯布利用率，降低生产成本。

（3）确定裁剪工艺及后整理工艺：如衣片整理、配套、捆扎、半成品检验、成品整烫、检验、包装等。

合理的成衣工艺设计对于节约原材料、降低成本、提高产品品质、改善销售、提高经济效益有着重要影响。

6. 样板制作和推档　包括各衣片的样板规格计算、样板制图和系列样板（各种规格尺寸样板）的制作，俗称"推档"。

7. 用料计算与生产定额核算　用料计算包括主、辅料的计算，生产定额核算包括工时定额和产量定额。

8. 包装设计和确定产品检验方法　包装设计包括针织服装的折叠方法、包装形状、包装材料及包装要求；产品检验分半成品抽验和成品检验，前者在缝制过程中进行，目的是及时发现和解决生产过程中出现的问题，后者是全面质检并进行产品的综合评定等。

二、针织服装生产工艺流程

针织服装生产工艺流程是指根据工艺要求将染整加工后的针织坯布（即光坯布）裁剪成衣片并缝制加工成针织服装的生产过程。针织服装生产一般可分为三大主要工段：裁剪、缝制和整烫包装。

一般，针织服装的生产工艺流程为：

光坯布准备→坯布检验→配料复核及对色检验→排料与裁剪→缝制加工→半成品检验→整烫→成品检验及等级分类→折叠包装→入库

第三节　针织面料的选择与应用

针织面料是指各种编织工艺所生产并供裁剪用的非成型编织坯布，因其采用不同的原料、纱支、织物组织结构及不同的染整加工工艺，其品种繁多，性能各异。选择什么样的针织面料才能较好地符合所设计的针织服装要求，这是针织服装生产中很重要一个方面，也是针织服装生产设计人员必须掌握的知识。

一、针织面料的种类

1. 按编织工艺分　可分为纬编面料和经编面料。

2. 按原料类别分　可分为纯纺针织面料（如全棉、全毛、真丝、纯化纤等）、混纺针织面料（如棉/维、毛/腈、涤/棉、涤/腈、棉/麻、毛/涤等）、交织针织面料（如棉和低弹涤纶丝交织、棉与毛交织、涤与棉交织等）以及各种弹性针织面料。

3. 按坯布类别分　可分为汗布、棉毛布、罗纹布、绒布、毛巾布、提花布、网眼布、人造毛皮以及各种复合组织类针织坯布。

4. 按漂染加工分　可分为本色布、精漂布、染色布、印花布、色织布、色纺布等。

5. 按用途分　可分为内衣面料、外衣面料、装饰用面料和产业用织物等。

6. 按下机形状分　可分为筒状坯布和平幅坯布等。

二、主要针织面料的性能及用途

针织面料的特性取决于构成它的纤维原料的种类、纱线、织物组织结构及后加工工艺等几个方面，应根据针织服装的穿着目的和功能要求选择相应的符合性能要求的针织面料。

1. 不同原料针织面料的性能　针织面料的原料几乎涵盖了所有纺织原料，不同原料的性能直接影响所构成的面料的性能及用途。

（1）棉针织面料：棉针织面料具有吸湿、透气、保暖、耐洗、耐碱、触感好等优点，是人们最喜爱的针织面料之一。它因纺纱工艺不同有精梳和普梳之分。精梳纱纱支较高，光洁、滑爽、毛羽少、条干比较均匀，适合制作汗衫、背心、棉毛衫裤等；普梳纱纱支较粗，毛羽较多、保暖性好，适合制作绒衣裤等。后整理中可对纱线或织物进行丝光、防缩、防皱等整理，以使全棉针织面料性能更加符合不同的服用要求。

主要用途：缝制各种内衣、T恤、婴儿服、便服、运动服及夏季外衣等。

（2）麻针织面料：麻针织面料品种很多，常用的有苎麻和亚麻，也有罗布麻。主要特点是触感凉爽，一般性能近似棉，但导热性比棉好，强力大于棉，手感较粗硬，弹性是天然纤维中最差的，因而织物挺括、凉爽透气，但易褶皱、不耐磨。若与其他纤维（如涤、毛）混纺后，可大幅改善服用性能。

主要用途：缝制夏令时装、各种T恤及高档针织外衣等。

（3）毛针织面料：毛针织面料吸湿性好，手感柔软，抗皱性、弹性、保暖性好，是高档的针织外衣面料。但易虫蛀，长时间日光下曝晒，羊毛有缩绒现象，纤维变黄、强力下降。因其耐酸不耐碱，故洗涤时不宜用碱性洗涤剂。毛纱或毛线主要用于织制各种毛呢、羊毛衫等毛针织服装。精梳高支羊毛纱也用于织制贴身穿的羊毛衫裤。

主要用途：缝制各种羊毛衫、毛呢针织套装、风衣、大衣、裙装、裤装、帽子及各种保暖针织服装等。

（4）真丝针织面料：真丝针织面料的主要原料是桑蚕丝、柞蚕丝及蓖麻丝等。丝由于较刚硬，织造难度较高，可以在台车、横机、圆机、经编机上编织。目前也有采用新型工艺制作和复合的真丝材料，如柔软生丝、蓬松丝、包缠、包覆的复合丝等，均是针织面料中的后起之秀。真丝针织面料具有优良的吸湿、透气性，轻盈、卫生、光泽优雅，而且比机织绸有更好的弹性、抗折皱性、耐洗性、悬垂性，但价格较高，耐光、耐水、耐碱性差。

主要用途：缝制高档夏令内衣、功能性内衣、裙、旗袍、外衣及各种服饰、时装等。

（5）再生纤维针织面料：这类面料主要有再生纤维素纤维和再生蛋白质纤维，除普通粘胶纤维外，一些新型纤维如醋酯纤维、莫代尔纤维、铜氨纤维、牛奶丝纤维、竹纤维等也在针织服装中开始使用。它们的共同特点是吸湿透气性好、柔软舒适、色彩光鲜亮丽，是制作贴身内衣的好原料。

主要用途：缝制贴身内衣、睡衣、袜子、家居服饰、浴袍、毛巾等。

（6）涤纶针织面料：涤纶针织面料的特点主要体现在挺括不皱、强力大、弹性好，易洗免烫，不霉不蛀方面。涤纶弹力丝或长丝可编织各种经、纬编面料，应用甚广。但因吸湿差穿着有闷热不透气感，并易产生静电和吸附灰尘、起毛起球等现象，故不宜作贴身内衣，若和天然纤维混纺或经高档后整理，其不足可有不同程度的改善。

主要用途：缝制各种外衣、衬衫、裙子、时装、运动服等。

（7）锦纶针织面料：锦纶针织面料最突出的性能是耐磨，其耐磨性比棉高10倍，比羊毛高20倍，有很大的弹性恢复率和较高的强力，不霉不蛀，但不如涤纶挺括，因初始模量低而易变形，而且耐光性、耐热性较差，也易吸尘、起毛起球。

主要用途：缝制各种工作服、运动衣、游泳衣、弹力衫、休闲服等。

（8）腈纶针织面料：腈纶针织面料最主要的性能是耐晒性好，色泽鲜艳，保暖性好，许多性能近似羊毛，其保暖性能比羊毛高15%左右，有"合成羊毛"之称，强力大于羊毛略小于涤纶和锦纶，初始模量高于锦纶低于涤纶，所以织物比锦纶挺括，耐酸不耐碱，不霉不蛀，但耐磨性和吸湿性较差，针织用纱中以毛型或棉型腈纶短纤维纱为主。

主要用途：缝制腈纶衫裤、工作服、外套、运动服、童装及少量内衣，如腈纶棉毛衫裤、汗衫、背心等。

（9）含氨纶原料的针织面料：氨纶最明显的特点是具有高伸长、高弹性。氨纶的伸长率可达480%~700%，氨纶纱可以作衬经、衬纬或编织纱用，或与其他纤维一起另作包芯纱、包覆纱。含氨纶丝的针织面料延伸性、弹性好，而且穿着舒适，有较好的耐酸碱性和耐磨性。但氨纶强力不高，吸湿性差，价格较贵，编织要求高。

主要用途：缝制各种弹力衣裤、补整内衣、体操服、健美服、泳装等。

（10）混纺及交织类针织面料：为了使各种原料的性能互补和原料来源丰富，也为了使针织服装的花色品种多样化和服用功能更趋完善，常常采用一定数量的混纺针织面料和交织类针织面料。常见的有棉/涤、涤/粘、涤/腈、毛/腈、棉/腈、粘/棉等混纺；交织的有涤/锦长丝经编织物和涤盖棉纬编外衣面料等。

主要用途：缝制功能性内衣、棉毛衫裤、文化衫、T恤、运动服、时装、童装以及各种服饰面料等。

综上所述，因构成织物的原料不同而使织物性能各异，当原料相同时，针织面料的性能则因采用的织物组织结构不同而有所不同。

2. 不同组织结构针织面料的性能　针织面料用于服装的多为纬编织物。纬编织物组织分为基本组织、变化组织、花色组织和复合组织。不同组织结构的针织面料其性能也不相同，针织服装设计需了解和熟悉常用织物的组织与性能，以便在设计中充分利用和发挥面料的特性，更好地为设计服务。

（1）针织面料基本组织的性能及用途：纬编针织面料的基本组织和变化组织有纬平针组织、罗纹组织、双罗纹组织（也称棉毛组织）和双反面组织，其中纬平针织物为单面针织面料，其余三种为双面针织面料。它们的主要性能及用途见表1-1。

表1-1　纬编针织面料基本组织的性能与用途

基本组织	性　能	用　途
纬平针组织	①延伸性较好，且横向延伸性大于纵向延伸性 ②易卷边 ③易脱散，且能顺编织方向和逆编织方向脱散 ④自由状态下线圈有歪斜现象	①贴身内衣、T恤、羊毛衫 ②袜子、手套 ③横向用于领口、袖口等边缘部位滚边
罗纹组织	①延伸性好，且横向大于纵向 ②不易卷边 ③易脱散，主要沿逆编织方向脱散	①贴身内衣、弹力衫裤 ②袜子、手套 ③领口、袖口、衣摆等边口部位
双罗纹组织	①延伸性好，且横向大于纵向 ②不卷边 ③不易脱散	①贴身内衣、棉毛衫裤、运动衣 ②休闲服装 ③T恤
双反面组织	①延伸性好，且横纵向相近 ②卷边随正反面线圈组合不同而不同 ③易脱散	①羊毛衫 ②袜子、手套的花纹点缀

（2）常用纬编花色组织：花色组织是在基本组织的基础上，改变线圈结构或者另外加入一些纱线或纤维束而形成的，它可美化针织面料外观或者使针织面料的某些特性改变。常用纬编花色组织的性能及用途见表1-2。

表1-2　常用纬编花色组织的性能及用途

花色组织	性　能	用　途
集圈组织	①可以在织物表面形成孔眼、闪色、凹凸花纹及色彩图案等多种花色效应 ②横向延伸性较小，脱散性减小 ③织物强力较低，易勾丝、起毛	广泛用于T恤、羊毛衫和各种春、夏季时装面料
衬垫组织	①可以利用衬垫纱线形成凹凸花纹或拉绒坯布 ②织物厚实、保暖	绒衣裤、童装、休闲装
毛圈组织	①织物厚实、柔软，有良好的保暖性和吸湿性，可以剪毛形成天鹅绒或起绒形成摇粒绒等 ②延伸性和弹性较好	毛巾衫、休闲装、婴儿服、睡衣、浴衣、毛巾袜、毛巾被、浴巾等

花色组织	性　　能	用　　途
提花组织	①可以形成各种色彩花纹和结构花纹 ②织物厚度增加，单位面积重量较大 ③脱散性减小，横向延伸性减小	广泛用于外衣面料和装饰织物中
添纱组织	①可以由不同颜色或原料构成织物的两面或形成花色效应，从而使织物两面体现不同的穿着性能特点 ②织物较厚实、挺括	运动服、时装、童装、袜子及袖口、领口、裤口等边口布料
复合组织	①纵、横向延伸性均较小，尺寸稳定性好、厚实、挺括 ②能形成许多结构花纹效应	外衣、T恤、休闲服、套装、裙装等

　　针织面料因编织成圈方式的不同除纬编针织面料外，还有一类是经编针织面料，它们在服用织物中也占有一席之地，主要用于衬衫、外衣、泳装、装饰内衣、披肩、裙子、背心、时装、花边和长筒袜等，但它们更多地被运用到窗帘、花边、蚊帐、台布、坐垫套等装饰织物中。

三、针织面料的选择

　　选择合适的面料对针织服装效果及市场销路等有着密切关系。下面就针织内、外衣面料的选择作简要介绍。

　　1. 内衣面料选择　就一般内衣要求而言，吸湿、透气、卫生、柔软、穿着舒适是第一位的，故以选用全棉、真丝等天然纤维构成的面料为主。其中夏季用品可选汗布类平纹组织、集圈网眼组织等精梳高支纱织物或选用丝光产品；若春秋穿，可选择薄型棉毛组织、添纱组织、抽针花色棉毛组织、单面毛圈组织、衬垫组织、罗纹弹力面料等；冬季用品则宜选用厚实、保暖性好的面料，如双罗纹棉毛布，纱线支数和捻度不宜太高，也可采用复合组织和空气层组织，使保暖性大大提高。

　　对于补整内衣、健身内衣，则宜选用氨棉包芯丝、真丝与氨纶包覆丝、真丝与锦纶包缠丝、涤纶丝等，并采用各种罗纹、平针及经编网眼、花边类组织的面料。

　　2. 外衣面料选择　外衣因更注重其表现身份、气质、美观等要求，故外衣面料应特别注重质感的体现，如纱支的光洁、面料的平整、轻重、厚薄、柔挺、滑糯、细腻与粗犷、遮蔽与透明等。

　　如选用细柔风格面料要用高支精梳纱；需要表现"透"感的应选用细旦真丝、黏胶丝、化纤长丝等；而粗纱、花式线、节子线、高旦加工丝等多用于粗犷厚重的面料，适合制作秋冬季时装。泳装、健美服、体操服以及其他运动装等则可选择弹性面料。

　　应指出的是，成功的面料选择还应有独特的色彩学知识与之辅佐。只有同时高水平地选择了理想色泽（色彩与光泽）和适宜功能的针织面料，成衣后才会光彩夺目。

第四节　针织面料的缝制特性

缝制，就是将平面的衣片缝合，使之成为适合穿着的立体服装。缝制特性主要指面料衣片在缝合加工中的变形和缝制难度等，考虑缝制特性和面料性能的关系，有助于成衣工艺的合理制订及服装的舒适与功能。

在针织成衣中，应特别注意针织面料本身所具有的一些特殊性质，如脱散性、延伸性、卷边性、抗剪性、纬斜性和工艺回缩性、悬垂性等，采取一定的措施以提高针织成衣的缝制质量。

一、脱散性

针织面料在裁剪后，切断处线圈失去串套连接会按一定方向脱散，尤其是纬编面料较容易脱散，基本组织比变化组织或花色组织易脱散。由于脱散性的存在，在设计和缝制时要对布边采用防止脱散的线迹结构，如包缝或绷缝线迹，或采用滚边、卷边、缩罗纹边等措施防止布边脱散。同时，应注意缝针的粗细，不能刺断纱线形成针洞而引起线圈脱散。因此，针织坯布在后处理时常常进行柔软处理。

二、延伸性

针织面料具有较大的延伸性。延伸性好的面料，在裁剪、缝制和整烫过程中均应加以注意，防止产品因拉伸而使规格尺寸发生变化。缝制时，要选用与缝料拉伸性能相适应的弹性缝线及线迹结构，选择适宜的设备增加缝口强度等，以防止服装产生缝线断裂或面料被抽紧的现象。

三、卷边性

卷边性一般发生在单面针织面料的边缘，裁剪后衣片边缘包卷会影响缝纫操作，应予以注意。国外有采用一种喷雾式黏合剂喷洒于开裁后的布边上，克服卷边现象，从而提高缝制质量。

四、抗剪性

表面光滑的化纤长丝或真丝针织面料、天鹅绒织物等，在电刀开裁时容易发生坯布上、下层因滑移而使裁片尺寸产生差异的现象，或者因铺料过厚，电刀速度过快与面料摩擦发热使化纤发生熔融、黏结，影响裁剪，这两种情况统称为抗剪性。

克服抗剪性的主要措施是面料上、下层之间铺上垫纸，也可采用专用布夹将面料夹住后开裁，或者降低铺料厚度，化纤面料选用 150~180r/min 的低速电刀或波形刀口的刀片等。小批量的高级面料，采用手工切刀裁剪效果较好。

五、纬斜性

针织面料线圈横列与线圈纵行之间不垂直的现象称为纬斜。单面针织面料和多路进纱形成的色织横条圆筒形坯布纬斜现象较严重。缝制前要采取整纬措施，圆筒形坯布剖幅后应进行拉幅整纬，或者采用树脂扩幅整理。色织面料为了消除纬斜，还常常采用沿纵行剖幅的方法。裁剪时应特别注意，样板上的纱向标记与面料的纱向需一致，以保证服装质量。

六、工艺回缩性

针织面料在缝制过程中，长度与宽度方向会发生一定程度的回缩，其回缩量与原长度尺寸之比称为缝制工艺回缩率。它是针织面料的重要特性，回缩率的大小与坯布组织结构、织物密度、原料种类、染整加工方式等有关，一般纬平布在 2%~5%，印花布、弹力罗纹、本色棉毛布回缩较大。缝制工艺回缩率是样板设计时必须考虑的参数。

七、悬垂性

某些组织结构的针织面料，具有较好的悬垂性，特别是真丝针织面料比棉、毛、化纤类针织面料具有更好的悬垂性。对这类针织面料在进行款式设计时应考虑在悬垂方向适当缩短尺寸，其样板尺寸设计、缝制工艺设计时也应考虑这一因素。

掌握上述缝制特性，就可以在缝制过程中进行适当控制，确保成品规格的准确和服装加工质量。

思考题

1. 举例说明针织服装在现代服装中的地位？
2. 如何理解针织内衣、外衣的概念，并举例说明两者的关系及发展。
3. 简述针织服装设计的主要内容，服装生产工艺设计的主要内容。
4. 简述针织服装生产工艺流程。
5. 经、纬编面料的主要差异表现在哪几个方面？
6. 针织服装设计中对针织面料的选择应考虑哪些因素？
7. 针织服装缝制特性的含义是什么？主要技术要求有哪些？
8. 试讨论针织服装设计中应考虑的诸多因素。对此，你有何见解？

第二章 针织服装款式设计

本章知识点

1. 针织服装款式设计特点，包括造型设计特点、边口设计特点和缝迹设计特点。
2. 服装款式构成的造型要素；服装造型美的形式法则。
3. 针织服装外轮廓线的基本类型和特点；针织服装内结构线的内容及作用。
4. 针织服装领的结构分类及主要应用范围；针织服装袖子的类型及选用原则；针织服装常用口袋类型。
5. 针织服装款式设计图的表达形式。

第一节 针织服装款式设计的原则及特点

本节根据针织面料特殊的服用性能来阐述针织服装在款式造型设计中应注意的问题和设计特点。

针织服装款式设计分为来样来单设计和创新设计。

来样来单设计是指设计人员根据客户提供的成衣样品或成衣订单进行的产品设计。设计人员必须对成衣样品或成衣订单进行认真分析研究，掌握其原料品种、纱线规格、坯布组织和规格（密度、平方米克重、厚度等）、成衣规格尺寸、款式特点、缝制加工方法等，在此基础上进行反复试制，以确保设计生产的服装能符合来样的标准和订单的要求。

创新设计是指设计人员根据市场考察和本企业的市场定位，综合考虑针织服装的穿着对象、穿着目的、服装风格、色彩、款式造型特点、针织原料和坯布品种以及缝制工艺等多方面因素而进行的从原料选择、坯布组织选择或设计、光坯料规格设计、成衣规格设计到成衣纸样设计的全过程。

一、针织服装款式设计的原则

针织服装款式设计的原则是实用、舒适、美观、经济。这几者的合理组合能够满足消费者的需求，并具有良好的市场前景。

服装是人类不可缺少的生活资料之一。实用,不仅指服装必须起到御寒、护体的作用,符合穿着者的特点如身材、年龄、职业及季节、地区的要求,同时还要与穿着目的、穿着场合、民族习惯相吻合。如婴儿服装要求柔软、简便;儿童服装要求具有适应其活泼好动、成长发育的特点;青年人服装要求表现朝气、健美;老年人服装要求轻暖、柔软,适当的宽松和穿脱方便,同时又要表现良好的气质风度;北方地区要求规格稍大,南方地区要求尺寸偏小;夏季服装要求透气性好,吸湿性强;冬季服装要求保暖、轻柔等。

对于现代服装,仅仅满足实用、舒适、卫生的要求是远远不够的,服装还是穿着者的装饰品,因而必须起到美化人的形象、修饰人体不足、美化生活的作用,同时还要适应人们追求美的心理需求,反映人们对美好生活的向往及反映我们时代的风貌。因此,产品设计时必须将美观作为一个重要的因素来考虑,通过设计使服装材料的质感与色彩图案、款式、造型、装饰手法及成衣工艺等有机地结合在一起,而且与服用对象相和谐,使所设计的产品综合地表达出服装的实用功能和装饰效果。

此外,服装还是一种商品,特别是针织服装,由于其尺寸的不稳定性、面料的脱散性和加工的特殊性,一般都以成衣出售,工业化生产是针织服装的显著特征。一切工业品设计均应遵循经济的原则。所谓经济,是指服装毕竟是一种商品,它要求设计人员必须具有一定的经济头脑和市场意识。一是设计前做好市场需求调研,分析消费者的购买水平、产品的供求关系,准确定位目标人群和价位;二是考虑大批量生产的能力以及从经济角度、卖点的角度注意新材料、新工艺的选择和应用,注意面料的档次与服装品种相适应,注意主料与辅料的性能特点与搭配以及进行合理的工艺设计等,从而达到降低产品成本,增加服装卖点的目的。经济效益也是检验设计好坏的重要因素,服装投入生产前应有经济核算这一环节。在求新、求美、求卫生、求舒适的同时也要求有较好的经济效益。

二、针织服装款式设计的特点

成衣的款式造型往往是通过面料的色彩、质地和表面风格来体现的,因此针织服装的款式设计必须考虑针织面料的特点。由于线圈相互串套形成织物的成布方式,使针织面料具有柔软、蓬松、透气、延伸性、弹性、抗皱性能好,但尺寸稳定性差、易变形、易脱散,有些组织的针织面料还具有卷边性等特点。针织面料的特点决定了针织面料最适合要求松软、轻薄质地的合身或紧身产品,例如服装中的内衣、T恤、泳装、健身服、芭蕾服、运动衣、羊毛衫、袜子、手套、围巾等,而且由于针织面料的适体、舒适、抗皱、柔软、悬垂、花色与款式轻松活泼、易于翻新、容易适应服饰流行的瞬息变化等特点,也特别适合制作各种宽松型的旅游休闲服和时装。进行针织服装款式造型和结构设计时一定要注意其面料特点,扬长避短,充分利用和表现面料的材质。从这些因素出发针织服装更适宜于简洁完整的结构设计。

1. 针织服装款式造型设计的特点

(1)线条简洁:针织服装中结构线的形式,大多是直线、斜线或简单的曲线。因为针织面料优良的延伸性和弹性,使得在机织面料中必须利用曲线的部位,在针织面料中只需直线或斜线就能达到相似效果。如图2-1所示的插肩袖,为使服装合体和行动方便,机织面料必须采用曲线结构，而针织面料利用其延伸性和弹性可以采用直线结构。图（a）为机织面料的裁片图，图（b）为针织面料的裁片图。而且，为使针织内衣、T恤或者针织衣裙类更好地体现合体、柔软、弹性好、悬垂性好、轻松、休闲等优势，服装款式也宜简洁，以简洁柔和的线条与针织面料的柔软适体风格相协调。

图 2-1　针织服装插肩袖的简化

（2）不宜采用过多的分割：由于针织服装款式造型适宜简洁的要求，也由于针织面料优良的延伸性和弹性，针织服装设计中不需要、也不允许在结构上有过多的省道和分割线。针织服装中有时采用的分割线多为装饰性分割线，同时通过分割线将省道隐去。款式设计的重点多放在领、袖、袋、下摆的长短和形态等局部的设计以及面料的质感和花色风格的表现上，其结构应以充分利用和表现面料的性能来展开设计。因而服装的外轮廓多为 H 型［图 2-2（a）］及通过收腰、放摆及收摆、扩肩等方法形成的 X 型、A 型、Y 型和 O 型［图 2-2（b）］。图 2-2 所示为针织服装外轮廓形成表现的方法及以领口款式变化为中心的设计手法。

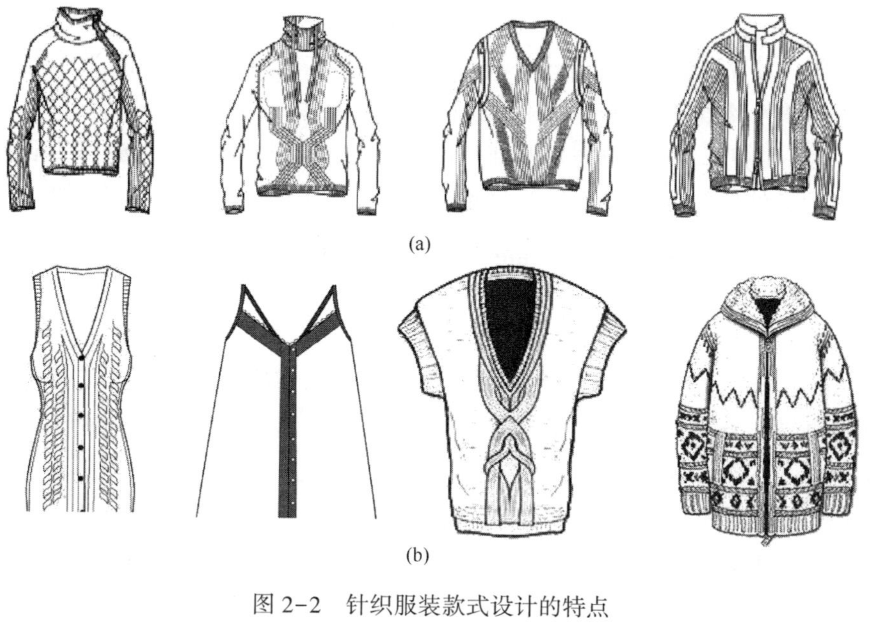

图 2-2　针织服装款式设计的特点

（3）造型应统一：当整体廓型确定后，在进行结构设计时，首先应注意内轮廓的造型风格应与外轮廓相呼应，其次内轮廓各局部之间的造型要相互关联，不能各自为政，造成视觉效果紊乱。例如下摆尖角与圆口袋、飘逸的裙摆与僵硬的袖子等，都会令人产生不协调的感觉。图2-3所示为款式设计中造型统一的部分例子。

图2-3　款式设计中的造型统一

（4）围度的放松度较机织面料小：针织面料在胸、腰、臀等围度方面的放松度一般比机织物小，具体放松数值应根据服装的功能、穿着要求与面料性能来决定。设计弹力内衣、泳衣、弹性体操服等贴身服装时，还应适当缩小围度尺寸，以保证贴体性和更好地塑身，但不能妨碍人体活动。另外，服装领口、袖口、裤口等部位的横向尺寸也应适当缩小。

2. 针织服装边口造型设计特点　针织面料由于具有脱散性和卷边性，在其领口、袖口、裤口、下摆等处易脱散、卷边和磨损的部位应特别注意从设计上加以弥补。针织面料组织中，罗纹组织的延伸性和弹性特别好，又不卷边，所以常常用它作为要求延伸性和弹性特别好的部位的面料，因此边口设计的造型已成为针织服装中一种既实用又具有装饰性的造型风格。

（1）罗纹饰边：在机织面料中为穿脱方便而必须有的领口、袖口、裤口开衩的设计，在针织服装（T恤、内衣、羊毛衫等）中多采用罗纹边口来解决，如图2-4（a）所示的套头毛衫，其领口、袖口（下摆）均为罗纹饰边，造型简洁、完整，穿着柔软、舒适，羊毛衫裤上圆筒状的罗纹袖口、裤口设计还减少了缝梗，使穿着更觉舒适。

（2）滚边、折边和装饰性花边：领口、袖口、裤口和下摆处也可通过滚边、折边和加缝弹性花边饰边的形式来处理。滚边用料可以与大身相同，也可采用罗纹组织或其他弹性相适应的面料或斜纹贴条面料。图2-4（b）为领边口造型设计示意图，图2-4（c）为袖边口造型设计示意图。一般说来，领边口和袖边口的造型要协调统一。

（3）其他花边：除上述几种边口设计外，越来越多的创意边口设计出现在针织服装中，如利用针织面料卷边的特点，设计出袖口、下摆卷边的效果，要注意的是此种设计手法需适当加长袖长、衣长；此外，还可将袖口、下摆做破烂、毛边处理等，如图2-4（d）所示。

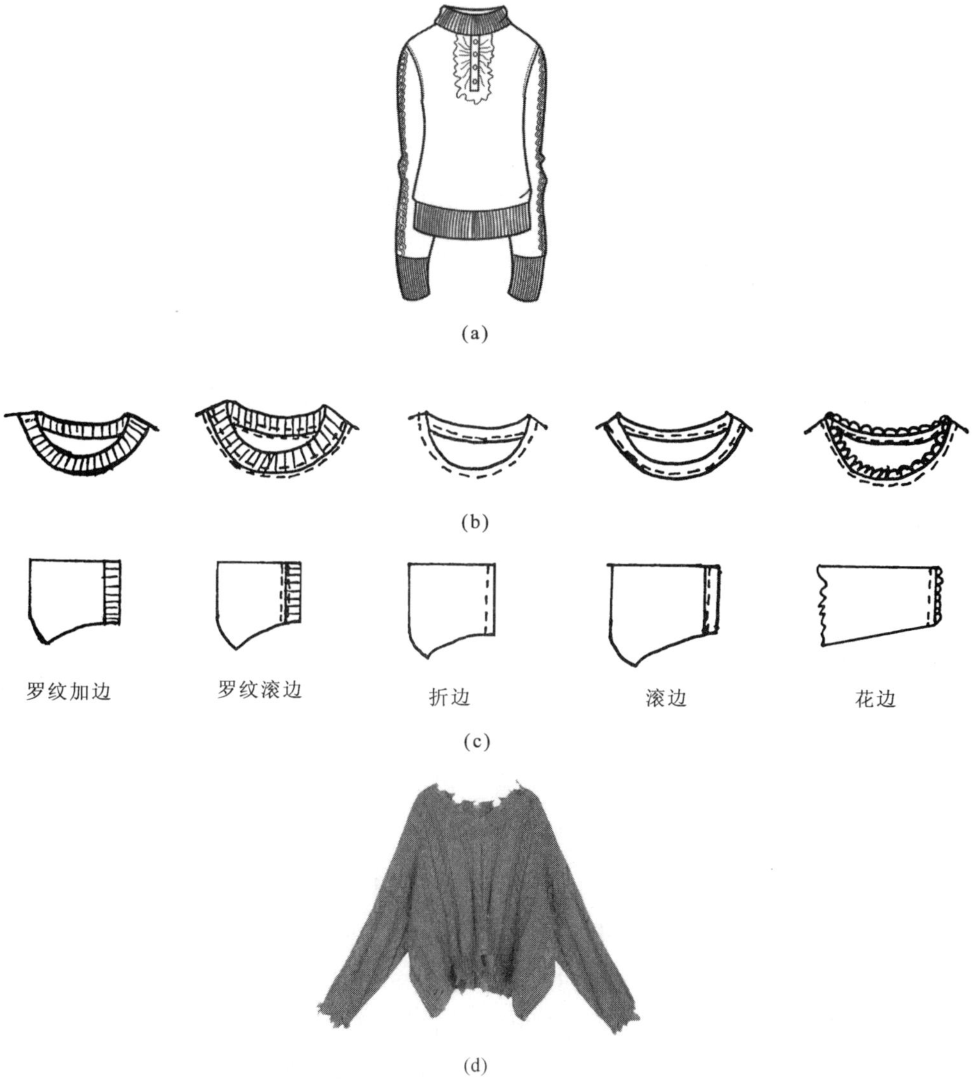

(a)

(b)

| 罗纹加边 | 罗纹滚边 | 折边 | 滚边 | 花边 |

(c)

(d)

图2-4　针织服装边口类型

3. 针织服装缝迹设计特点　由于针织面料本身具有的脱散性、弹性和延伸性，为了能使针织服装充分保持这些特性并补偿某些特性的缺陷，对于针织缝纫用的缝迹有一些特殊要求，在进行针织服装的款式设计和缝纫工艺设计时需要加以注意。

（1）缝迹强力与缝制物的强力相适应。如缝迹强力差，将在缝合处出现断裂现象，影响产品的使用寿命。

（2）缝迹的弹性、延伸性与缝制物的弹性、延伸性应一致。如缝制品的弹性较好而缝迹的弹性不能满足要求，在穿着过程中，也会发生缝迹断裂现象。

（3）某些针织面料具有很大的脱散性，在缝制针织服装时，最好能使缝迹在美观的同时也达到防止针织面料边缘脱散的目的。样板设计时，缝份也应适当多留一点，一般以1～1.5cm为宜，以防止因码缝不足而导致布边脱散。

（4）在满足上述条件下，一些明显的部位应选用较为美观的缝迹，而且缝迹的形式应与服装的整体造型相协调，以提高服装本身的美观和品位。

（5）由于针织面料横向的延伸性和弹性较大，在一些不需要伸缩的部位，如合肩产品的肩缝处，一般采用机织条带或大身布的直丝条来进行加固。

（6）针织外衣产品缝制时不能生搬硬套机织物的某些处理方法，如推、归、拔、烫等技巧，而应根据面料的弹性、悬垂性等性能选用褶裥等方法处理；袖窿处归拢量不宜过多，袖山处可使用加固衬或加固带来增加立体感和牢度。

第二节　针织服装款式造型的形式美

一、服装款式构成的造型要素

现代服装工程是由款式造型设计、结构设计和工艺设计三部分组成的。款式造型起着体现设计风格、塑造艺术形象的作用。服装造型由外轮廓线和内部结构线构成。服装的造型要素包括点、线、面、体，服装设计就是按照美的形式法则将这些要素组合而形成一种完美的造型。

（一）点

1. 点的性质与作用　在造型设计中，点是一切形态的基础，具有活泼、突出、诱导视线的特点，在空间起标明位置的作用。

点的排列有横、直、斜、曲等方向变化，点的组织有大小、疏密、反复、渐变等形式。根据其在空间的数量、大小、位置和排列的不同，会产生不同的视觉效果。

（1）点在空间的中心位置时，可产生集中、扩张、紧张感，如图2-5（a）所示。

（2）点在空间一侧时有不安定感、游动感，如图2-5（b）所示。

（3）两点在空间等距离排列，可产生连接和均衡的静感，如图2-5（c）所示。

（4）点在空间向某一方向倾斜时，可产生方向性的运动感，如图2-5（d）所示。

（5）一定数目、大小不同的点在空间有序排列，可产生节奏感和韵律感，如图2-5（e）、（f）所示。

（6）一定数目的点作直线排列，横向的有扩张、舒展的感觉，直向的有下垂、增长的感觉，如图2-5（g）所示。

（7）一定数目且大小不同的点在空间作渐变排列，可产生立体感和视错感，如图2-5（h）所示。

2. 点在服装设计中的应用　点子图案面料、纽扣和饰物等都可看作是点在服装设计中的

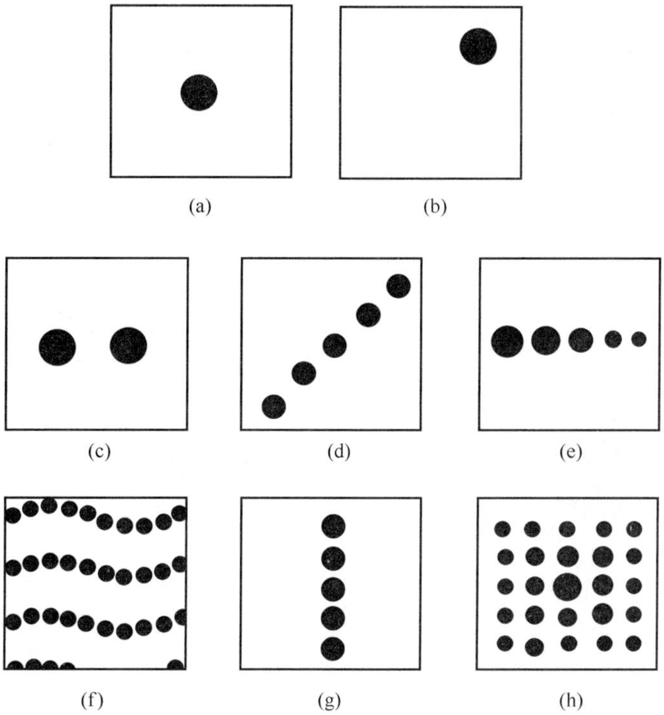

图 2-5　点的性质与作用

应用。用点子图案面料设计的服装很多，大点子有活泼、跳跃之感，中小点子具有文静素雅的风格。纽扣是服装上的点，它既有功用性，又有装饰性。门襟上如只装一颗精美的大扣子，能起到突出扩张、诱导视线的作用；一般服装上简洁大方的门襟纽扣按等距尺寸排列，起安定平衡的作用；图 2-6 所示的一长排纽扣使服装呈现挺拔、修长的风格。服装中还常采用装饰点来强调衣着的重点部位，如胸针、花朵、蝴蝶结、精美的皮带扣等均可起到画龙点睛、增加服装个性和魅力的作用。

图 2-6　点在服装设计中的应用

（二）线

1. 线的性质与作用　点的移动轨迹即构成线。线有曲直、长短、粗细、疏密、方向等变化，能产生丰富的形态。

（1）直线具有简洁、单纯的性格，它能表现出一种力的美感，通常作为男性的象征。其中水平线给人以平衡、舒展、广阔的感觉；垂直线有苗条、上升、庄重、刚健的风格；斜线则给人飞跃、活泼、运动之感。粗、长、实的线有向前突出，给人较近的感觉；细、短、虚的线则给人后退感。直线在一定位置上作方向变化，能给人以立体感。

（2）曲线有动感，具有温柔、优雅、活泼、轻盈、柔和的特性，是女性的象征。其中，自由曲线富有流畅、活泼、奔放的感觉，几何曲线给人丰满、正规的感觉。曲线作疏密有致排列，能

产生韵律感。

2. 线在服装设计中的应用 线在服装设计中有很重要的作用。服装上不同的外轮廓线、内结构线、装饰线以及领、袖、口袋等不同的造型线会使服装产生不同的造型风格。

如图 2-7 是运用垂直线设计的针织服装，具有简洁、挺拔的效果；图 2-8 是运用水平线设计的女装，具有安定、舒展、温柔的感觉；图 2-9 是运用曲线设计的具有优雅、动感的女装。

图 2-7　垂直线在服装设计中的应用　　　　图 2-8　水平线在服装设计中的应用

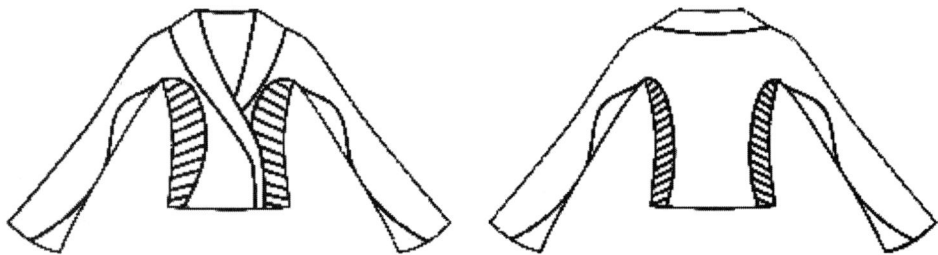

图 2-9　曲线在服装设计中的应用

服装的装饰线包括镶边线、嵌线、细褶线、明缉线、波浪线以及线条形态的装饰花纹等。装饰线运用得当，可使服装产生精致秀美的效果，同时也有助于体现服装特有的情趣。中国的传统服装旗袍常采用镶边、嵌线等技艺在衣襟、领口、袖口、下摆部位加以装饰，使旗袍更为端庄高雅。风靡全球的牛仔装，其突出的造型风格便是明缉线的运用，除衣片缝合处的缉线完全显露外，在衣袋、裤袋上再缉以纯装饰性的线条花纹，且缉线的色彩也极为醒目，使服装具有粗犷、洒脱的风貌。此外，服装上的一些分割线除用作不同面的分割外，还可作装饰之用，如育克线、不同花色面料的拼接线等。

（三）面

1. 面的性质与作用 线的移动轨迹构成面。面分为平面和曲面，方形的面有安全感；圆形的面有滚动、轻快、圆润感；正三角形的面有刺激感；倒三角形的面有不安定感。

2. 面在服装设计中的应用 现代服装设计常将衣服各部件视为几个大的几何面，这些面按比例有变化地组合起来，构成了服装的大轮廓。然后在大的轮廓里根据功能和装饰的需要，作小块面的分割，如育克、袖头、口袋以及色彩镶拼等。

方形设计在服装中使用很广泛。西装、中山装、夹克等男装，从外形轮廓、肩部装接线到口袋形状，多以直线与方形的面来组合构成，给人以庄重、平稳之感，能较好地体现男性气质。方形在女装中也有许多大胆、新颖的设计，给人以极强烈的视觉印象，如图2-10所示的裙装是伊夫·圣·洛朗脍炙人口的作品，它成功地将色彩、方形图案用于造型款式非常简洁的针织短裙中。

圆形设计在女装中采用较多，整体造型如古典式泡泡裙、圆摆裙、吊钟形的裙子等；局部造型如强调肩部的插肩袖、圆浑丰满的大圆领、圆角的衣袋与衣摆等。圆形的设计较为柔和、娇美，适宜于女性的气质。图2-11所示的利用圆形面设计的服装具有强烈的动感和优美、华丽的女性风韵。男装中也有一些采用方形与圆形结合的造型，如插肩袖的风衣和大衣等，它使服装显得刚中有柔，别具风采。

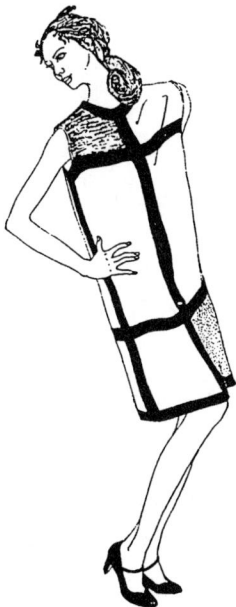

图2-10　运用方形面设计的女装　　　　图2-11　运用圆形面设计的女装

三角形设计在服装中也常有使用，如图2-12（a）所示的通过对肩部的夸张形成倒三角形的针织连体上衣设计和图2-12（b）所示的通过斗篷式设计及三角形下摆而形成正三角形针织斗篷上衣。

（四）体

1. 体的性质与作用　面移动的轨迹形成体。体有占据空间的作用。厚的体量有壮实感，薄的体量有轻盈感。

2. 体在服装设计中的运用　服装是依附于人体的一种款式造型，各种面组合形成服装

19

的体。服装设计时应注意其不同角度的体面形态，并使服装各部分体面之间的比例达到协调和优美。服装设计中的立体裁剪法，就是为了使各个体、面更合身适体。一些特殊风格与特殊造型的服装则采用强调某一体、面的方法进行设计，如图 2-13 所示的针织男装，由于体积越大，视觉冲击力越强，现代针织服装设计中越来越侧重于体的表现，以达到设计表现的目的。

在服装设计中，如能把点、线、面、体合理、巧妙地组合，就能使服装造型更加丰富、生动。

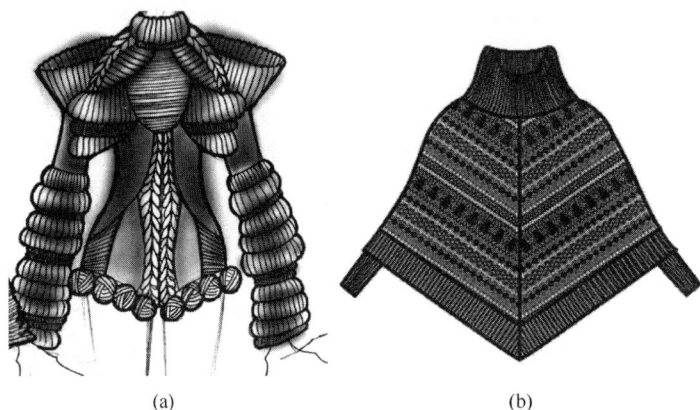

(a)   (b)

图 2-12　运用三角形面设计的女装

图 2-13　体在服装设计中的应用

二、服装造型的形式美法则

服装有着与其他艺术相通的形式美法则。服装造型设计的形式美法则，主要体现在服装款式构成、色彩配置，以及材料的合理配置上，要处理好服装造型美的基本要素之间的相互关系，必须依靠形式美的基本规律和法则。服装造型的形式美法则包括反复与交替、韵律、比例、平衡、对比、统一、强调、视错。

1. 反复与交替　反复与交替是同一个要素多次重复或交替出现，成为一种强调对象的手段。反复与交替是服装设计中常用的一种形式美法则。在服装的不同部位经常出现造型和颜色的反复，就会产生节奏与韵律感。图2-14 所示为连衣裙裙摆的层叠设计是此形式美法则的体现。

2. 韵律　韵律原本指的是声音经过艺术构思而形成的有组织、有节奏的和谐运动。服装设计中借用韵律这一术语，是指服装造型中点、线、面、体等诸多因素经过精心设计而形成的一种具有节奏韵律变化的美感。

韵律的重复变化有三种：有规律的重复、无规律的重复和渐变重复。

（1）有规律的重复：有规律的重复是同一因素的相同反复，也称简单的机械重复。有规律的重复给人以节律整齐、庄重安定的感

图 2-14　反复在服装设计中的应用

觉，但因缺少变化，也常常显得单调呆板。图2-15（a）所示上衣门襟处点状装饰物有规律的重复。面料中的条、格、点、犬齿纹等有规则的几何图案也体现了一种有规律的重复旋律。

(a)   (b)

(c)   (d)

图2-15　重复在服装设计中的应用

（2）无规律的重复：无规律的重复是基本因素在方向上不定向、距离上不等距的重复。由于方向、间距的变化，引起了视觉上不同程度的刺激，动感强烈。图2-15（b）所示为女装半裙，其裙摆的层次无规律重复，图2-15（c）所示为女装上衣，呈条纹状，垂直方向上的重复和斜向的重复，给人一种整齐但不呆板的韵律感。

（3）渐变重复：渐变重复是指重复的因素按等比或等差的关系渐渐增强或减弱。这种变化可以是服装色彩明度和色相的变化，如从深蓝→浅蓝→白色的过渡变化，从红→橙→黄→绿→蓝的循环变化等。图2-15（d）所示的螺旋裙即是内部螺旋状布块拼接形成的块面渐变重复的例子。

服装的韵律构成，包括众多因素的组合变化，在设计时必须予以综合考虑，如不同长度的线条、不同大小的面积的节奏组合，各部位造型的节奏组合，缉缝线、嵌线、滚边、镶边、拉链、扣子、装饰物的节奏组合，面料图案色彩的节奏组合等。此外，还应考虑上述各种组合在不同体形的穿着者身上，随着动态的变化，能否显示预期的效果。因此，在运用韵律变化这一形式时，必须用心思考，巧妙安排，以取得独特的韵律美感。

3. 比例 比例是指两条线的长度或两个面积相比的数值关系。在服装设计时，以人体为基础，根据造型的需要，对服装的比例进行变化，能使服装更符合美的比例。

（1）黄金分割比例：古希腊求证的黄金分割比例关系是将一线段分为长短两个部分，使较长线与总线长之比等于较短线与较长线之比，其比值为 0.618。黄金分割比例给人一种和谐、优美的分割感，在工业造型设计和服装设计中均被广泛采用。如图 2-16 所示的连衣裙腰线的位置就是运用了黄金分割比例，使人产生一种和谐的比例美。

图 2-16　黄金分割比例在服装
设计中的应用

（2）渐变比例：造型的组成，按一定比例作阶梯式的逐渐移动，称为渐变。

服装的渐变比例应根据服装的造型特性与功能来选择决定。常用的渐变数列为 3、4、6、8、12、24……这是一种较为优美、协调的渐变比例。常运用于多层次服装的长度比例上，或胸前与裙子的多道花边装饰的布局上，能形成韵律优美的节奏感。如图 2-17 所示的三层次服装，其长度比约为 8∶6∶4。

（3）无规则比例：在一些追求款式新颖奇特，以产生刺激感和新潮感的服装设计中，服装的比例不受一定的规则局限，而趋向于打破常规的、较为悬殊的比例组合。如采用外套长度为 4，短裤或短裙的外露部分为 1 的 4∶1 比例；又如流行一时的短上衣与长裙的搭配也是一种无规则的比例形式，如图 2-18 所示。

4. 平衡 平衡即均衡。服装设计上的平衡是指服装的诸多因素使人在视觉上和心理上产生的一种稳定感。平衡具有端正、安定和庄重的特性。

平衡的形式有对称式平衡与非对称式平衡两种，如图 2-19 所示。

（1）对称式平衡及其在服装设计中的应用：对称式平衡是在一个中心点的四周或一条中轴线的两侧，将造型因素进行同形、同量、同色的配置。人的体形是左右对称的，因而服装的整体造型基本为对称形。在服装各部位的形态结构设计中，对称式平衡的运用也较多。

对称式平衡有三种形态：

①单轴对称：以一根轴线为基准，在其两侧进行造型因素的对称配置。如中山装和图 2-20（a）所示背心的造型设计。单轴对称有时显得较呆板。

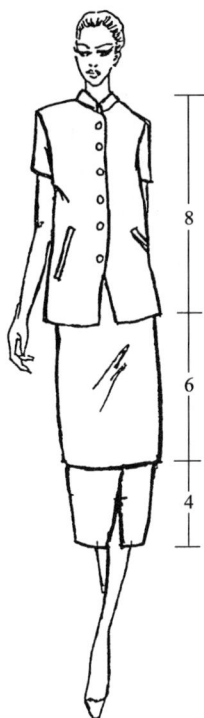

图 2-17　渐变比例在服装设计中的应用　　图 2-18　无规则比例在服装设计中的应用

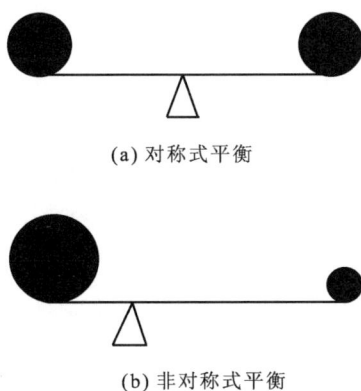

(a) 对称式平衡

(b) 非对称式平衡

图 2-19　对称式平衡与非对称式平衡

②多轴对称：以两根或两根以上的轴为基准，分别进行造型因素的对称配置。如图 2-20 （b)所示的针织上衣设计。多轴对称增加了服装的变化。

23

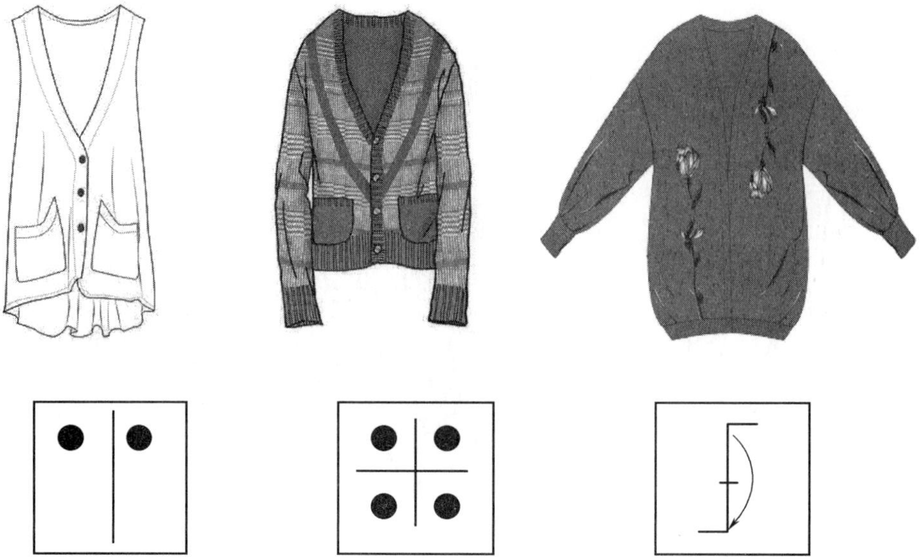

<table>
<tr><td>(a) 单轴对称</td><td>(b) 多轴对称</td><td>(c) 回转对称</td></tr>
</table>

图 2-20　对称式平衡在服装设计中的应用

　　③回转对称：以一点为基准，将造型因素进行方向相反的对称配置。和服式的交叉领线及夜礼服中一些褶裥的变化处理，都是运用回转对称的形式。图 2-20（c）所示的上装，其肩部与下摆的绣花装饰设计即为回转对称的应用。回转对称较为别致，有较强的运动感。

　　对称式平衡的形态特点倾向于统一，有稳定、整齐、庄重、端正的感觉。主要用于严谨、正统的中山装或左右对称的套装、连衣裙等，一般宜于在会议、办公室等正式场合穿着。有时为了避免过分刻板拘谨，可在面料的质地、色彩或装饰上加以适当调节。如选择织纹富于变化、肌理效果明显、色彩比较轻快明朗的面料，或是在西装手巾袋上插以手帕等，均可获得较好的效果。

　　（2）非对称式平衡及其在服装中的应用：非对称式平衡是将造型因素进行不对称的配置，并在一定范围内使其结构形态获得视觉与心理上的平衡。这种平衡是以不失重心为原则，达到形态总体的均衡。服装设计上这种非对称式平衡的运用使服装产生丰富的变化。

　　服装中的非对称式设计既有局部的非对称点缀，也有总体上的完全不对称造型。如图 2-21（a）所示的较正统的马甲，在上口袋处作非对称设计，即使其略带了非对称因素。有的服装也在领口、衣领、门襟等处作较有变化的活泼设计，如图 2-21（b）所示的门襟、图 2-21（c）所示的外套领口。而夜礼服、表演装等则必须在整体造型上借助非对称的款式设计，以获得不同凡响的艺术效果。

　　现代时装设计追求个性化和趣味性，因而常采用非对称式平衡的形式，使轮廓造型或局部装饰不落俗套，饶有新意。针织羊毛衫和新潮时装，在衣领、门襟、肩袖、裙摆等处及装饰图案上也越来越多地使用不对称的设计，以达到时新别致的服饰效果。图 2-21（d）所示的套裙，领口及门襟处都采用非对称式设计，设计手法大胆、款式独特新颖，使整套服装产生一种新意。

图 2-21　非对称式平衡在服装设计中的应用

5. 对比　质和量相反或极不同的要素排列在一起就会形成对比。如直线和曲线、凹形和凸形、大和小等。在服装上采用对比方式，通过相互间的对立和差别，相互增加自己的特征，在视觉形式上强烈刺激，给人以明朗清晰的感觉。图 2-22（a）所示为肩部、裙摆的夸张造型与腰部收紧的造型形成鲜明的对比；图 2-22（b）所示为连衣裙的图案中有直线，也有曲线，这样的对比搭配，使得连衣裙在显示女性柔美特性的同时，又不失个性。

6. 统一　统一是指由色彩、材料和形态相同或相似的要素汇集成一个整体，给人以和谐、整体的感觉。统一在服装设计中应用很广泛，有整体结构的统一，如单件服装中局部结构领、袖、袋、门襟等的造型统一；上、下装和饰物的整体组合搭配协调统一；服装色彩造型与着衣者肤色、体型、气质的和谐统一等。

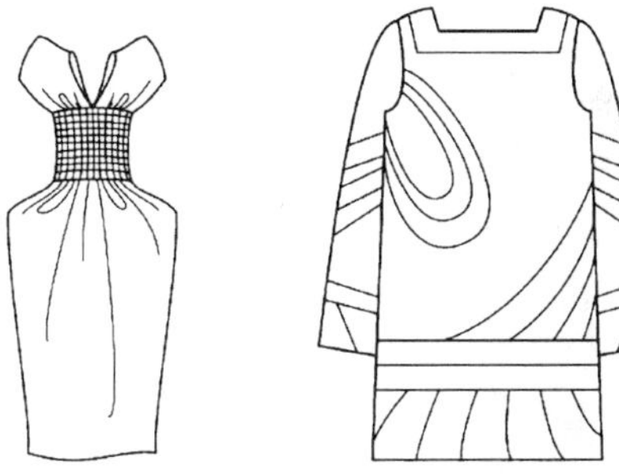

图 2-22　对比在服装设计中的应用

在统一的前提下，应注意变化的应用，以使服装产生活泼、新颖的感觉。

7. 强调　服装中的强调是指突出服装的某个重点部位，以获得最佳穿着效果。服装从轮廓造型到局部结构，都应有助于展示人体的最美部位。强调的重点有领、肩、胸、腰和袋等部位，对这些部位加以装饰美化，同时通过整体服饰的配套设计来表现着衣者的优美体态和个性特点。强调手法有风格的强调、功能性的强调和人体补正的强调三种。

（1）风格的强调：服装的风格是指服装所表示的内涵气质和艺术特点。它表达了服装所具有的个性特色。因此在服装设计中十分注重风格的强调。如有的服装用珠绣、镶滚来体现东方情调；用蜡染、扎染、丝穗、荷叶边粗布衣裙等表现乡村风格；用不对称表达一种新潮气派等。还有古典、活泼、浪漫、现代、太空热、建筑风等各种风格。正是由于不同风格服装的存在，才形成了千变万化、多姿多彩的服装世界。

（2）功能性的强调：功能性强调主要指服装的实用性、保护性。如工作服、宇航服等特殊用途的服装，必须从材质、色彩、缝制工艺的选用，款式造型、口袋、领、袖、腰等各部位的设计上考虑其保护身体、便于工作的使用功能要求。旅游服、登山服和摄影背心等往往进行多个口袋设计，也是为了符合使用功能的要求。

（3）人体补正的强调：在服装设计中常常通过强调手法渲染体型的优势，遮掩体型的缺陷。图 2-23（a）所示的紧身服装强调瘦高者顾长优美的体态；图 2-23（b）通过假短外搭、腰带的设计来强调优美的腰身和修长的下肢。利用服装来遮掩体型方面的缺陷有许多手法。粗壮体型者可在服装设计上采用分割的手法来遮掩，如上衣用淡雅的小花纹面料，裙、裤用素色面料；前胸用小花纹面料，两侧拼以素色面料均可减小体形上的宽度感；矮胖体形应注意强调上、下身的协调，强调简洁大方的衣着效果，避免横向分割和灯笼袖、蝴蝶结、过量的衣褶等装饰，面料宜朴素沉稳；矮小体型者则应强调丰满、魅力，可选用富有肌理、色彩鲜亮柔和的面料，适当用褶裥等装饰，衣裙长度上适当减短上身，加长下身，或用没有腰节线的连衣裙来显示其娇小秀美。

图 2-23　强调在服装设计中的应用

8. 视错　服装上的视错是利用人在视觉上的错误判断的规律进行综合设计，以更好地发挥服装造型的优势，增强艺术魅力，并利用视错效应来弥补体型的某些不足。

视错有对比视错和分割视错。

（1）对比视错：

①色彩对比视错：色彩对比视错告诉我们服装色彩越鲜艳、纯度越高会给人以扩张的感觉，因此高大体壮者应尽量避免使用鲜艳色彩和高纯度色彩，而应选用暗冷色、小花型的面料；肤色好的人可选用色彩对比强烈的服装衬出肤色的健康，肤色不理想的人则应选择与肤色对比弱的服装，同时应避免大面积的强烈色彩搭配。

②外形对比视错：外形对比视错在服装造型设计中应用很多，它能通过服装外部造型与人体外形的对比产生视觉上人体外形的改变。如图 2-24（a）所示的夸张大帽子使脸显得娇小；服装搭配中特别要注意通过领型与脸型的视错来弥补脸型的缺陷。如图 2-24（b）所示的几款衣领设计中，V 型领使长脸形的人显得脸更长；图 2-24（c）所示的领型中，方领使方脸显得更方。相同道理，脖子粗短的人应采用低领，圆脸的人应采用青果领、小方领。

（2）分割视错：指服装造型中利用不同方向、不同粗细的线条使人产生视错效应。如

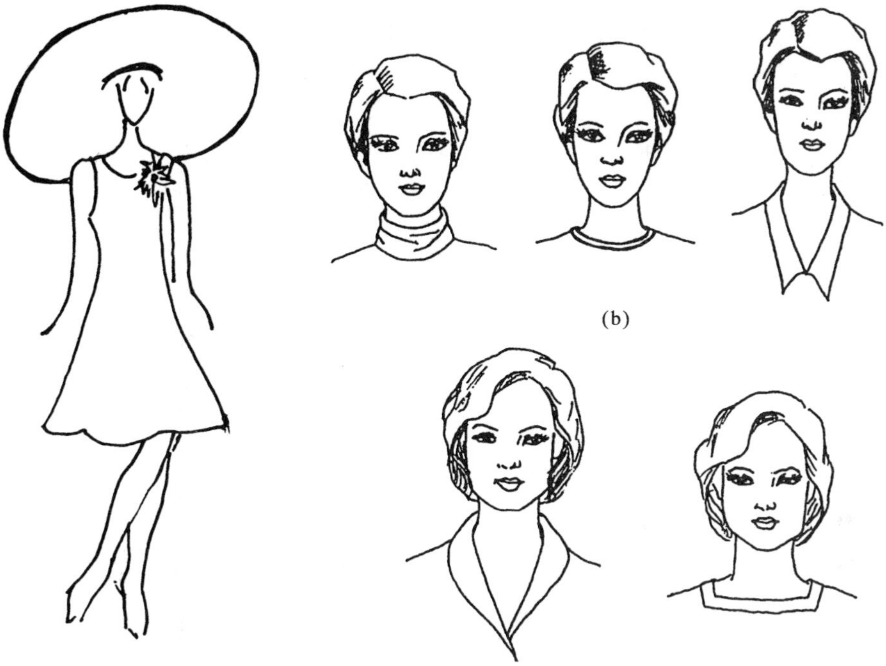

(b)

(a)　　(c)

图 2-24　外形对比视错

图 2-25（a）所示的两个完全相同的正方形，用水平线分割则显得略宽，用垂直线分割则显得略长。利用这一现象，图 2-25（b）所示的两件结构大小完全相同的针织衫，纵条纹和纵向分割线使衣服看上去略显瘦长，横条纹和横向切割线则使人显得略胖；服装上的大方格显得活泼丰硕，也有使体积增大的视错感。同理，图 2-23（a）所示的服装由于采用纵向线条且线条间距小，线条密度大，会使服装显得更加苗条，增强其合体颀长的造型效果。

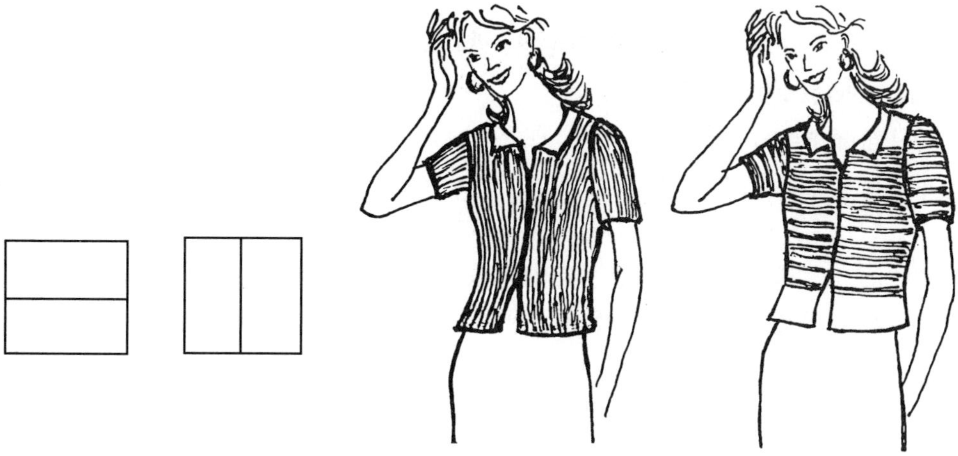

(a)　　(b)

图 2-25　分割视错

第三节 针织服装款式设计

款式、色彩、面料质地是服装设计的三大要素，其中款式又是构成造型设计的主体。服装必须根据穿用对象、目的、时间、地点和场合的不同来设计多种款式。服装款式造型设计是工艺与艺术相互渗透、结合的产物，设计人员不仅要有织造、染整、印花、缝制等基本工艺知识，还要具有造型和色彩方面的艺术素养，懂得如何应用衣料特性（花型、颜色、材质、风格）去适应人的生理形态（体形、脸形、肤色）和个性特点，以取得最佳的艺术效果。

针织服装款式设计包括服装的外轮廓线、内结构线及领、袖、口袋等零部件的配置设计。

一、服装外轮廓线的特性

在服装造型设计中，外轮廓线是服装外形特征的主要体现。物体的外轮廓线能给人以深刻的印象，在各种服装风格的体现中外轮廓线起着重要作用，而且它也是时代风貌的一种体现。此外，服装的外轮廓线在时装流行趋势中还起着传递信息和指导方向的作用。时装流行最重要的特征就在于外轮廓线的变化。新的外轮廓线的变化，有时甚至是极细微的变化，也能引导潮流的流行。因此，服装设计师应对外形轮廓线的变化有敏锐的观察和理解。

服装外轮廓线的变化，主要表现在支撑衣服的肩、腰、底边和围度等几个部分。服装款式设计要根据穿着对象、设计风格、造型要求和流行趋势，通过肩部处理（袒肩、耸肩、宽肩等），腰线高低和松紧变化，衣裙的底边线的形态（直线、曲线；对称形底边和非对称形底边；平行底边和非平行底边等）和长短变化（如长裙、短裙、迷你裙；有意夸张和缩短上衣长度等）以及胸围、腰围、臀围的松紧程度变化，使服装呈现多种形态与风格。

二、针织服装外轮廓线的基本类型和特点

（一）服装外轮廓的基本类型

服装的外轮廓主要分为以下四种：

1. H 型 H 型服装外轮廓呈长方形。图 2-26（a）为 H 型服装的基本造型与结构，图 2-26（b）、（c）为 H 型服装的实例。H 型造型整体上以直线为主，通过放宽腰围，使肩、三围和下摆线的宽度基本一致而形成。它给人以细长、沉稳的感觉。

2. A 型 A 型服装的外轮廓呈伞形。图 2-27（a）为 A 型服装的基本造型与结构，图 2-27（b）、（c）为 A 型服装的实例，其中图（b）为有名的"迪奥"A 型线。它主要通过夸张下摆而肩、腰合体，形成上窄下宽的效果。由于它把外轮廓线从垂直线变成了斜线，增加了长度，从而达到看似增加了人的高度的目的，而且在设计中常常通过削肩和提高腰线位置，使宽大的下摆更显女性的妩媚，此种轮廓线深受女性欢迎。

(a)　　　　　　　　　(b)　　　　　　　　　(c)

图 2-26　H 型服装的基本造型与实例

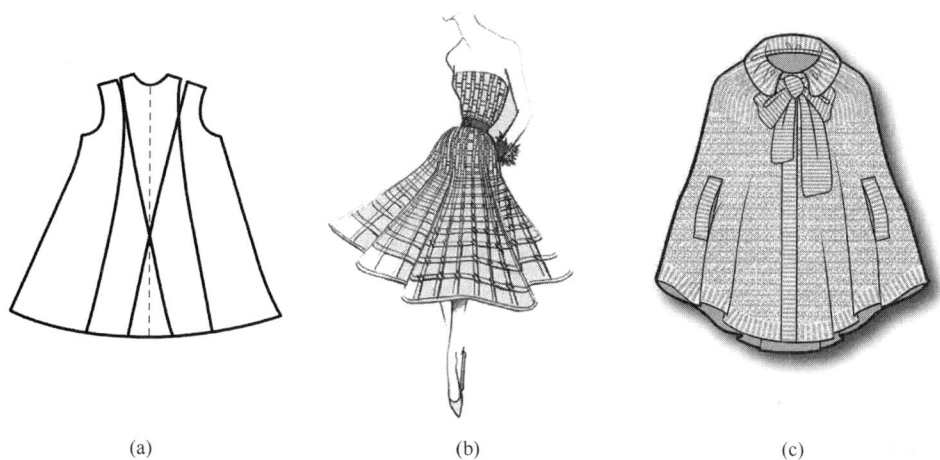

(a)　　　　　　　　　(b)　　　　　　　　　(c)

图 2-27　A 型服装的基本造型与实例

3. X 型　X 型服装的外轮廓像英文字母 X。它通过收紧腰身、夸张肩部和下摆而形成。图 2-28（a）为 X 型服装的基本造型与结构，图 2-28（b）、（c）为 X 型服装的实例。

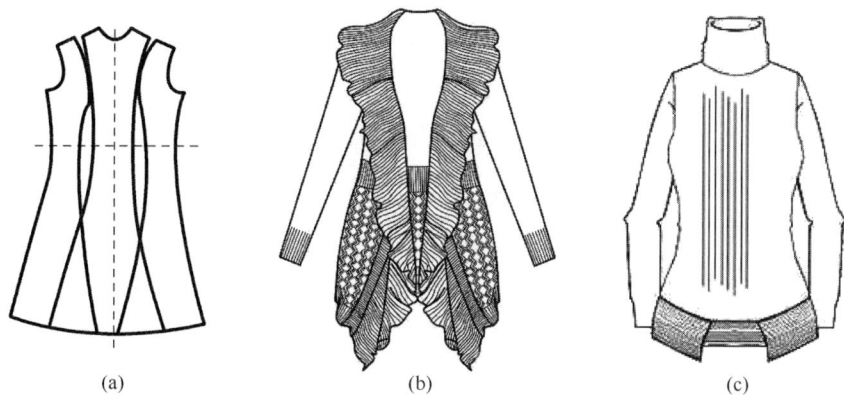

(a)　　　　　　　　　(b)　　　　　　　　　(c)

图 2-28　X 型服装的基本造型与实例

X 型的外轮廓富于变化，表现了一种活泼、浪漫情调，特别能体现女性的纤细腰身和曲线美，所以深受女性喜爱。

4. V 型　V 型服装的外轮廓是倒三角形，它通过夸张肩部、收缩衣服的下摆线宽度而形成，服装有挺拔和修长感。图 2-29（a）为 V 型服装的基本造型与结构，图 2-29（b）、（c）为 V 型服装的实例。V 型服装给人以挺拔、潇洒、阳刚的感觉，表现出一种男性美的风格。此外，还有 O 型等外轮廓线，这里不作赘述。

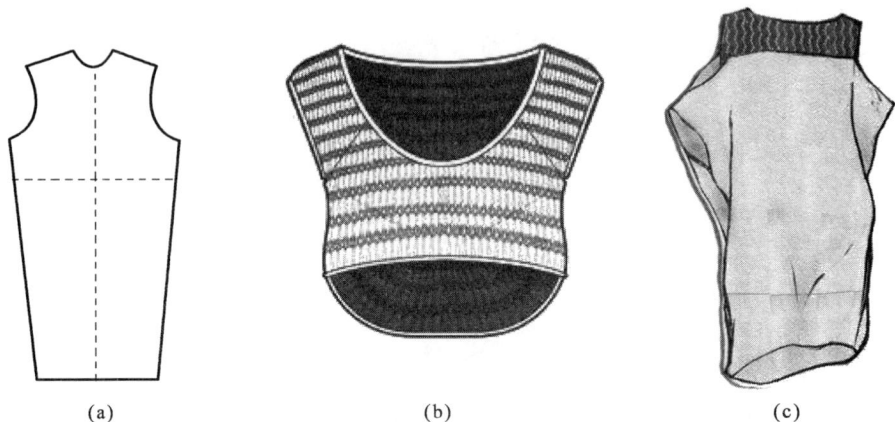

(a)　　　　　　　(b)　　　　　　　(c)

图 2-29　V 型服装的基本造型与实例

（二）针织服装外轮廓造型的特点

针织服装由于面料良好的延伸性、弹性和柔软性，其造型更多地以直身式、紧身式和宽松式三种类型来表现。

1. 直身式　直身式即 H 型，是针织服装传统的造型，这种外轮廓造型在针织服装中占有很大比例。传统的 T 恤、圆领汗衫、背心、棉毛衫、羊毛衫等均是直身式。其肩线呈水平或稍有倾斜的自然形，腰线是直线或稍呈曲线，线条简洁明快，穿着方便舒适。这类造型的服装一般选用编织密度较大、延伸性较小的面料制作。

2. 紧身式　紧身式是针织服装特有的造型，它可以是 H 型、X 型和 A 型。由于纬编针织物具有优良的延伸性和弹性，特别是横向延伸性和弹性更好，一般横向拉伸可达 20% 以上，如再利用弹性纤维氨纶来制作氨棉包芯纱、包覆纱等，并配以适当的织物组织结构，可生产出弹性极强的针织面料。由这种面料制作的紧身服装适体性特别好，既能充分体现人体曲线美，又能伸缩自如。图 2-23（a）、图 2-28（b）等所示均为针织紧身服；运动装中的泳装、体操服、健身服等也是紧身装中的一类；此外，补整内衣，如图 2-30 所示的文胸、束腰、收腹裤等也是紧身服装。

紧身针织服要求触感柔软、舒适卫生、吸湿透气，又能起到支撑和收紧的功能，因此常选用轻薄的弹性针织面料制作。

3. 宽松式　宽松式针织服装也能较好地体现针织面料轻柔、舒展、悬垂性好的特点。其外轮廓造型一般由简单的直线、弧线组合而成，服装围度较大，造型大方，穿着宽松、舒适，它主要用于时装、休闲装、日常生活装、运动装、大衣等制作中。如图2-31所示针织带帽运动装为宽松式针织服装。

图 2-30 补整内衣

图 2-31 宽松式针织运动装

这类针织服有的需选用轻薄柔软的针织面料,有的则需选用纬编双面提花织物、羊毛织物等较厚实的面料。

三、针织服装内结构线的设计

服装内结构线是指体现在服装的各个拼接部位,构成服装整体形态的线,主要包括省道线、分割线、褶裥等。服装的内结构线可以是直线,也可以是弧线。直线给人以稳重、刚强之感,具有男性风格;弧线圆润流畅,具有轻盈、柔和的特性,多用于表现女性美。服装设计中要注意合理使用省道线、分割线和褶裥的形态,一方面各结构线与服装外轮廓线及领、袋、袖等的造型风格要相一致,达到整体和谐、美观的要求,另一方面注意所使用的服装材料的服用造型性能,如挺括性、悬垂性等,结构线要与服装材料的造型性相匹配,以便更好地展示服装材料的造型性能。

1. 省道线 设计省道线的目的是使衣料合体。人体是由各种复杂的曲面构成,为了使平面的衣料与人体的曲面相吻合，就必须收去在胸、肩、腰、臀等部位多余的部分，收去这个多余部分的工艺形式称为省。特别是女装，由于收省，使胸部自然隆起，腰部自然纤细，从而使服装显示出女性的曲线美。

省道的设计包括省位选择、省道形态选择等。

按省道在服装中所处的部位分，有胸省、腰省、臀位省、腹省、手肘省等。

（1）胸省：胸省是为了体现胸部曲线，以胸部乳峰最高点为中心，以乳房隆起的底部作为省的终止部位，向四方做的省道。胸省可以根据造型设计的需要，选择不同的省位，如图2-32所示，它有袖窿省、肩省、领省、腋下省等表现形式。

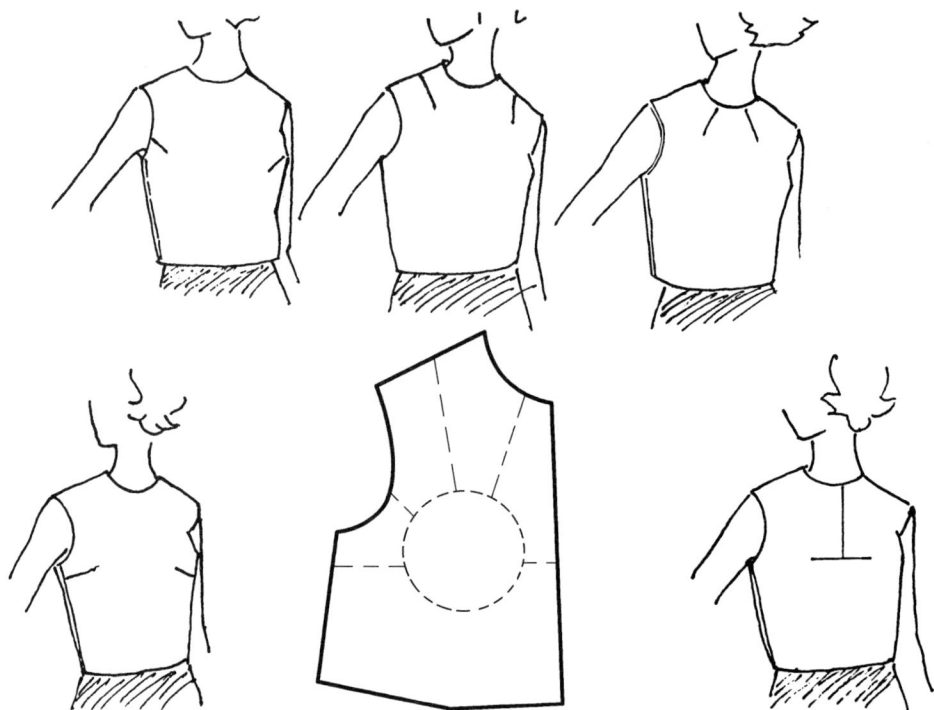

图2-32　胸省

①袖窿省：省道在袖窿部位。前衣片的袖窿省形成胸部形态，后衣片的袖窿省形成背部形态。

②肩省：省道在肩部。前衣片的肩省是为了做出胸部形态，后衣片的肩省是为了满足肩胛骨隆起的形态，如图2-33所示。

③领省：省道在领口部位。领省常用来代替肩省，使用于衣领与衣身相连的衣领设计中，具有隐蔽性好的特点。

④腋下省：省道在腋下部位。

（2）腰省：腰省的设计是为了强调女性纤细的腰部，同时还能衬托胸部。为了强调臀部的曲线，可在臀部最丰满处设置腰下省。

图 2-33 肩省

　　腰省是女装设计中非常关键的造型因素，有时为了保持胸部面料纹样的完整形态，或使前胸的曲线起伏更为优美突出，常将腰省与胸省配合造型。胸省和腰省配合造型的形态多种多样，图 2-34 为常见的一些变化形态。

图 2-34 胸省和腰省的形态变化

图 2-35 臀位省

（3）臀位省：人体的腰部较细，臀围较大，尤其是女性更为明显，后臀丰腴突起，小腹微微隆出。因此，需要在腰部、小腹部、臀围处收适量的省道，使裙、裤及衣摆合体而美观，如图 2-35 所示。X 型外轮廓设计的连衣裙和女上装常使胸省、腰省和臀位省连接为一体，以使省道更优美，如图 2-36 所示。

省道形态有钉子省、锥子省、橄榄省、弧形省和开花省等，钉子省、锥子省和橄榄省的形态如图 2-37 所示。针织服装中应用较多的是锥子省和橄榄省。橄榄省主要用于上装和连衣裙的腰节处。

2. 分割线 又称开刀线。分割线的作用是根据造型要求，把衣服分割成几个部分，然后缝制成衣，以达到使服装合体、美观、造型漂亮的目的。分割线有纵线分割、横线分割、斜线分割、弧线分割等。

图 2-36 胸省和臀位省连为一体

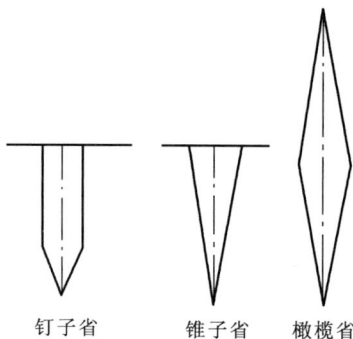

钉子省　锥子省　橄榄省

图 2-37 省道的形态

（1）纵线分割：它是指从肩、袖窿或领圈处通过乳高点连接腰省、臀位省直至下摆形成的内结构线。图 2-38（a）所示的拼片裙、鱼尾裙和图 2-38（b）所示的背心均是纵线分割的例子。服装的纵线分割具有强调高度的作用，由于视错的影响，纵线分割使服装形成了面积较小的几个部分，给人以修长、挺拔的感觉。而且通过纵向分割的公主线，将胸省、腰省和臀位省连接成一体，既使服装合体，又使服装具有了流畅优美的韵致。

（2）横线分割：它是指在肩缝线、胸围线、臀围线之间作出的各种水平分割线。图 2-39 所示即为利用横线分割与纵线分割形成的合体短裙。横线分割具有加强幅面宽度，给人以柔和、平稳的感觉。随着横向分割数的加多，伴有节奏感和韵律感的产生。

（3）斜线分割：图 2-40 所示是利用斜线分割设计的衬衣。斜线分割的斜度不同，外观效果也不同，由于视错的原因，接近垂直的斜线分割有增加高度的感觉，接近水平的斜线分割有增加宽度的感觉，45°的斜线分割视错上既不显长也不显宽，具有掩饰体形的作用。服装设计中使用斜线分割既可巧妙地隐藏省道，又使衣服贴身合体，造型优美，富于立体感。

(a)   (b)

图 2-38　纵线分割

图 2-39　横线分割   图 2-40　斜线分割

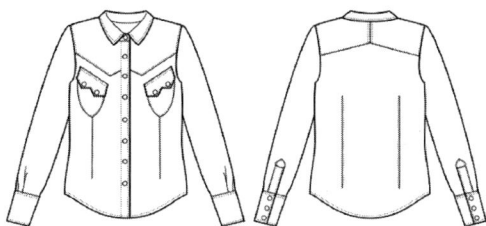

（4）弧线分割：它是指以弧线形式连接各种省道线的分割线。弧线分割给人活泼、优美、柔和的感觉，具有独特的装饰作用，如图 2-41（a）、（b）所示。弧线分割在女装设计中应用很多。

服装设计中还常常结合人体的省道，将弧线分割与纵线分割、横线分割、斜线分割等交错使用，以产生形态多变、活泼生动的着装效果，但针织面料由于组织松软、悬垂性较好等特性，不轻易使用这类分割。

3. 褶裥　褶裥是服装结构线的又一种形式，它是将面料折叠缝制成多种形态的线条状，外观富于立体感，给人以自然、飘逸之感。褶裥在服装中应用十分广泛，在男装夹克衫、衬衫，女装衣、裙和童装中常见不同形态褶裥的使用。褶裥使服装具有一定的放松度，使穿着更宽松自如，以适应人体活动的需要，或补正体型的不足，同时也可作为服装装饰之用。褶裥依据其构成方法和形态的不同，可以分为细褶、裥和自然褶。细褶指折叠量小，分布较集中，无明显倒向的褶；裥是经熨烫得到的一种有规律、有明显方向的装饰线条；自然褶是利用布料的悬垂性及经、纬纱的斜度自然形成的褶。前面的图例中有不少使用褶裥的地方，如图 2-36 中连衣裙裙摆形成的工字裥，其线条刚劲、挺拔、潇洒，节奏感强；褶纹优美流畅、自然起伏，给人生动活泼和飘逸的感觉。图 2-38（b）中背心腰部利用抽绳，形成不规则、自然的细褶。图 2-41（b）是将缝线抽紧后使面料自然收成的细皱褶，在柔软轻薄的面料上缝制效果特别好；图 2-42 外套腰部通过串带形成细褶。

(a)　　　　　　　　　(b)

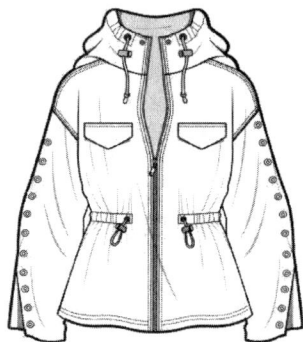

图 2-41　弧线分割　　　　　　　图 2-42　通过串带形成的细褶

第四节　针织服装的局部结构设计

服装的局部结构是指与主体服装相配置和相关联的各个组成部分，主要包括领、袖、门襟、口袋等。从设计的基本原则出发，各个局部结构不仅要有良好的功能，还要与主体造型有机地结合，以达到协调和统一。在处理服装的局部结构时，应该在满足其服用功能的前提下，寻求与服装主体造型之间的内在联系，一方面具有一定的装饰性，另一方面与主体结构之间又是一种主从的关系，使之恰当得体。

一、领的结构

领是服装中最引人注目的部位，领子的式样千变万化，造型极其丰富，既有外观形式上的差别，又有内部结构的不同，每一种类型的领子都有自身的特点和对于主体造型的适应关系。

针织服装的领型从结构上可分为挖领和添领两大类。挖领从工艺上又分为滚边领、罗纹领、折边领、饰边领、贴边领等；添领从服装结构上分为立领、翻领、坦领和连帽领。由于面料的弹性及翻驳领造型的要求，针织服装中很少使用翻驳领。针织服装常用领的分类如下所示：

```
                                        ┌ 滚边领
                                        │ 罗纹领
                            ┌ 挖领 ─────┤ 折边领
                            │           │ 饰边领
                            │           └ 贴边领
                            │                      ┌ 高立领
                            │           ┌ 立  领 ──┤ 中立领
    针织服装领 ─────────────┤           │          └ 低立领
                            │           │          ┌ 同料翻领
                            │           │ 翻  领 ──┤ 横机领
                            └ 添领 ─────┤          └ 异料领
                                        │ 坦  领
                                        └ 连帽领
```

1. 挖领 挖领是最基础、最简单的领型，也是针织服装的一大特色。它是在服装领口部位挖剪出各种形状的领窝，如圆领、V型领、一字领、方型领、梯型领等，通过折边、滚边、饰边、加罗纹边等工艺手法对边口进行工艺处理。这种处理工艺不仅解决了针织面料边口的脱散性、卷边性问题，而且运用面料的伸缩性解决了穿脱的功能性问题，简化或省略了开襟、开衩的功能性设计，具有造型简洁、大方、整体性强，穿着舒适、柔软、行动方便的特点。图2-43为棉毛衫、运动衫、男式T恤衫等针织服装常见的挖领形式，图2-44为女式内衣、T恤衫常见的挖领型。

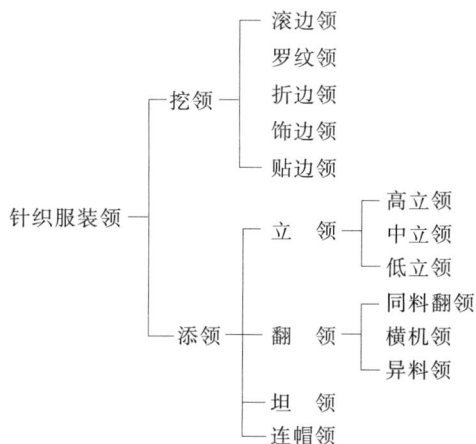

图2-43 棉毛衫、运动衫、男式T恤衫常见挖领型

图 2-44　女式内衣、T恤衫常见挖领型

（1）滚边领：它的款式特点是在领口的周边包滚一条与大身料相同的横纹布。多用于针织内衣产品。面料一般为轻薄的平纹汗布和罗纹、棉毛类，当使用较厚面料滚边时，会对成品领口规格产生一定的影响。计算领口尺寸时，需要考虑坯布的厚度，在领深、领宽的尺寸中扣除坯布的厚度，约为 0.25cm。

（2）罗纹领：它的款式特点是在领窝处缔双层罗纹。罗纹领与大身料组织不同，形成明显的组织变化效果，常用于内衣、T恤衫、绒衣类产品，领口形状以圆型、V 型领居多。圆领造型要求成型后领口必须平服、圆顺，由于罗纹的弹性一般大于大身料组织，能满足成型后领口平服、圆顺的要求，但是圆领罗纹的宽度不宜过宽，当罗纹的宽度大于一定的值后，领口内外圆的周长相差较大，超越了罗纹组织弹性特点的发挥范围，就达不到造型的要求。圆领口罗纹的宽度，一般以 2~3cm 为宜，内外圆的周长差需通过缝合时稍做拉伸来调整。同时从服用要求分析，领口罗纹本身的弹性就大于大身面料，也需要拉伸领口罗纹以取得与大身相应的弹性。缝制时应避免领口过松或过紧，一般需要通过试制样衣的方法来确定罗纹领口的用料尺寸，考虑领口尺寸时需扣除罗纹宽度规格。

（3）折边领：即在领口处折边处理，有三折边、折边两种形式，三折边一般采用平缝、链缝线迹，折边的宽度不宜过宽，一般为 0.75~1cm。因这类领口弹性较小，考虑到穿脱的功能性，适用于领口较大的产品，如 V 型领、大圆领。

（4）饰边领、卷边领：饰边领是在领口部位加花边、丝带等以强调装饰，如图 2-45 所示；卷边领是利用针织面料某些组织（例如纬平针组织）的卷边性而设计的自然翻卷领边的一种无领形式，领口边翻卷情况类似于图 2-46 中（c）所示，领口形式随意、自然。

（5）贴边领：贴边领是在领口部位加上一层贴边布料，其主要目的是对领口边做工艺处理，因而可参照机织面料领口加贴边的工艺处理方法。这类领型在与丝带、花边、贴边缝合时强调平整。因领口弹性较小，设计时需综合考虑装饰效果、工艺要求和服用功能的要求。

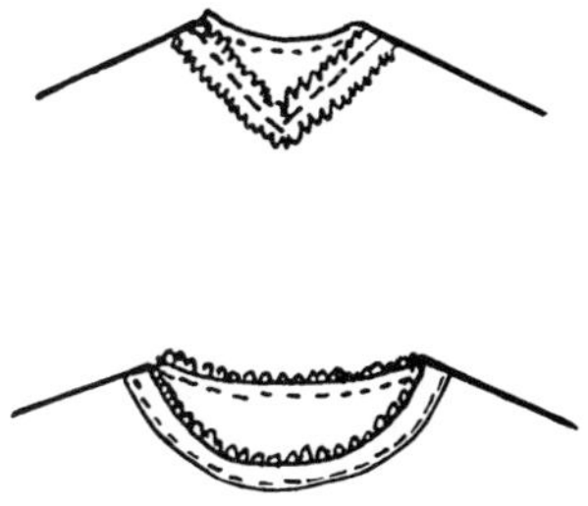

图 2-45　饰边领

图 2-46　针织服装常见的添领型

2. 添领　添领是由领口和领子两部分构成领子的造型，多用于针织外衣中。常见领型从结构上分为立领、翻领和坦领、连帽领。不同领型具有不同的特点，设计时更多地依据不同的服装品种，以及与主体结构之间的内在联系和材料的选择去考虑。针织服装常见的添领形式见图 2-46 所示。

（1）立领：立领款式见图 2-46（b）、（c）、（d）、（i），针织服装的立领造型不强调直立、合体、严谨、庄重的效果，多为封闭宽松型，强调防风保暖的功能，表现轻松、随意的感觉。有的还配以绳、扣，以取得装饰的效果，同时更强化了功能性。

（2）翻领：针织服装的翻领从材料上可分为大身料翻领、横机领和异料领三种，不同材料的翻领其造型效果截然不同。

采用与大身料相同面料的翻领，其款式的变化表现为领面宽窄的变化、领子开门的深浅变化、领口的大小变化、立起程度的变化和领子外口线的变化等，依据翻领的结构原理进行结构选择，如图 2-46（e）、（f）、（h）等所示。

横机领是 T 恤的专用领型，如图 2-46（a）所示，它是在专用横机上编织的成型产品，根据所需要的领宽和领长在编织时设置分离横列，下机后拆散而成。横机领结构上仍属直角结构，其领子外口线所具有的延伸性能满足翻领的造型要求。多利用色织和边口组织的变化来丰富款式的变化。为了款式上的统一，一般袖口形式应与领子相一致。

异性材料领指翻领料与大身料在外观、性能或原料上有明显不同。异性材料领型的使用，多从领子造型及尺寸稳定性要求上考虑，在服装主体设计和局部设计中应根据综合造型的需要、材料的特性进行选择，很有个性特点。设计者需要充分理解面料、服装结构和功能的需要去进行设计，它是近年来服装类别中的新品种。

（3）坦领：图 2-46（j）所示为坦领的一种领型式。坦领从结构上分，是翻领的极限形式，造型特征是领片自然翻贴于肩部领口部位，外观舒展、柔和，一般用于儿童和女性服装中。坦领设计中可以产生多种形式的变化，领子的形态根据服装主体造型的需要可宽可窄，可大可小，领尖的形状可方可圆，可长可短。

此外，坦领的领面部分可运用衣片自身的体量扩展的方法，形成有明确体量的局部，能够加强服装整体造型的形式美感。日本学生服中的水兵领就是由此产生的，大而方的领子从前胸向肩部和后背伸展，显示出一种特有的青春气息。

（4）连帽领：连帽领如图 2-46（g）所示，它是在坦领的基础上演变而来的，前领类似水兵领，后领与帽子连在一起，具有一定的功能性和审美性。

二、袖的结构

袖在服装中不但起遮盖和保暖手臂的作用，也对服装造型产生重要影响。从款式设计的角度讲，不同的服装造型和服用功能需要不同结构和形态的袖子，不同结构和形态的袖子与主体结构相配合，又会使服装的整体造型产生不同的效果。

根据袖子与衣片的结构关系，一般分为：连身袖、装袖、插肩袖和肩袖四类，如图 2-47所示。

针织服装的袖型从结构上涵盖了上述四种类型。与机织服装的袖型区别在于，对合体袖结构处理上采用一片袖结构，通过面料的弹性即可获得机织物袖型中必须由两片袖才能获得的功能；在缝制工艺中，装袖不存在两片袖结构和袖压肩的造型特征，更多地强调舒适、随意以及外观效果平整流畅和便于活动的运动特征。

1. 连身袖 连身袖的特点是袖子与衣身连在一起（无袖窿线）。我国古代和传统服装中

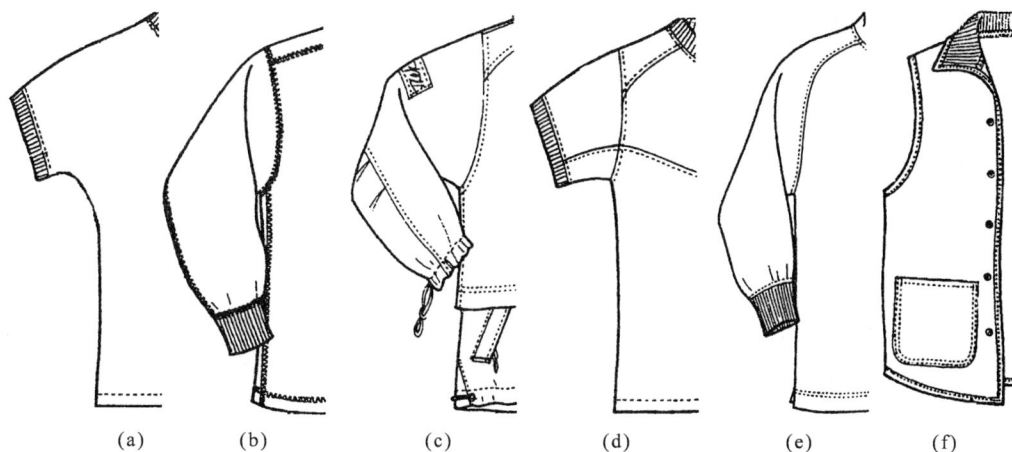

图 2-47　针织服装袖子的常见形式

多采用这种袖型，所以连身袖又称为中式袖。连身袖的服装穿着舒适，手臂活动不受束缚，属于宽松型结构，常用于中式服装和睡衣中，如图 2-47（a）所示。

2. 装袖　装袖如图 2-47（b）、（c）、（d）所示，其袖片与衣身在人体肩峰处分开。针织服装中装袖更多的是以平袖形式出现，其袖山长度与袖窿围度尺寸相等，缝合后平服、自然。造型上有宽松与合体之分，均属一片袖结构，不需要像机织物的袖型设计中为了合体功能而设计为两片袖结构，针织服装合体袖功能一般通过面料的弹性或收肘省的方式来获得。有长袖、短袖、中袖之分，袖身的变化分收袖口和放袖口两种，款式变化主要是在袖口的工艺处理，一般与领型处理相一致。

3. 插肩袖　插肩袖如图 2-47（e）所示，它将衣片的一部分转化成了袖片，视觉上增加了手臂的修长感。由于插肩袖穿着活动方便，属较宽松的结构，所以，运动装多采用插肩袖，它也常用于大衣、外套、风衣、休闲服装中。依据不同的主体服装造型，插肩袖在"插肩"量的构成形式上有全插肩、半插肩之分；结构上有一片袖和两片袖、前插后圆或前圆后插等形式。针织服装的插肩袖一般是全插肩一片袖形式，款式的变化体现在衣片与袖片互补形式的量与形状上，有曲线状、直线状插肩袖之分。直线状插肩袖如图 2-1 所示，曲线状插肩袖如图 2-47（e）所示。

4. 肩袖　肩袖也称无袖，即由袖窿形状直接构成袖型，常见于夏季服装中，如图 2-47（f）所示。针织服装可以利用折边、滚边的形式对袖窿进行工艺处理，结构上多体现为合体型。这时需要根据面料的特征对袖窿结构尺寸及形状做很好的把握。

需要注意的是袖型的选择、袖子的长短、松紧都是以主体结构的造型为基础的，应与主体造型相协调，形成比例上的合理关系。为了增加服装的花色品种和满足个性化需求，针织服装袖除了在造型形式上的不同设计外，还可以充分利用面料的肌理求得变化，如：衣身和袖子采用不同组织结构的面料，大身选用机织面料，而袖子则用针织面料；也可使袖口面料组织与袖身面料组织有变化等，这样就可以大大地丰富针织服装的造型语言。

三、口袋的结构

口袋既具有实用功能，又是服装造型的重要手段之一，对于各种不同造型的服装起着一种装饰和点缀作用。针织服装的口袋在结构形式上分明袋和暗袋两种；按袋的位置有胸袋、侧袋、臀袋、臂袋、腰袋、腹袋等之分，由于针织面料易变形的因素，不少口袋装饰的作用大于功用的目的。针织服装各类型口袋如图2-48所示。

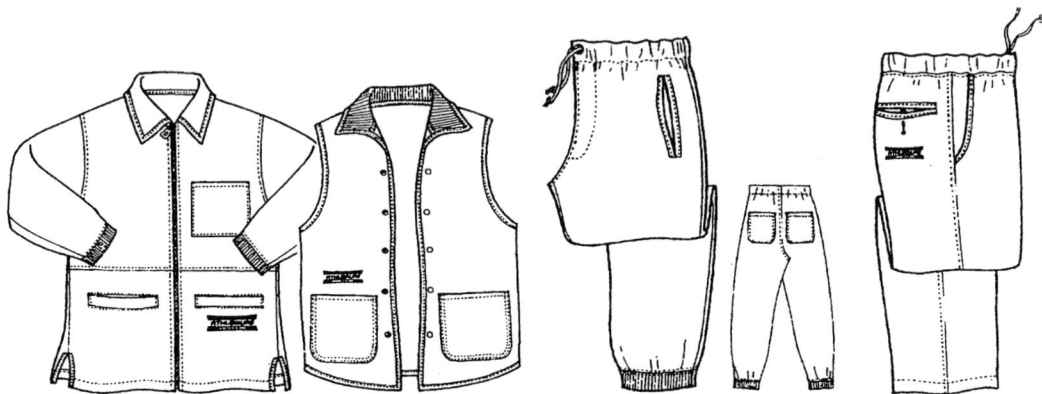

图2-48　针织服装口袋的构成

1. 明袋　明袋也称贴袋，是针织服装常见的口袋形式，明袋与其他的局部结构一样，其造型要与主体服装造型相协调，以达到整体造型的一致。例如，衣服的前摆是直角的，那么贴袋的造型也应是直角的；相反，衣服的前摆是圆角的，那么贴袋的造型也应是圆角的。在不改变服装造型的情况下，贴袋位置的上、下移动，面积的大小都要考虑与主体结构间的比例关系和主从关系。

明袋由于其在服装上的明显位置，其形状、缝制、线迹均具有较强的装饰效果，从服装的流行与创新的意义上讲，其装饰的作用已大于其最初的功用性。

明袋位置的确定以便于手掌伸入为宜，袋口大小则与手掌围度的大小、手伸入袋口的状态及总体造型要求有关。

2. 暗袋　暗袋也称插袋，它常常利用衣缝来制作口袋，常设制于裤侧缝中，上衣和裙子也有利用公主线及横向分割线来设制口袋的。一般以实用功能为主要目的。

四、门襟的结构

门襟在外衣构成中原本主要是为穿脱的方便而设计，在针织服装中，门襟的结构有全开襟、半开襟和不开襟三种形式；根据所在部位有领门襟、胸门襟、背门襟、裤门襟等。领门襟一般用于套头衫，为半开襟；胸门襟指全开襟。针织服装与一般机织面料服装不同的是由于面料的伸缩性，穿脱方便的要求在多数情况下已不成问题，这时更多的是为了服装的语言符号和装饰作用。开襟的闭合可以是拉链闭合也可以是纽扣闭合。门襟开口的形式与造型要与领的构成结合起来考虑。

第五节　针织服装款式设计图

服装款式设计图是用来表达服装设计构思和工艺构思的效果和要求的一种绘画形式，在服装设计、生产、销售活动中起着表达设计意图，争取选样和指导制作的作用。它包括服装效果图、服装款式图和相关文字说明三方面的内容。针织服装设计通常采用服装款式图和相关文字说明相结合的形式来表达。

一、服装效果图

服装设计、生产中的效果图通常以写实的手法，借助色彩、线条、质感、量感、明暗等"语言"工具来表现着装效果、色彩构成、款式构成和面料构成等内容。一般采用8~9头身的比例，人体姿势以正面或半侧面为主，有时为适应某些款式在侧面和背部的结构和装饰的特殊需要，可与人体侧影或背影效果结合表现，也可通过款式图来进一步表达。服装效果图的目的重在表现服装着装后的效果，服装的外轮廓造型，肩、腰、臀等重点部位的造型要点及衣服的褶皱感与下垂感等，这些部位要认真描绘，以便准确、生动地表现服装的具体形态，而脸部、头发、手、脚等都不必过于仔细描绘。服装效果图的表现手法如图2-23（a）、图2-27（b）所示。

二、服装款式图

服装款式图是通过对效果图的审视，运用线条的粗细、虚实来表现服装的款式、比例、结构、工艺和材质等内容，它是将服装效果以平面形态画出来。服装款式图表现的准确与否，将直接影响到样衣的制作，也是能否正确理解设计构思意图，并进行结构设计的再创作的关键环节。服装款式图对绘画的艺术性要求不高，但对技术性要求很严格，它需要将设计的各种因素和结构以正面、背面，甚至侧面的形式予以表达。对于复杂的结构或装饰，还需局部放大加以说明，如图2-49所示。

服装款式图的绘制应首先将服装的外形表达清楚，服装外形是服装造型的主要体现，对设计意图的表达至关重要，款式图应做到准确表达外形的比例。如服装长与宽的比例，肩宽、腰围、胸围、底边宽度尺寸之间的比例等。上装外形长与宽的比例一般以肩宽为准，下装外形长与宽的比例则以腰宽来确定，同时，应注意将男女的外形特征表现出来。

服装的外形确定之后，即可根据设计意图进行与外形比例相适应的局部配置，如省道线、分割线、褶裥线、装饰线及纽扣、口袋等的形状、位置，要尽可能地表现准确、详细，以充分表现款式的细节。绘制服装款式图时，一般以粗实线表示服装的外轮廓，而省道、褶裥、分割线等结构线则用细实线表示，缉明线用虚线来表示。

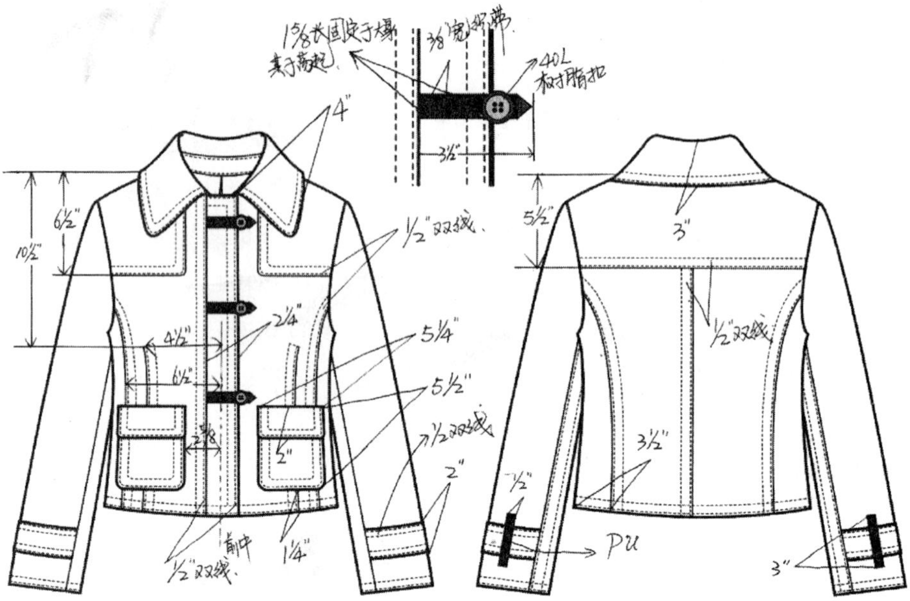

图 2-49　针织服装款式图

服装款式图除正面外，往往还要将背面款式图、面料质地和色彩等全面表达出来。一般可剪一小块面料实样贴在款式图旁，或配上表现面料色彩和质地的小图样。有时还需要通过局部放大特写图作补充表达，以清楚地表达该部位的设计意图。

三、文字说明

在效果图、款式图完成之后，对于一些不能用图示形式表述的设计意图，需要附上必要的文字说明，如设计说明、面料、辅料及配件的性能质量选用要求、缝纫工艺制作要求等，必要时附上面料、辅料及配件小样。运用文字与图示相结合的形式，以全面、准确地表达设计思想及制作要求。

☞ 思考题

1. 针织服装款式设计的原则是什么？
2. 针织服装造型设计的特点是什么？并简述原因。
3. 针织服装边口设计有什么特点？
4. 针织服装缝迹设计有什么特点？
5. 服装款式构成有哪几个造型要素？如何将这些要素结合使服装达到完美的造型？
6. 服装造型美的形式法则包含哪些内容？举例说明它们在服装设计中的应用.
7. 服装设计的三大要素是什么？还有哪些因素影响服装的整体美？
8. 服装外轮廓线有哪几种基本类型？它们各自希望达到服装造型中的什么目的？

9. 服装内结构线主要指什么？设计服装内结构线时需要注意哪些问题？

10. 按省道所处位置分，有哪些类型的省？

11. 简述针织服装领的结构分类及适用范围。

12. 简述针织服装袖子的常见形式及选用原则。

13. 在你的衣橱中，选择2~3件（针织）服装，分析它的款式造型特点，理解各个造型要素是如何有机结合达到整体完美的要求。

14. 综合本章的学习内容，进行两例针织服装的款式设计。

第三章 针织服装结构设计

　　服装结构设计是指将服装款式造型设计提出的要求与人体形态、规格尺寸、缝制工艺等相结合形成可供裁剪的各种样板,也称纸样。

第一节 针织服装规格设计

一、服装规格的来源

　　服装规格设计的依据是客户的要求、针织面料的特点、服装的款式结构、市场流行趋势以及相关标准。服装规格的相关标准是服装规格设计的重要依据。目前针织服装规格设计的标准主要有客供规格、国家标准和地区或企业标准。

　　对于来样加工、订单生产的产品,由客户提供详细的规格尺寸或主要部位的规格尺寸,组织生产、交货验收均以客户的要求为依据。目前,出口产品大多为客供规格,但执行中应注意成品部位测量方法的差异。

　　内销产品和创新设计产品规格设计的依据则是国家标准、地区标准或企业标准。目前,我国现行的国家标准有 GB/T 1335.1—2008 服装号型男子、GB/T 1335.2—2008 服装号型女子、GB/T 1335.3—2009 服装号型儿童和 GB/T 6411—2008 针织内衣规格尺寸系列。它来源于国家在对人民体形进行广泛调查测量的基础上，采用统计归纳方法而确定。

（一）人体测量

人体测量的部位及方法见表 3-1 和图 3-1。

表 3-1　人体测量的部位及方法

序号	部　位	被测者的姿势	测　量　方　法
①	身高	赤足立姿，放松	用测高仪测量从头顶至脚跟的垂距
②	颈椎点高	赤足立姿，放松	用测高仪测量从颈椎点至脚跟的垂距
③	坐姿颈椎点高	坐姿，放松	用测高仪测量从颈椎点至凳面的垂距
④	背长	立姿，放松	用测高仪测量后颈点至腰围线间的距离
⑤	腰长	立姿，放松	用测高仪随臀部体形测量腰围至臀围线的距离
⑥	全臂长	立姿，放松	用圆杆直角规测量从肩峰点至桡骨突点的直线距离
⑦	腰围高	赤足立姿，放松	用测高仪测量从腰围点至地面的垂距
⑧	胸围	立姿，正常呼吸	用软尺测量经肩胛骨、腋窝和乳头所得的最大水平围长
⑨	颈围	立姿，正常呼吸	用软尺测量从喉结下 2cm 经第七颈椎点的围长
⑩	总肩宽（后肩横弧）	立姿，放松	用软尺测量左右肩峰点间的水平弧长
⑪	腰围（最小腰围）	立姿，正常呼吸	用软尺测量在肋弓与髂骨之间最细部的水平围长
⑫	臀围	立姿，放松	用软尺测量臀部向后最突部位的水平围长

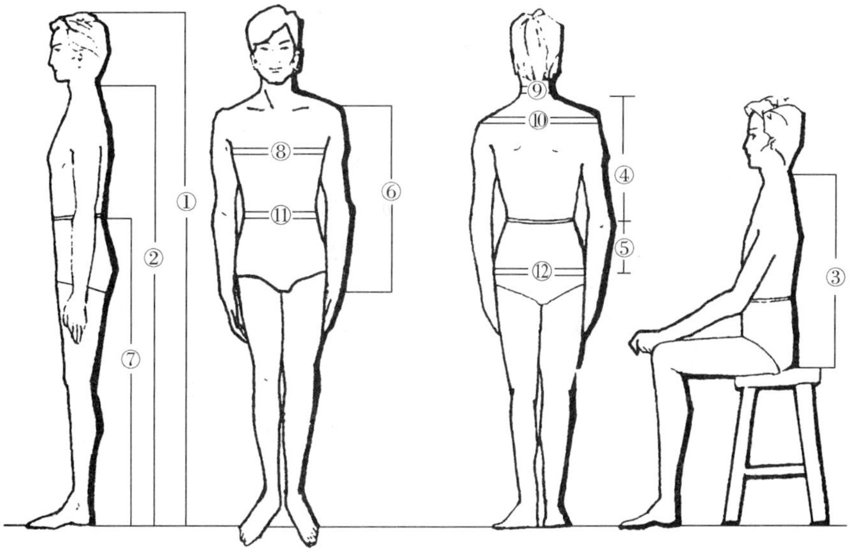

图 3-1　人体测量示意图

（二）服装规格设计的人体依据

1. 有关服装围度的人体依据　服装（个别服装如泳衣除外）的围度均不能小于人体各部

位的实际围度（净围度）与基本松度、运动度之和。实际围度一般指净体尺寸（以穿紧身内衣测量为准）；松度是考虑构成人体组织弹性及呼吸所需的量而设计的放宽尺寸；运动度是为有利于人体的正常活动而设计的放宽尺寸。对服装影响较大的围度是胸围、腰围、臀围（合称三围）和掌围、足围。

胸围加松度称为松胸围，是上衣胸部尺寸的最小极限，因为胸廓是体块形状而不是连接点，它不涉及更多的运动度，当面料延伸性、弹性较好时，胸围设计时可以不考虑运动度。

腰围加松度和运动度是普通上装腰部尺寸的最小极限。特别是当设计连衣裙、旗袍、套装、外套等在腰部连通的服装时，腰部的松量一定要考虑腰部的运动度，因而松量要大于胸部的松量，否则不仅违反了腰部大于胸部的运动功能的实际情况，在造型上也是非常不利的。而裤子、半截裙等下装的腰部设计只需考虑腰围和少量的松度，不必考虑运动量。

臀围加松度和运动度成为臀部尺寸的最小极限，但臀部需要平整合体圆润的造型，在围度中增加臀部的运动度不符合造型美的规律，因此，臀部的运动度往往增加在长度上，而围度仍保持臀围加松度的尺寸。

从上述三围放松量的比较可以发现，胸围和臀围的放松量由于造型的原因都小于腰围，换句话说，胸围和臀围放松量的设定强调其造型，腰围则注重功能。

掌围和足围都是加上各自的松度为最小极限。掌围加松度是袖口、袋口尺寸设计的参数；足围加松度是裤口尺寸设计的参数。

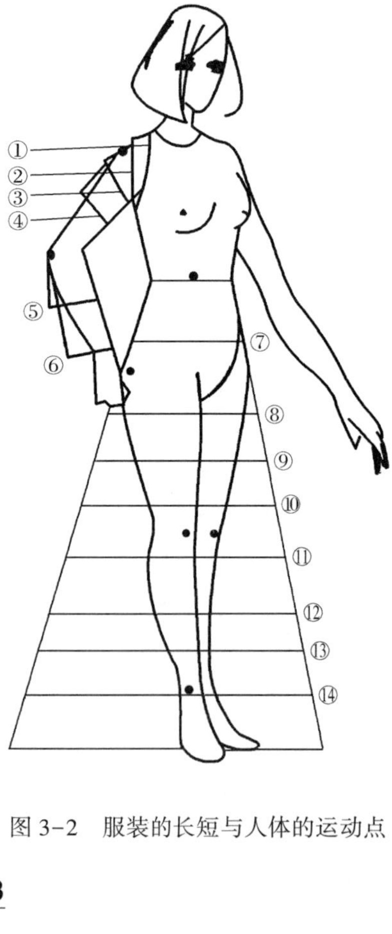

但是，在具体应用时，应根据不同功能的设计要求，修正服装的有关围度尺寸。如上衣胸袋在功能上不需要将整个手插入袋内，所以它的尺寸应依特定的功能而定，不必根据手掌围度设计。当使用不同延伸性和弹性的服装材料时，应对围度做适应性修正，如针织面料的成衣围度可能比人体实际围度还小，这是因为针织面料具有很好的延伸性和弹性缘故。服装的开放性结构设计，在上述围度最小极限的要求下，可依据美学法则和流行趋势进行设计。

2. 有关服装长度的人体依据 服装长度的部位主要有衣长、袖长、裤长和裙长等。

服装长度的设计至少要考虑三个因素：一是服装的种类，它规定了服装的穿着目的和要求；二是流行因素；三是人体活动作用点的适应范围。第三个因素可以作为前两个因素的基本条件，因为它强调的是实用功能。

人体的运动关节点与外界接触的机会最多，如膝部、肘部、肩部等，设计中应考虑在临近这些运动点的结构中设法减轻人体与服装的不良接触。因此，服装的

图 3-2 服装的长短与人体的运动点

长度设计，要设法避开临近运动点的长度，特别是运动幅度较大的关节点。服装衣长、袖长、裤长、裙长的设计，其摆位都不适宜设在与运动点重合的部位，任何款式的服装设计时都应注意这一点。

服装长短的设计可以总结出一条基本规律，即服装的长短是以人体的运动点为界设定的。下面以图 3-2 加以具体说明，其中序号含义见表 3-2。

表 3-2　图 3-2 中序号的含义

序　号	含　义
①	无肩上衣的袖隆位置，远离肩点而靠近侧颈点
②	无袖上衣的袖隆位置，远离侧颈点而靠近肩点，但不宜与肩点重合
③	连肩袖上衣的袖口位置，在上臂靠近肩点处，但不宜与肩点重合
④	短袖上衣的袖口位置，在肩点与肘点之间，可根据流行的趋势加减长度
⑤	七分袖、九分袖的袖口位置，在肘点与腕关节之间
⑥	长袖的袖口位置，在前臂的手腕处
⑦	短上衣的下摆位置，在中腰上下，即腰围线和臀围线之间
⑧	一般上衣、套装及运动短裤的摆位
⑨	长上衣的下摆位置，在臀围线与髋骨线之间，同时此位置也是超短裙的摆位
⑩	短外套的下摆位置，同时也是短裙摆位
⑪	一般外套的摆位及一般裙长的摆位
⑫	长裙摆位和七分裤、九分裤摆位，在髋骨和踝关节之间
⑬	超长裙、超长外套的摆位
⑭	一般裤口的位置

二、服装规格设计常识

服装规格是指成品服装各部位的尺寸大小，有示明规格和细部规格之分。一件服装往往有许多规格尺寸，如上衣有衣长、肩宽、袖长、胸围、腰围、臀围；裤子有裤长、腰围、臀围、脚口、立裆等。一件款式复杂的服装往往为了生产制作的需要还要另外标出许多细部尺寸。

为了生产管理和销售方便，在这些规格尺寸中，一般选用一个或两个比较典型的部位尺寸来表明适穿对象的体型，称作服装的"示明规格"。示明规格一般要在商标或包装上醒目地表示出来。而为了生产制作需要提供的其他尺寸则称为"细部规格"。

（一）示明规格的表示方法

不同的服装，示明规格的表示方法也不尽相同。我国常用的有号型制、领围制、胸围制和代号制等。

1. 号型制

（1）号型定义：目前使用的是 2008 年和 2009 年国家技术监督局以国标 GB/T 1335.1—

2008、GB/T 1335.2—2008、GB/T 1335.3—2009 的形式颁布的服装号型新标准，适用于男女和儿童各种外衣（包括部分针织外衣）。

号型制中的"号"指人体的身高，以厘米为单位表示，是设计和选购服装长短的依据。

号型制中的"型"指人体的上体胸围或下体腰围，以厘米为单位表示，是设计和选购服装肥瘦的依据。

服装号型分成三个独立的部分，即男子部分、女子部分和儿童部分。GB/T 1335.1—2008 为男子服装号型，GB/T 1335.2—2008 为女子服装号型，GB/T 1335.3—2009 为儿童服装号型。

（2）体型分类：为了适应不同地区的各种体格和穿着习惯，男子、女子部分在同一号型下还有体型分类的区别，它是依据胸围与腰围的差数将男、女人体划分为四种体型，分别用字母 Y、A、B、C 表示，依次表示瘦型、标准型、偏胖型和胖型。体型分类代号与范围，男子见表 3-3，女子见表 3-4。

表 3-3　男子体型分类代号与尺寸范围　　　　　　　　　　　　　　　　　单位：cm

体型分类代号	Y	A	B	C
胸围与腰围之差数	22~17	16~12	11~7	6~2

表 3-4　女子体型分类代号与尺寸范围　　　　　　　　　　　　　　　　　单位：cm

体型分类代号	Y	A	B	C
胸围与腰围之差数	24~19	18~14	13~9	8~4

GB/T 1335.1 中给出全国各体型男子在总量中所占比例分别为 Y 型 20.98%，A 型 39.21%，B 型 28.65%，C 型 7.92%。GB/T 1335.2 中给出各体型女子在总量中所占比例分别为 Y 型 14.82%，A 型 44.13%，B 型 33.72%，C 型 6.45%。同时还分别给出东北、华北地区，云、贵、川地区各体型男女的比例，为各地区制定服装规格和确定各种规格服装的比例提供了相应的参考依据。

（3）号型系列：号型系列以各体型中间体为中心，向两边依次递增或递减组成。身高以 5cm 分档，胸围以 4cm 分档，腰围以 4cm、2cm 分档。身高与胸围搭配组成 5·4 号型系列，身高与腰围搭配组成 5·4 号型系列和 5·2 号型系列。

男子各体型的中间体见表 3-5，女子各体型的中间体见表 3-6。

表 3-5　男子各体型的中间体　　　　　　　　　　　　　　　　　　　　　单位：cm

Y	A	B	C
170/88	170/88	170/92	170/96

表 3-6　女子各体型的中间体　　　　　　　　　　　　　　　　　单位：cm

Y	A	B	C
160/84	160/84	160/88	160/88

（4）号型标志：服装的上装与下装应分别标明号型。号与型之间用斜线分开，后接体型分类代号。例如上装 160/84A，其中，160 代表号，84 代表型，A 代表体型类别；下装 160/68A，其中，160 代表号，68 代表型，A 代表体型类别。

服装上标明的号的数值，表示该服装适用于身高与此号相近似的人。例如 160 号，适用于身高 158~162cm 的人。服装上标明的型的数值及体型分类代号，表示该服装适用于胸围或腰围与此型相近似及胸围与腰围之差数在此范围之内的人。例如：女上装 84A 型，适用于胸围 82~85cm 及胸围与腰围之差数在 18~14cm 之内的人；女下装 68A 型，适用于腰围 67~69cm 以及胸围与腰围之差数在 18~14cm 之内的人，依此类推。童装无体型之分，但将其分为身高 52~80cm 的婴幼儿、80~130cm 的儿童和 135~155cm 女童、135~160cm 男童几个系列。身高 52~80cm 的婴儿，身高以 7cm 分档，胸围以 4cm 分档，腰围以 3cm 分档，分别组成 7·4 和 7·3 系列。身高 80~130cm 的儿童，身高以 10cm 分档，胸围以 4cm 分档，腰围以 3cm 分档，分别组成 10·4 和 10·3 系列。身高 135~155cm 女童和 135~160cm 男童，身高以 5cm 分档，胸围以 4cm 分档，腰围以 3cm 分档，分别组成 5·4 和 5·3 系列。

值得注意的是，在从服装号型转换成服装规格后，服装号型各系列分档数值在服装上理解为：

①男子：当身高增长 5cm 时，衣长增长 2cm，袖长增长 1.5cm，裤长增长 3cm；当胸围增大 4cm 时，领围增长 1cm，肩宽增加 1.2cm；当腰围增大 4cm 时，Y、A 体型臀围增大 3.2cm，B、C 体型臀围增大 2.8cm。

②女子：当身高增长 5cm 时，衣长增长 2cm，袖长增长 1.5cm，裤长增长 3cm；当胸围增大 4cm 时，领围增长 0.8cm，肩宽增加 1cm；当腰围增大 4cm 时，Y、A 体型臀围增大 3.6cm，B、C 体型臀围增大 3.2cm。

2. 领围制　目前国际上男衬衫的示明规格几乎统一用领围制，以成衣的领围尺寸（cm 或英寸）表示，这是由男衬衫的穿用场合所决定的。衬衫的领子对于穿着西装或打领带是极其重要的。领子的大小、形状和外观是评价男衬衫质量优劣的关键部位，而其他部位尺寸比较宽松，适应服用的机能较强。

领围制的示明规格以 1cm 或 $\frac{1}{2}$ 英寸为一档，以 cm 计量的范围为 34~45cm，以英寸计量的范围为 $13\frac{1}{2}$ ~ $17\frac{1}{2}$ 英寸。

表 3-7 为我国一般男式衬衫产品规格。

表3-7 我国男式衬衫产品规格 单位：cm

号型	160/80A	165/84A	170/88A	175/92A	180/96A	180/100A	180/104B	180/108B	185/112B
领围	37	38	39	40	41	42	43	44	45
衣长	70	72	74	76	76	78	78	78	80
胸围	102	106	110	114	118	122	126	130	134

3. 胸围制及代号制 贴身内衣、运动衣、羊毛衫及部分紧身式针织外衣均以上衣的胸围或下装的臀围（以厘米或英寸为单位）作为示明规格。内销产品一律以公制（cm）计量，每相差5cm为一档。例如50cm、55cm、60cm为儿童规格；65cm、70cm、75cm为少年规格；80cm以上为成人规格。其中，针织内衣规格尺寸系列按GB/T 6411—2008执行。出口产品多用英寸表示，如20英寸、22英寸、24英寸为儿童规格；26英寸、28英寸、30英寸为少年规格；32英寸以上为成人规格。胸围制是针织服装较为常用的示明规格表示方法。

有的国家和地区也有用代号制的习惯，例如2号、4号、6号为儿童规格；8号、10号、12号为少年规格；14号以上为成人规格。有时14号以上不用数字而用英文字母表示，即S（小号）、M（中号）、L（大号）、XL（加大号）、OS或XXL（特大号）等。

代号制中的数字一般是表示适穿儿童的年龄，如2号表示适于2周岁左右的儿童穿用；而英文字母代号本身没有确切的尺寸意义，只表示相对大小。例如，S是小号，它可以是75cm、80cm、85cm、90cm胸围不等，而以后的每个号均比前一个号大一档（5cm或2英寸）。由于世界各国、各地区服装规格的标准不尽相同，因此代码所表示的细部规格不完全统一。

（二）细部规格

服装的示明规格只表明大致的适穿范围，而没有给生产制作提供具体的数据。应当指出，由于款式不同或销售对象及地区不同，虽然示明规格相同，而服装细部规格却有很大的差别。一般，成衣规格设计主要是以服装号型为依据，根据服装款式和体型来确定细部规格。

GB/T 1335.1—2008、GB/T 1335.2—2008、GB/T 1335.3—2009中详细地列出了各系列控制部位数值表，技术人员可在控制部位数值上加放松度成为服装细部规格。

控制部位是指在设计服装规格时必须依据的人体主要部位。控制部位数值长度方向包括身高、颈椎点高、坐姿颈椎点高、全臂长、腰长、背长腰围高等；围度方向包括胸围、腰围、颈围、总肩宽和臀围等。

在进行服装规格设计时，通过查取控制部位尺寸，根据款式的需要，在宽度和围度控制部位尺寸加上一定的松度来确定服装宽度和围度的规格；长度部位的尺寸按照长度控制部位的比例得出。服装号型标准中男、女各种体形控制部位数值可对照标准查找。

在进行成品细部规格设计时应注意以下几点：

（1）销售地区和销售对象，例如是外销还是内销，内销要注意是农村还是城市，是北方还是南方，要适合销售地区的衣着习惯；外销一般为订单生产，来样加工，客户会提供详细的规格或主要部位规格。

（2）销售对象的年龄、性别、用途、生活习惯和喜好。

（3）产品的款式和风格造型，面料的特点以及市场流行的变化。

（4）舒适实用、美观大方，不妨碍人体活动。

三、针织服装的规格设计

与机织服装相比，针织服装规格设计有一定的特殊性，而且针织服装外衣与内衣的规格确定有着截然不同的方法。工业化生产的针织外衣，规格设计主要是运用国家号型标准来进行设计，这种方法较科学、准确；其次是客供标准，就是由客户提供规格尺寸和款式图，多用于出口产品。针织内衣的规格则通常是参照国家标准、地区标准、工厂暂行标准执行，最关键的是要能被消费者接受，受到着装者的喜爱。外销产品因销售对象要求差别很大，一般由客商提供详细规格或主要部位的规格尺寸。针织服装设计中通过量体、加放尺寸来确定规格的方法只针对特殊体形和适体程度要求较高的运动服、外衣、礼服等。

（一）运用服装号型设计针织外衣的规格

1. 运用服装号型设计针织外衣规格系列必须遵循的原则

（1）中间体不能变：标准中已确定男女各类体型的中间体数值，不能自行更改。

（2）号型系列和分档数不能变：标准中规定，男女服装的号型系列是5·4系列、5·2系列。号型系列一经确定，服装各部位的分档数值也就相应确定，不可任意更改。

（3）控制部位数值不能变：控制部位数值是人体主要部位的净体尺寸，它是通过大量实测的人体数据计算得出，反映的是人体数据的平均水平，是规格确定的主要依据。

（4）放松量可以变：放松量可以根据款式、品种、面料性能、穿着习惯和流行趋势而变化。

2. 服装规格系列设计的具体步骤

（1）确定系列和体型分类：上衣类选择5·4系列，下装类选择5·4系列或5·2系列。体型分类的目的主要是解决上、下装配套。针织外衣多为宽松型，对于收腰类服装，青年体型以Y型居多，成人服装多以A型为准。

（2）确定号型设置：根据产品销往地区的人的体型比例确定号型范围，画出规格系列表。

（3）确定中间体规格：根据款式和所设计服装的长度尺寸和围度加放量，根据中间体的控制部位数据，加上不同的放松量最后确定中间体各部位规格尺寸。

（4）组成规格系列：以中间体为中心，按各部位分档数值，依次递增或递减组成规格系列。在实际生产和销售中，可根据不同的品种、款式及穿着对象选择热销的号型安排生产。

针织外衣规格设计遵循上述服装规格设计的方法，与机织服装的区别是：在松度的把握上要充分考虑针织面料的特点。由于针织面料良好的延伸性、弹性和悬垂性，设计针织成衣规格时，在胸围、腰围、臀围的放松量设计与分配上，以及由于围度的加减对成品长度尺寸的影响方面应做适当考虑。

(二) 参照国家标准设计针织内衣的规格

针织内衣的规格设计与外衣有着截然不同的方法，通常内衣产品的规格遵照国标 GB/T 6411—2008 针织内衣规格尺寸系列标准。在此标准中，对衣长、胸围、袖长、裤长、直裆、横裆六个规格做了规定，常用各大类产品的细部规格尺寸在行业标准中都做了规定。这些标准在我国许多地区沿用了多年，适用性较强，因此设计人员在设计新产品时，可以以这些标准为依据，根据款式特点、流行趋势、面料性能、制作工艺及穿着方式的不同做一些修正，从而较快、较准确地制定出新产品的规格。

1. GB/T 6411—2008 针织内衣规格尺寸系列 针织内衣号型系列设置是以中间标准体（男子以总体高 170cm、围度 95cm；女子以总体高 160cm、围度 90cm）为中心向两边依次递增或递减组成。总体高和胸围、臀围均以 5cm 分档组成系列。童装则以 60cm 为起点，胸围、臀围均以 45cm 为起点依次递增组成儿童、中童系列。成品各主要部位规格可对照标准查找。

2. 针织内衣的测量部位和测量方法

（1）国家标准中主要部位规格尺寸测量如图 3-3 所示。

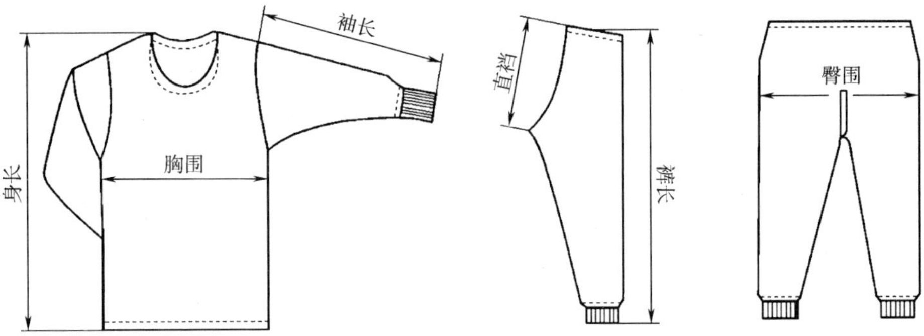

图 3-3　国家标准中主要部位规格尺寸测量示意图

（2）国家标准中规定的测量方法见表 3-8。

表 3-8　主要部位规格尺寸的测量方法

类　别	序　号	部　位	测　量　方　法
上衣类	①	衣长	连肩的由肩中间量到底边，合肩的由肩缝最高处量到底边
	②	胸围	由挂肩缝与肋缝交叉处向下 2cm 处横量一周
	③	袖长	平肩式由挂肩缝外端到袖口边，插肩式由后领中间量到袖口边
裤类	①	裤长	后腰宽的 1/4 处向下直量到裤口边
	②	直裆	裤身相对折，从腰边口向下斜量到裆角处
	③	臀围	由腰边向下至裆底 2/3 处横量一周
	④	腰宽	侧腰边向下 8~10cm 处横量

（3）测量时应注意的问题。

①如果是收腰类上衣，除胸宽外，还要测量中腰宽、下腰宽，如图3-4收腰背心测量方法所示。

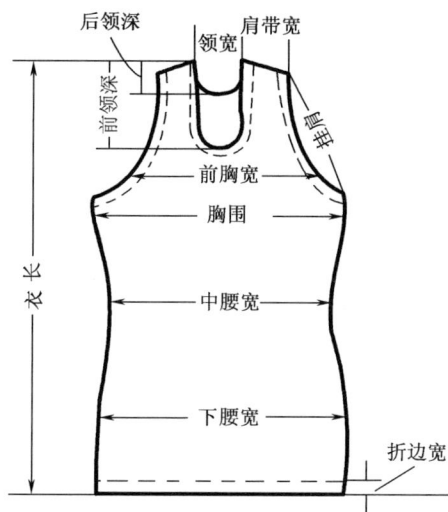

图3-4　收腰背心测量方法

②款式不同测量部位的差异。

衣长：不同款式的衣长测量方法不同，平肩产品的测量方法是由肩宽中间量到底边，而斜肩产品则是由肩缝最高处量至底边。

袖长：平肩、斜肩产品是由挂肩缝外端量至袖口边，插肩袖则是由后领窝中点量至袖口边。

③缝制方法不同测量部位的差异。

领宽：罗纹包缝的在包缝处平量；折边或滚边的从左右侧颈点的边口处横量。

前领深：一般产品从肩平线向下量至前领窝最深处，滚领或折边领量至边口处，罗纹包缝的量至包缝处，如图3-5所示。

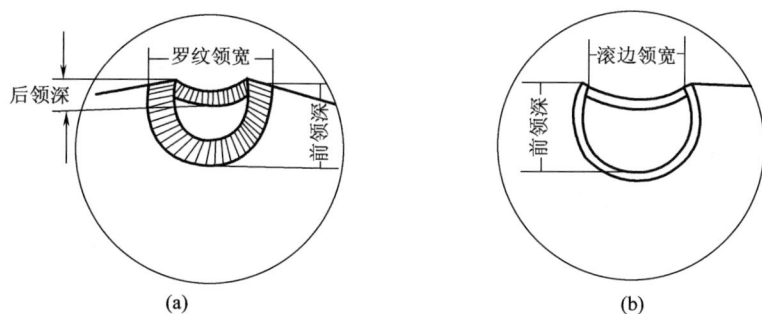

图3-5　领口的测量方法

④材料不同测量部位的差异。

袖口：挽边袖在袖口边处量，滚边袖在滚边缝处量，罗纹袖口从距罗纹包缝3cm处横量，如图3-6所示，图（a）为挽边袖，图（b）为罗纹袖。

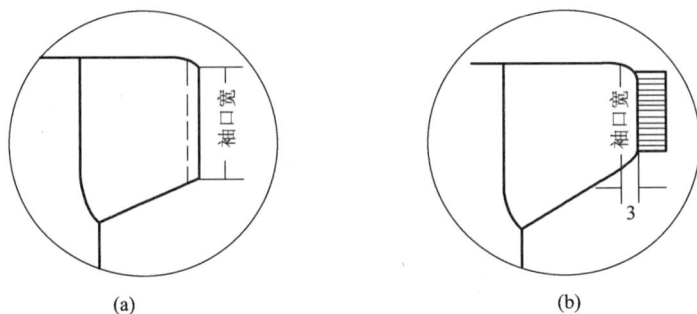

图3-6 袖口的测量方法

裤口：三角裤从滚边处斜量，平脚裤从裤脚边口处平量，罗纹口从距包缝5cm处横量，分别如图3-7（a）、（b）、（c）所示。

图3-7 裤口的测量方法

3. 分档方法

（1）成人上衣 衣长按2cm分档；胸围按5cm分档；长袖按1.5cm分档；短袖按1cm分档。

（2）成人裤子 裤长按3cm分档；臀围按5cm分档；直裆按1cm分档。

（3）儿童上衣 衣长：号50～80cm按2cm分档；号80～130cm按4cm分档；号130～160cm按2cm分档。长袖：号50～80cm按2cm分档；号80～130cm按3cm分档；号130～160cm按1.5cm分档。短袖：按1cm分档。

（4）儿童裤子 裤长：号50～80cm按3cm分档；号80～130cm按7cm分档；号130～160cm按3cm分档。直裆：按1cm分档。

第二节 服装结构制图的基础知识

为了正确地表达服装结构图,应按照《服装设计制图名词术语》所规定的制图符号准确规范地表达服装结构制图中的线条、符号、代号等。

一、服装结构制图图线及含义

服装结构制图符号及名称见表3-9。

表3-9 服装制图的符号及名称

序号	符　号	名　称	图 线 含 义
①	——————	基本线	细实线
②	 ——————	轮廓线	粗实线
③	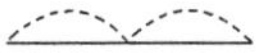 ⌒⌒	等分线	裁片某部位相等距离的间隔线
④	 —·—·—·—	点划线	表示裁片某部位连折不可裁开
⑤	 —··—··—	双点划线	用于服装的折边位置
⑥	 — — — —	虚　线	表示背面的轮廓线
⑦	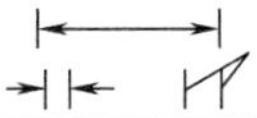 ⊢——⊣	距离线	裁片某部位两点之间的距离
⑧	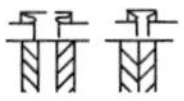 祒祒 祒祒	裥位线	某部位需要折叠,斜线方向表示褶的方向
⑨	 ◁ ◇	省道线	需要缝进去的形状
⑩	∟	直角号	两条线垂直相交成90°
⑪	▲	对称号	两部位尺寸相同
⑫	 ✕	重叠号	裁片交叉重叠处标记
⑬	 ⌇⌇⌇⌇⌇	罗纹号	衣服下摆、袖口等处装罗纹边
⑭	 ‖‖‖	塔克线	裁片折叠后缉的线梗
⑮	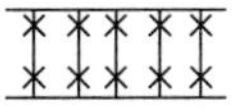 ✕✕✕✕	司马克	用于服装装饰,也叫打揽
⑯	 ⊤⊤⊤	碎褶号	用于衣片需要收褶的部位
⑰	 ————————	明线号	缉明线的标记

序号	符 号	名 称	图 线 含 义
⑱	 ├────┤	眼 位	扣眼的位置
⑲	⊕	扣 位	纽扣的位置
⑳	↕	经向号	表示原料的纵向
㉑	 →	顺向号	表示毛绒顺向
㉒	 ＞─	开省号	省道需要剪开的标记
㉓	⊙	钻眼号	裁片某部位的对刀标记
㉔	＜	刀口线	裁片某部位的对刀标记
㉕	 ⌓	净样号	裁片无缝份的标记
㉖	 ▨▨▨	毛样号	裁片有缝份的标记
㉗	 ◁	拼接号	服装零部件内拼接的标记
㉘	 ⌒⌒	归缩号	裁片某部位归缩的标记
㉙	 ⋀⋀	拔开号	裁片某部位拔开伸长的标记
㉚	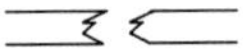 ⟩⟨	省略号	省略长度的标记
㉛	✕	否定号	用于作废线条的标记

二、服装结构制图部位代号及说明

在服装结构制图中，为了书写方便及画面的整洁，通常用部位代号表示文字的含义。一般的部位代号都是以相应的英文名词首位字母的组合来表示。国家标准中规定的服装结构制图主要部位代号见表3-10。

表3-10　服装结构制图的主要部位代号

序 号	部 位	代 号	序 号	部 位	代 号
①	胸 围	B	⑥	袖 窿	AH
②	腰 围	W	⑦	胸 点	BP
③	臀 围	H	⑧	肩颈点	SNP
④	领 围	N	⑨	胸围线	BL
⑤	长 度	L	⑩	腰围线	WL

序　号	部　位	代　号	序　号	部　位	代　号
⑪	臀围线	HL	⑯	肩端点	SP
⑫	袖肘线	EL	⑰	袖　长	SL（sleeve long）
⑬	膝围线	KL	⑱	袖　口	CW
⑭	领围线	NL	⑲	脚　口	SB
⑮	肩　宽	S			

三、服装结构制图中衣片各部位名称

在服装结构制图过程中，为使制图的规格能够与测体所得的净体尺寸配合，主要的结构线都被赋予了与人体相应位置相似或相关的名称。下面分别介绍裙子、裤子、上装结构制图中各主要部位的名称。

1. 裙子结构制图中各主要部位名称（图3-8）

2. 裤子结构制图中各主要部位名称（图3-9）

3. 上装结构制图中各主要部位名称（图3-10）

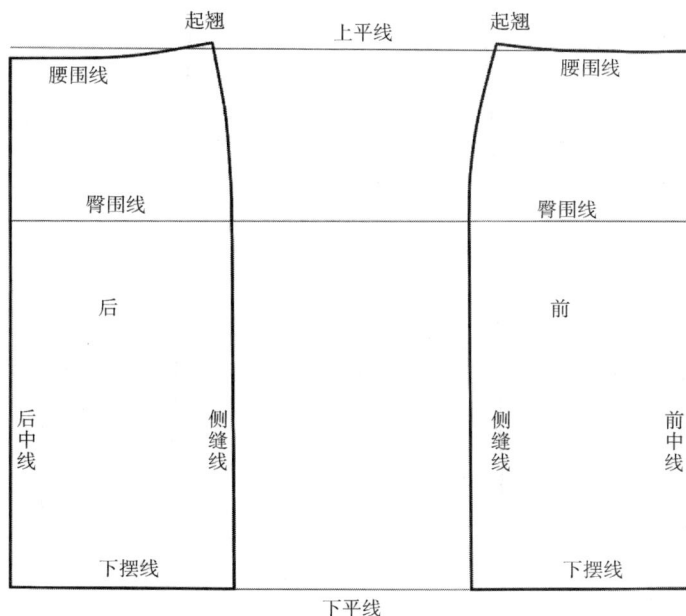

图3-8　裙子结构制图中各主要部位名称

四、服装结构制图尺寸标注注意事项（图3-11）

（1）尺寸标注线用细实线绘制，其两端箭头表明尺寸的界限。

（2）图纸上标注的所有尺寸以厘米（cm）为单位。

（3）标注尺寸线不得与其他图线相重合。

（4）标注书写的文字不能旋转，即书写文字的方向必须与所标注的方向一致。

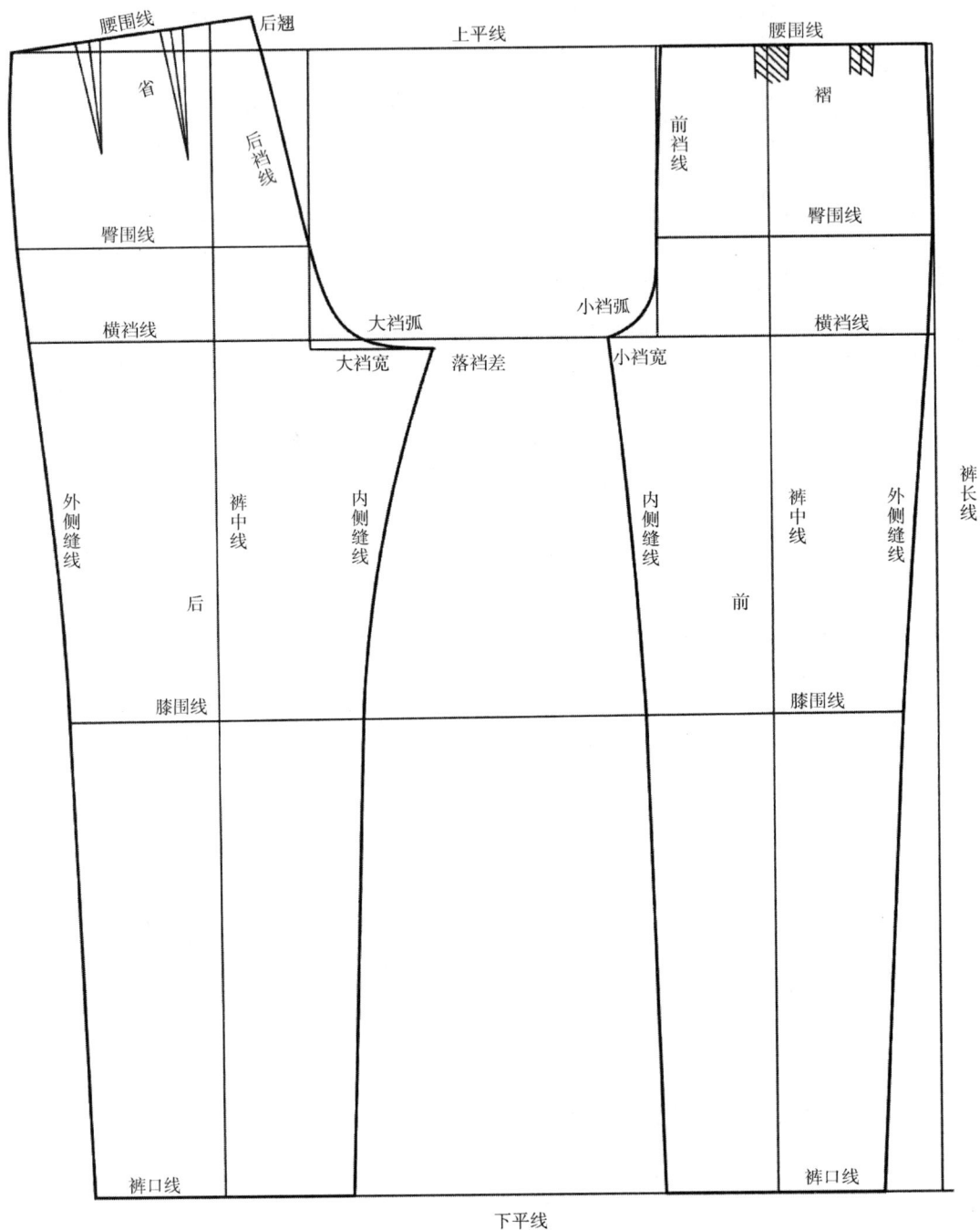

图 3-9　裤子结构制图中各主要部位名称

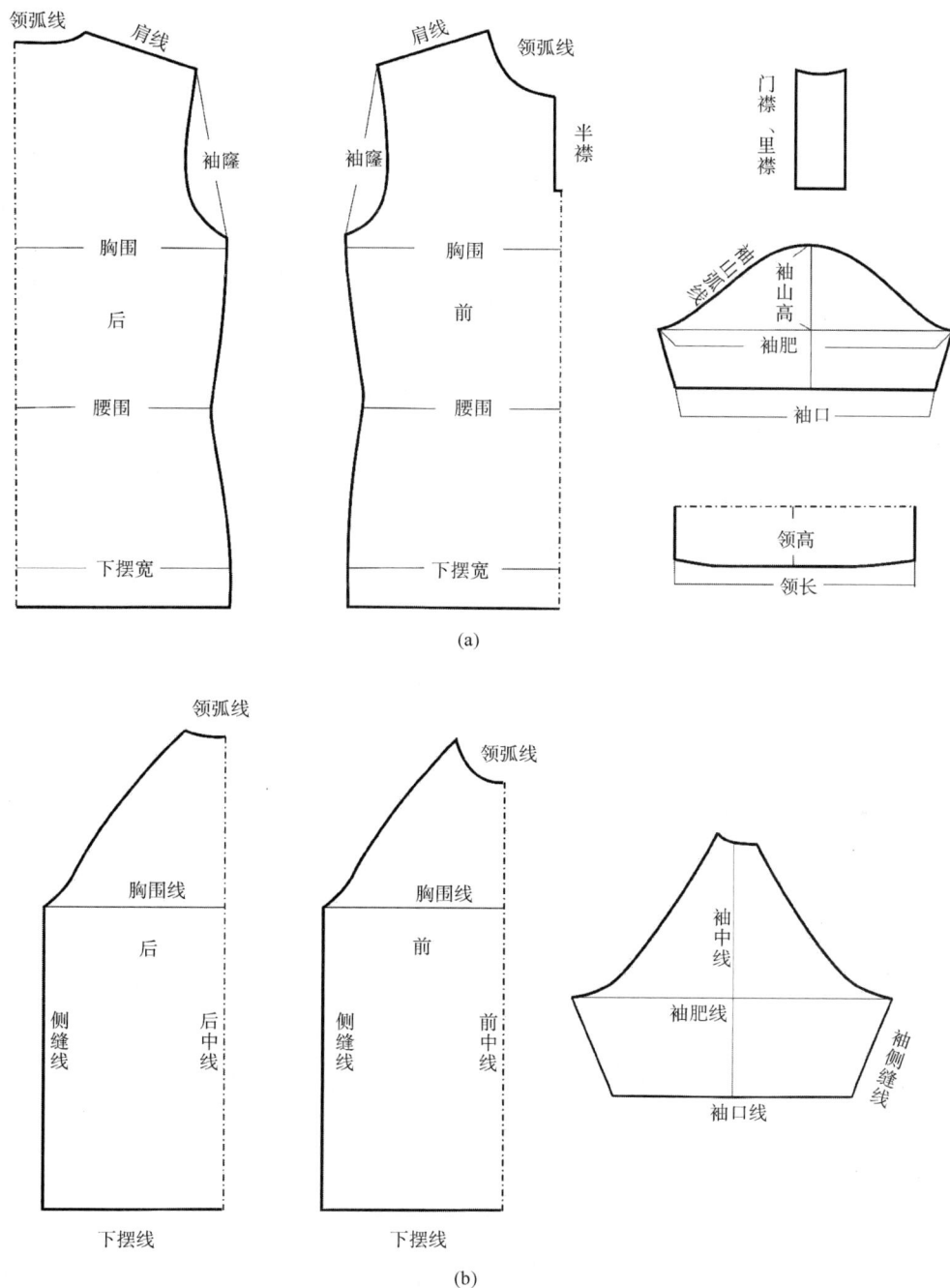

图 3-10　上装结构制图中各主要部位名称

（5）线与线间的距离若较大，可直接在此距离内引直线，在两端加箭头并标注，如图中胸宽和前腰节长；对于不便引直线的结构线标注，可引弧线，如图中的胸围宽。

（6）点（线）与点（线）间的直线距离若较小，可引申标注在适当的地方，如图 3-11 中的撇门大；若距离较大，则直接将尺寸标注在该距离内，如图中的领宽和领深等；若中间有交叉线，则需引伸，将尺寸标注在适当的地方，如图 3-11 中小肩宽和胸围宽。

（7）轮廓直线或弧线的长度可用符号表示，如小肩宽可用"△"表示，领口弧线长可用"◎"表示等，长度相等的轮廓直线或弧线可用相同的符号表示。

五、服装结构制图图纸布局

结构制图的布局是指裁片在结构图上的摆放及相互位置关系，布局的合理与否，直接影响所制结构图的画面效果。图纸布局应符合以下要求。

1. 结构图的取向 在长方形图纸中，一般衣长、袖长、裤长等的取向应与图纸的长度或宽度相一致。

2. 结构图的位置 前、后衣片的腰节应处于同一直线上，并且前、后片侧摆相邻，衣袖的摆放可以与衣身同方向或与衣身方向相垂直摆放。服装款式图与图纸标注规格栏一般放在图纸的右下角，如图 3-12 所示。前、后裤片上平线应处于同一直线上，且前、后片内裆缝相对，如图 3-13 所示。

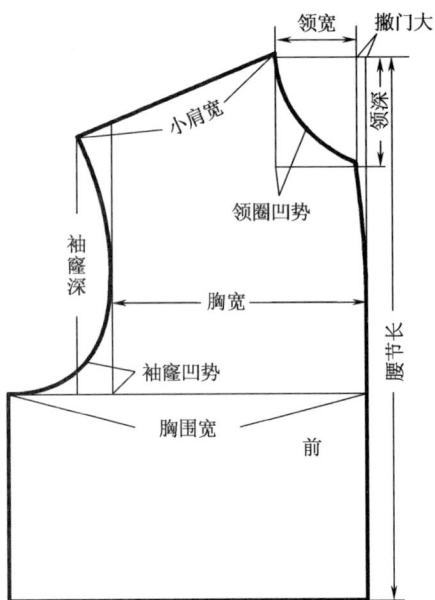

图 3-11 标注尺寸线的画法

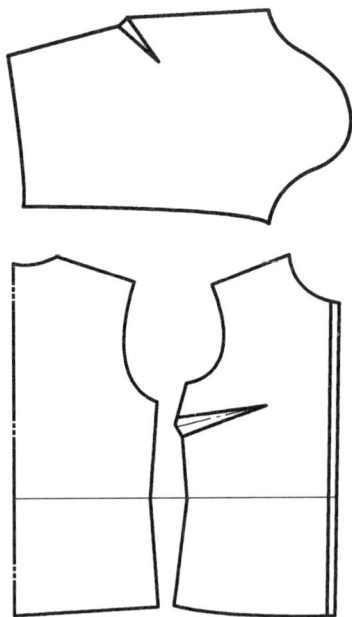

图 3-12 上衣结构图的布局　　图 3-13 裤子结构图的布局

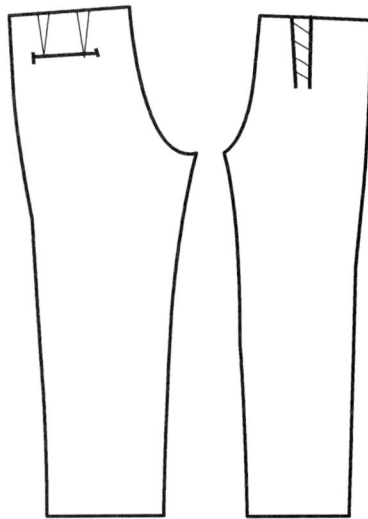

第三节　针织服装结构设计的规格演算法

设计好服装效果图和服装款式图，确定服装的规格系列和细部规格后，下一步的工作就是进行平面结构设计，即纸样设计和制作。母板纸样一般按中间号（M号）规格制作，缝份可在样板推档时放出。

针织服装平面结构设计方法常用的有规格演算构成法、原型构成法、比例法、基型法等。本书主要介绍规格演算法、原型法和基型法三种制图方法。

由于针织服装款式简洁，不常采用省和过多地进行分割，结构中多为直线和简单的曲线，而且衣片数量少，因此，我国过去的针织服装样板设计和传统的内衣样板普遍采用规格演算法。这种方法常用于定型产品的设计。随着针织内衣外衣化、外衣时装化的趋势，规格演算已不能适应设计和技术发展的需要，主要表现在两个方面：一方面由于面料弹性的不同，细部规格尺寸的确定不再是一种简单的比例关系，或者像机织面料那样直观，一目了然，而是与面料的组织、性质有关，表现的是一种综合的、复杂的关系；另一方面对于紧身合体的服装需要运用面料的弹性来实现，存在运用多少弹性量的问题。这类服装通常使用弹性较大的面料，面料静态时的制图比例不再"相似于"人体各部位的比例分配，而且在不同方向上面料的弹性与延伸性能也不一样，各细部尺寸的确定应考虑到面料的弹性，否则设计出的样板达不到预想的造型效果，穿着时也会不舒服。这类服装的样板设计仅靠规格演算法已不能达到目的。因而较为复杂的外衣品种也开始运用比例法和日本的原型构成法，并根据针织面料的延伸性和弹性对原型作补正。

但普通内衣品种和结构简单的针织外衣，没有收省和更多的拼接缝，衣片数量也有限，这类服装的纸样或样板规格完全可以根据成品规格尺寸要求进行计算而获得。这种方法称为规格演算样板制图法。它是根据服装款式结构的要求及适穿对象的体形来确定服装的成衣规格，以成衣规格为主要依据，结合成衣规格尺寸的测量方法、坯布的特性及缝纫工艺来计算样板尺寸并进行样板制图。对某些合体针织T恤、棉毛衫等，在领型、袖山的设计中也可以参照日本文化原型或比例法制图进行设计或修正。

一、缝耗和坯布自然回缩率

样板规格设计时应考虑的因素有款式、成品规格及测量方法、边口形式及尺寸、缝纫损耗。样板规格的计算公式可以归纳为：

样板规格＝（成品规格±款式及测量因素±边口尺寸±缝耗）÷（1-坯布自然回缩率）

其中边口形式、边口尺寸、成品规格已在款式造型设计及成品规格设计中确定，缝耗及坯布缝制自然回缩率介绍如下。

（一）缝耗

缝耗是衣片在缝制过程中缝纫和切边两种损耗的总和。缝耗的大小主要取决于缝合方式、缝合部位、缝制设备和缝制工艺。确定缝耗时，要根据经验和综合分析上述因素再确定。一般缝耗计算见表3-11。

表3-11　一般缝耗规定　　　　　　　　　　　　单位：cm

缝 合 方 式	缝 耗	缝 合 方 式	缝 耗
包缝缝边（单层）	0.75	平缝机折边（绒布）	1
包缝合缝（双层）	0.75~1	平缝机折边（背心三圈折边）	1.25~1.5
包缝合缝（转弯部位）	1.5	平缝机领角折边或口袋折边	0.75~1
包缝底边	0.5~0.75	松紧带折边（宽1.5，折边1）	2.5
双针、三针折边缝	0.5	滚边（滚实）	扣减0.25
双针、三针合缝（拼缝）	0.5	厚绒布折边	1.25
平缝机折边缝（棉毛、汗布）	0.75		

（二）坯布缝制自然回缩率

在缝制过程中，针织衣片在长度和宽度方向上会发生一定程度的回缩，这种回缩称为缝制工艺回缩，也称坯布自然回缩。回缩量的大小用坯布缝制自然回缩率来表述。在样板规格设计计算时，必须考虑坯布缝制自然回缩率的影响，以保证成品规格的准确。

1. 坯布缝制自然回缩率的计算公式

$$坯布缝制自然回缩率=\frac{缝制后的自然回缩量}{裁片长度-缝纫损耗}\times100\%$$

2. 影响坯布缝制自然回缩的主要因素

（1）针织坯布的原料种类、纱线的线密度，织物组织结构及织物密度。
（2）针织坯布的染整加工工艺，特别是烘干、定形、轧光工艺及坯布放置形式。
（3）坯布的干燥程度及轧光后停放的时间。
（4）车间的温、湿度。
（5）缝制工艺流程的长短。
（6）裁片印花花型覆盖面积的大小，以及印花与裁剪的先后顺序等。

3. 常用针织坯布的自然回缩率（表3-12）

表3-12　常用针织坯布自然回缩率

坯布类别	回缩率（%）	坯布类别	回缩率（%）
精漂汗布	2.2~2.5	罗纹弹力布	3左右
双纱布、汗布（包括多三角机织物）	2.5~3	纬编提花布	2.5左右

坯布类别	回缩率（%）	坯布类别	回缩率（%）
腈纶汗布	3	绒布	2.3~2.6
深、浅色棉毛布	2.5 左右	经纬编布（一般织物）	2.5 左右
本色棉毛布	6 左右	经纬编布（网眼织物）	2.5 左右
腈纶、腈棉交织棉毛布	2.5~3	印花布	2~4

二、样板规格的计算方法

样板规格的计算方法因地区、企业及设计者的不同而略有差异，但设计计算的原理是相同的。因此，只要设计生产出符合要求的产品均是可行的。

（一）上衣类产品各部位样板规格的计算

1. 样板衣长

$$样板衣长 = （成品衣长 \pm 下摆边口规格尺寸 + 缝耗）\div（1-回缩率）$$

下摆边口规格尺寸是在成品规格设计时确定的，但在样板规格的计算时要根据下摆的形式进行计算。例如：当下摆为大身本料布折边时，衣长计算要加上下摆折边的尺寸；当下摆为罗纹边口时，样板衣长则应减去下摆罗纹的宽度尺寸。

计算公式中的缝耗是指衣长方向缝耗的总和，一般包括合肩缝耗及下摆缝耗，若为连肩产品，则衣长方向只有下摆折边缝耗。

2. 样板胸宽　样板胸宽可以根据成品胸宽尺寸、缝耗及回缩率进行计算。

$$样板胸宽 = （成品胸宽 + 合腰缝耗）\div（1-回缩率）$$

但还要根据定形后净坯布的幅宽规格进行选取确定。针织服装上衣衣片一般为左右对称，通常在大身样板制图时，宽度方向上只做半幅，因此大身样板各宽度规格应取其计算值的 $\frac{1}{2}$。

（1）不合腰的圆腰型产品：

$$样板胸宽 = 成品胸宽 = 成品胸围 \div 2$$

$$\frac{1}{2}样板胸宽 = \frac{1}{2}成品胸宽 = \frac{1}{2}成品胸围 \div 2$$

（2）合腰型产品：由于两侧合腰时的合缝缝耗均为 0.75cm，故胸宽方向的缝耗 = 0.75cm×2 = 1.5cm，回缩量一般为 1cm，缝耗与回缩量之和为 2.5cm，与净坯布幅宽规格的档差一致，因此可按下式计算：

$$样板胸宽 = 成品胸宽❶ + 2.5cm$$

$$\frac{1}{2}样板胸宽 = \frac{1}{2}（成品胸宽 + 2.5cm）$$

---

❶成品胸宽 = 成品胸围 ÷ 2。

收腰产品腰宽和摆宽的确定方法与胸宽的确定方法相似。

3. 大身样板挂肩

（1）装袖大身样板挂肩：

$$装袖大身样板挂肩＝成品挂肩＋缝耗＋款式要求－拉伸扩张$$

其中缝耗约为 0.5～0.75cm，一般短袖薄型易拉伸的面料取 0.5cm，厚型面料长袖衫取 0.75cm。由于挂肩处是斜丝，有扩张的趋势，一般不需考虑回缩。计算时应综合分析确定。根据经验，得出常用款式大身样板挂肩的计算式。

连肩合腰产品：

$$装袖大身样板挂肩＝成品挂肩＋0.5cm$$

合肩合腰产品：

$$装袖大身样板挂肩＝成品挂肩＋合肩缝耗＋0.5cm$$

（2）背心类大身样板挂肩：

$$背心大身样板挂肩＝成品挂肩±款式要求－拉伸扩张$$

背心缝制时，背心挂肩处边口可采用卷边或同色、异色布滚边、加边等多种形式。计算时应根据挂肩处边口样式综合分析确定。

例：已知 18tex 汗布男背心的成品挂肩为 27cm，肩带宽为 4cm；领口及两个挂肩（俗称"三圈"）用平缝机折边，折边宽为 0.8cm，折进部分约为 0.75cm，两项合并折边缝耗为 1.5cm；采用三线包缝机合肩、合腰缝耗均为 0.75cm，18tex 汗布回缩率为 2.2%。则：

$$大身样板挂肩＝成品挂肩（27cm）＋合肩缝耗（0.75cm）＋合腰缝耗（0.75cm）－$$
$$折边扩张（1.5cm）－拉伸扩张（0.5cm）$$
$$＝26.5cm$$

4. 大身样板挖肩 挖肩是挂肩处凹进最深点与腰缝之间的距离。大身挖肩的大小与挖肩的形状、款式有关，挖肩的形式一般为两种，如图 3-14（a）、（b）所示。图中 A 为成品挖肩尺寸。

大身样板挖肩尺寸主要与肩部、腰部的缝合方式及缝耗大小有关。如图 3-14（c）、（d）所示，图中虚线是样板形状，A' 是样板挖肩尺寸。图 3-14（c）为装袖合腰产品，其挖肩形状与图 3-14（a）是一样的，由于肩宽处装袖缝耗为 0.75cm，合腰缝耗也为 0.75cm，胸宽与肩宽的差值未变，可以看出 $A'＝A$。即装袖合腰产品无论是否合肩，样板挖肩尺寸均等于成品挖肩尺寸。

图 3-14（d）则为装袖不合腰产品缝合前、后示意图，由于肩宽处装袖缝耗为 0.75cm，而不合腰无缝耗，故 $A'＝A$－装袖缝耗。即：

$$装袖不合腰产品（无论是否合肩）大身样板挖肩＝成品挖肩－装袖缝耗$$

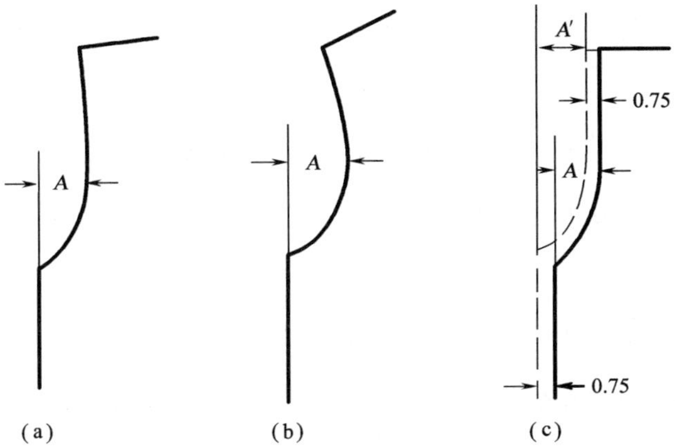

图 3-14　成品挖肩尺寸与样板挖肩尺寸

5. 大身样板肩斜的确定　肩斜的表示方法有两种，一种方法是以衣长水平线（*AB*）与肩端点的垂直距离"落肩"来表示，如图 3-15 中的 *A* 点与 *C* 点之间的距离；另一种方法是通过确定衣长水平线（*BA*）与肩斜线（*BC*）之间夹角的度数，来确定大身样板的肩斜，如图 3-15 中∠2 的度数的确定。

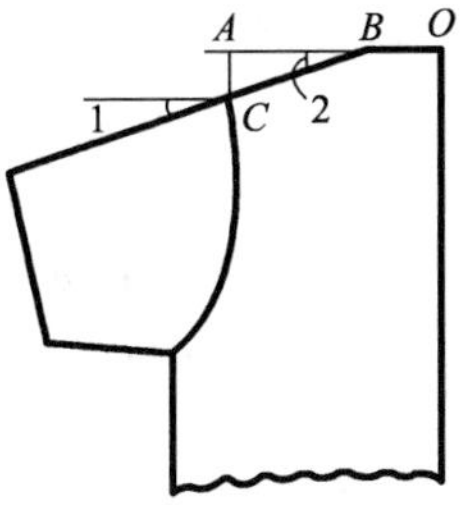

图 3-15　大身样板肩斜的确定

在产品的成衣尺寸中，若给出了落肩尺寸或肩斜角的度数，制作样板时，按所给规格尺寸作图。如规格中没有给出相应的落肩尺寸和肩斜角的度数，制作样板时就应根据款式要求及面料特性来确定。根据经验，确定方法如下。

（1）确定落肩尺寸：针织面料弹性较好，落肩尺寸一般在 2~5cm，其取值随成品规格增大而增加，且以 3~4cm 为最常用。

（2）确定肩斜的角度：根据人体肩斜的角度及针织服装的结构特点，针织产品肩斜的角度一般为 11°~16°，通常取 11.5°~13.5°。在制作样板时，为简化肩斜的样板制图，可按直角三角形两直角边为 1：5~1：4 的坡度画图，采用此种制图方法，肩斜的角度约为 12.5°~15.5°。

6. 样板袖长　样板袖长的计算方法主要受肩袖缝合方法和成衣规格测量方法的影响。无论是长袖还是短袖，其袖长计算方法与衣长计算方法类似。下面以不同类型的袖子分别说明。

（1）装袖产品袖长：装袖产品计算袖长时，主要考虑袖长成品规格、缝耗及袖口形式。装袖产品在袖长方面一般有两个缝耗，即装袖缝耗和袖口处缝耗。因此，下列计算公式中的缝耗为装袖缝耗与袖口处缝耗的总和。

折边口袖样板袖长 =（成品袖长+缝耗+袖边宽）÷（1-回缩率）

罗纹口袖样板袖长 =（成品袖长-成品罗纹长+缝耗）÷（1-回缩率）

滚边口袖一般分为虚滚与实滚两种形式。

①虚滚：滚边布没有紧贴袖边口，只有滚边缝制（实滚）的一部分在袖口边上，袖子布与滚边布重合部分是实滚部位，如图 3-16（a）中 A 所示，一般为 1cm 左右，其余为虚滚部分，如图 3-16（a）中 B 所示，这段仅为滚边布。

虚滚样板袖长 =（成品袖长+装袖缝耗-成品滚边尺寸+实滚缝耗）÷（1-回缩率）

②实滚：滚边布紧贴袖口边，滚边布与袖口边布完全重合，如图 3-16（b）中 A 所示，虚出部分接近于 0。

实滚样板袖长 =（成品袖长+装袖缝耗-滚边布厚度）÷（1-回缩率）

（2）插肩袖产品袖长：由于插肩袖在袖长测量时，是从后领中点量起，因此，插肩袖样板袖长计算时要减去领宽的一半，除此之外与装袖产品袖长计算方法相同。

7. 样板袖口　无论装袖产品还是插袖产品，其袖口常为折边、罗纹、滚边三种形式。影响样板袖口尺寸的因素是成品尺寸、缝耗及回缩量，由于袖口的尺寸较小，故回缩量很小，由经验取值确定，一般考虑为 0.25cm（有时袖子门幅套料紧张时回缩量可以缩小或不考虑）。

样板袖口 = 成品袖口+缝耗+回缩量（0~0.25cm）

8. 装袖样板袖挂肩　装袖产品中三种袖口形式的袖挂肩形式基本相同，样板袖挂肩的计算方法也相似。影响样板挂肩长度的缝纫损耗主要为合袖缝耗，同时还应考虑坯布回缩量。由于挂肩为斜丝，回缩量较小，一般根据经验取值确定。根据实践经验，回缩量中等的坯布取 0.5cm，回缩量大的坯布取 0.75cm，当坯布延伸性较好时，也有不考虑回缩量的。

样板袖挂肩 = 成品挂肩+缝耗+回缩量（0.5~0.75cm）

9. 样板袖挖肩的确定　袖挖肩（袖山）尺寸在成品尺寸中一般不反映，但是袖挖肩的大小对袖子形状、服装造型有显著的影响。针织服装中，装袖产品根据袖挖肩的制图方法，可分为平袖和衬衣袖两种，如图 3-17 所示。在袖挖肩尺寸相同的情况下，平袖较宽松，衬衣袖则更为合体，可根据服装的设计风格选用。图中 A 即是袖挖肩。平袖在针织服装中用得较多，现以平袖为例讨论大身挖肩尺寸与袖挖肩尺寸之间的关系以及对袖型的影响。

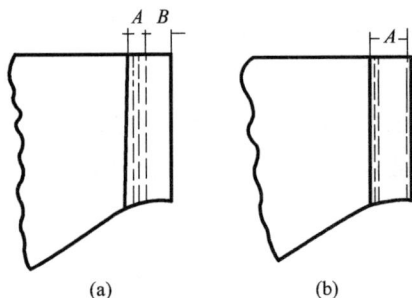

(a)　　　　(b)

图 3-16　滚边口袖袖长计算

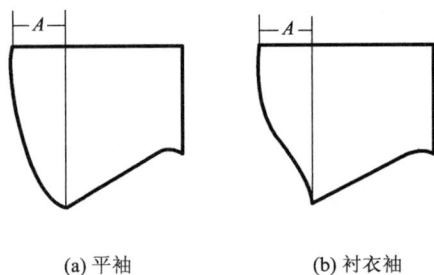

(a) 平袖　　　　(b) 衬衣袖

图 3-17　袖挖肩形式

（1）连肩（平肩）产品：应考虑装袖后袖中线与肩线呈水平状，这时：

样板袖挖肩≥样板大身挖肩+缝耗

（2）合肩装袖产品：为使产品外观协调、穿着舒适，在确定袖挖肩尺寸时，应使袖中线与肩袖点水平线的夹角大于等于肩斜线的夹角，即图3-15中的∠1≥∠2。由经验得知，当袖中线与肩袖点水平线的夹角等于肩斜线的夹角时，即图3-15中的∠1＝∠2时，根据大身肩斜的夹角度数、大身挖肩尺寸及缝耗，确定袖挖肩尺寸为：

样板袖挖肩=大身肩斜度数÷2.5°/cm+大身挖肩+缝耗

如果要使袖子的倾斜角度大于大身肩斜的倾斜角度，则袖挖肩尺寸的取值应大于∠1与∠2相等时的数值。

10. 插肩袖样板袖肥的确定 在插肩袖产品的袖样板制图中，袖肥尺寸是其中的重要规格之一，但在成品尺寸中袖肥一般不反映。袖肥的测量方法如图3-18所示，袖肥的大小对插肩袖的形状、服装的外观造型有显著的影响，因此要从服装外观造型和穿着舒适等多方面考虑。影响袖肥的因素主要有成品袖肥尺寸、缝耗与回缩量等。由于插肩袖的款式多变，袖肥的确定往往根据经验参考袖的挂肩尺寸来确定。在不考虑回缩

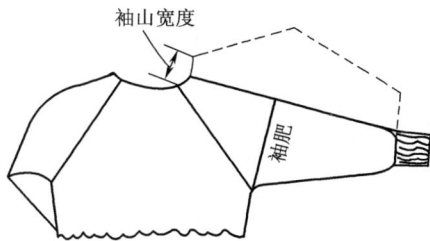

图3-18　插肩袖袖肥测量方法和袖山宽度

和缝耗的情况下，一般插肩袖针织服装袖肥与同号型装袖针织服装挂肩尺寸的差值约为0.3~3cm。即：

样板袖肥=相同号型装袖针织服装的挂肩-（0.3~3cm）+缝耗

差值应根据款式、胸宽等因素选择确定，一般插肩袖斜度越大，差值越大。

11. 插肩袖样板袖山宽度的确定 插肩袖袖山宽度如图3-18所示。在插肩袖产品的袖样板制图中，袖山宽度尺寸是其中的重要规格之一。当成品规格中确定了袖山宽度时：

样板袖山宽度=成品袖山宽度+缝耗

通常在插肩袖成品规格中不反映袖山宽度，由于袖山规格的大小对插肩袖的形状、外观造型有显著的影响，因此要从服装外观造型和穿着舒适等多方面考虑。插肩袖产品袖山宽度的成品尺寸一般可在2~6cm，如款式需要，还可超出这个范围。

插肩袖产品袖山宽度在前、后身的分配（即袖山宽度向前折、向后折尺寸）视款式而定，一般向前折尺寸大于或等于向后折尺寸。

12. 样板领子 针织服装领子款式较多，如前所述，从结构上可分为挖领和添领两大类。这两类领型设计的共同之处是都需要设计领窝样板。在设计领窝板样时应注意两点：一是由于领窝是服装中应挖去的部分，所以领窝是负样板，负样板上的缝耗，要根据缝制的具

体情况来决定是加还是减；二是由于人体是左右对称的，领窝也是对称的，因而领窝一般只需设计$\frac{1}{2}$样板即可（不对称型除外）。

尽管针织服装领子的款式较多，但其领窝的计算原理是一样的，现以几款常用领型为例介绍领窝的计算方法。

（1）滚边领：如图3-5（b）所示。

①连肩滚边领的领窝：由于连肩滚边一般不计缝耗，样板规格即为成品规格。

例：用18tex汗布生产示明规格为170/90cm的连肩滚边领上衣，已知成品前领深为12.5cm，后领深为2.5cm，领宽为10.5cm。由于汗布比较轻薄，领样板的前、后领深尺寸与成品规格相同；$\frac{1}{2}$样板领宽是成品领宽的一半，为5.25cm。

如果采用的滚边布较厚，会对成品规格产生一定的影响，计算时就应考虑到坯布的厚度，坯布厚度约为0.25cm，计算方法如下：

$$样板前领深 = 成品前领深 + 0.25cm = 12.5cm + 0.25cm = 12.75cm$$
$$样板后领深 = 成品后领深 + 0.25cm = 2.5cm + 0.25cm = 2.75cm$$
$$\frac{1}{2}样板领宽 = \frac{1}{2}成品领宽 + 0.25cm = \frac{10.5}{2}cm + 0.25cm = 5.5cm$$

②合肩滚边领的领窝：合肩产品由于要考虑合肩缝耗，因此前、后领深会有变化。计算方法如下：

$$样板前领深 = 成品前领深 + 合肩缝耗$$
$$样板后领深 = 成品后领深 + 合肩缝耗$$

领宽的计算方法与连肩产品相同。

（2）罗纹圆领：如图3-5（a）所示。由于罗纹领的弹性较好，一般情况下罗纹领前领深比滚边领约小2cm，后领深比滚边领约深1cm，领宽比滚边领约大2cm，且计算时应考虑绱罗纹领时的缝耗。

①连肩罗纹领的领窝：

$$样板前领深 = 成品前领深 - 绱罗纹缝耗$$
$$样板后领深 = 成品后领深 - 绱罗纹缝耗$$
$$\frac{1}{2}样板领宽 = \frac{1}{2}成品领宽 - 绱罗纹缝耗$$

②合肩罗纹领的领窝：在进行领窝计算时，除考虑绱罗纹缝耗外，还应考虑合肩缝耗。

$$样板前领深 = 成品前领深 - 绱罗纹缝耗 + 合肩缝耗$$
$$样板后领深 = 成品后领深 - 绱罗纹缝耗 + 合肩缝耗$$

$$\frac{1}{2}\text{样板领宽} = \frac{1}{2}\text{成品领宽} - \text{绱领缝耗}$$

（3）折边领：参见图2-4。折边领的领窝处要折边，设计时应确定领口折边的规格，折边规格一般为0.8~1cm，采用平缝机折领边时缝耗一般为0.5~0.75cm。

①连肩产品：

$$\text{样板前领深} = \text{成品前领深} - \text{折边宽} - \text{折边缝耗}$$
$$\text{样板后领深} = \text{成品后领深} - \text{折边宽} - \text{折边缝耗}$$
$$\frac{1}{2}\text{样板领宽} = \frac{1}{2}\text{成品领宽} - \text{折边宽} - \text{折边缝耗}$$

②合肩产品：由于要合肩缝，计算时应在连肩产品的基础上，考虑合肩缝耗。

$$\text{样板前领深} = \text{成品前领深} - \text{折边宽} - \text{折边缝耗} + \text{合肩缝耗}$$
$$\text{样板后领深} = \text{成品后领深} - \text{折边宽} - \text{折边缝耗} + \text{合肩缝耗}$$
$$\frac{1}{2}\text{样板领宽} = \frac{1}{2}\text{成品领宽} - \text{折边宽} - \text{折边缝耗}$$

（4）V字领：V字领也称鸡心领，多为罗纹边合肩产品，参见图2-43。

$$\text{样板前领深} = \text{成品前领深} - \text{绱罗纹缝耗} + \text{合肩缝耗}$$
$$\text{样板后领深} = \text{成品后领深} - \text{绱罗纹缝耗} + \text{合肩缝耗}$$
$$\frac{1}{2}\text{样板领宽} = \frac{1}{2}\text{成品领宽} - \text{绱罗纹缝耗}$$

（5）T恤领：T恤领多为合肩产品，计算样板时通常可分为三部分，即领窝尺寸计算、门襟尺寸计算和领条尺寸计算。

①领窝：

$$\text{样板前领深} = \text{成品前领深} + \text{合肩缝耗} - \text{绱领缝耗}$$
$$\text{样板后领深} = \text{成品后领深} + \text{合肩缝耗} - \text{绱领缝耗}$$
$$\frac{1}{2}\text{样板领宽} = \frac{1}{2}\text{成品领宽} - \text{绱领缝耗}$$

$$\text{样板门襟孔长} = \text{成品门襟长} - \text{绱门襟底缝耗} + \text{绱领缝耗}$$
$$\frac{1}{2}\text{样板门襟孔宽} = \frac{1}{2}\text{门襟宽} - \text{绱门襟缝耗}$$

②门襟：

$$\text{样板门襟长} = \text{成品门襟长} + \text{绱领缝耗} + \text{绱门襟底缝耗}$$
$$\text{样板门襟宽} = \text{成品门襟} + \text{绱门襟缝耗}$$

③领条：T恤领的领条根据款式要求，依据领条尺寸可在横机上进行成型编织，也可在相应的坯布上裁剪。

当领条依据规格裁剪时，则：

$$样板领长=成品领长+领子两端的合领边缝耗$$
$$样板领宽=成品领宽+绱领缝耗$$

当领条在横机上编织时，由于横机可根据领条的要求进行成型编织，此时编织的领长为领条长度的成品规格，且领边不需缝合，成品规格即样板领长。

$$样板领宽=成品领宽+绱领缝耗$$

例：用18tex汗布生产示明规格为170/95cm的合肩T恤领上衣，已知成品前领深为8cm，后领深为2cm，领宽为16.5cm，门襟长为16cm，门襟宽为3.5cm；成品领的领长为39cm，领宽为7.5cm；采用三线包缝合肩，缝耗0.75cm；采用平缝机绱门襟、绱领，缝耗1cm；门襟底端用三线包缝光边（防脱散）及平缝缝合，缝耗为1.5~2.5cm（现取2cm）；领条采用双层大身本料布缝制而成，求此款T恤领的样板尺寸。

领窝：

$$样板前领深=8cm+0.75cm-1cm=7.75cm$$
$$样板后领深=2cm+0.75cm-1cm=1.75cm$$
$$样板门襟孔长=16cm-2cm+1cm=15cm$$
$$\frac{1}{2}样板领宽=\frac{16.5}{2}cm-1cm=7.25cm$$
$$\frac{1}{2}样板门襟孔宽=\frac{3.5}{2}cm-1cm=0.75cm$$

门襟：

$$样板门襟长=16cm+1cm+2cm=19cm$$
$$样板门襟宽=3.5cm+1cm=4.5cm$$

领条：

$$样板领长=39cm+（1×2）cm=41cm$$
$$样板领宽=7.5cm+1cm=8.5cm$$

（二）裤子各部位样板规格的计算

针织裤类产品按穿用方式分内穿裤、外穿裤两大类。为节省用料，内穿裤一般为拼裆裤，均采用规格演算法绘制样板。外穿裤若采用规格演算法绘制样板，计算方法与内穿裤基本相同（外穿的针织长裤类产品一般为非拼裆裤）。

经规格演算而裁剪缝制的针织裤类产品，根据成品测量方法的不同，可将其分为两种类型，一类以拼裆长裤为代表，另一类以三角裤为代表。下面以两类产品中的典型品种来说明其样板计算的一般方法。

1. 拼裆长裤类产品　内穿的针织长裤类产品品种繁多，款式的主要变化在于裤裆的拼接形式和裤口形式两方面。裆的主要功能是调节裤子横裆处的松紧或加固横裆，对节约用料和方便排料也有一定作用。一般高档外裤和运动裤是不允许拼裆的。裤裆的常用类型如图3-19所示。

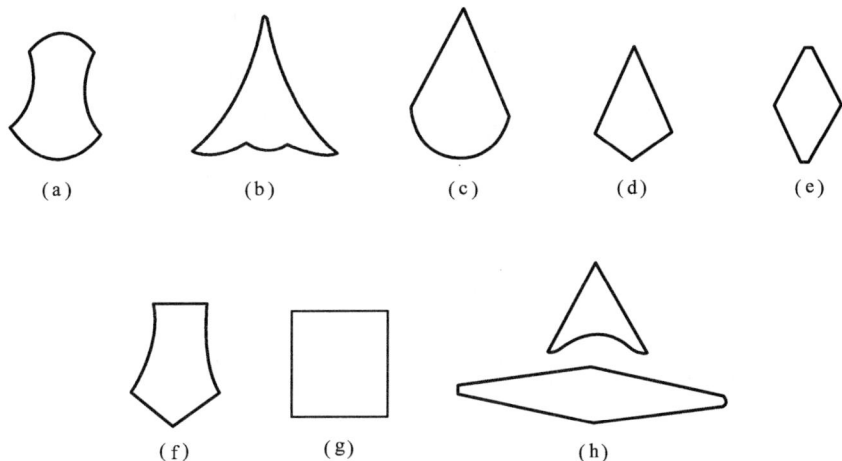

图3-19　针织内穿裤裆的类型

图3-19（a）为扇形裆，是女三角裤专用裆，成人用双层，女童用单层；图3-19（b）为燕尾裆，此裆使横裆较肥，适合年长者或体力劳动者使用；图3-19（c）为伞形裆；图3-19（d）为琵琶裆；图3-19（e）为菱形裆，这三种裆性能类似，穿着紧身合体，多用于轻便运动裤或男平脚裤；图3-19（f）为箭形裆，是男三角裤专用裆；图3-19（g）为方裆，使用此裆的裤子，臀部和中腿部位比较包身，适合青年人穿用；图3-19（h）为大小裆，裆布由两片组成，可较好地满足产品规格要求，而且坯布利用率高，裁耗小，应用广泛。

拼裆长裤的裤口形式主要有罗纹口、松紧口、折边口等。拼裆长裤类产品的测量方法如图3-3所示，对于确定的裤长、横裆、直裆、中腿等成品尺寸来说，裤裆的拼接形式对裤长、横裆、直裆、中腿的样板尺寸计算方法影响不大，但直接影响裤身剪口位置的确定及裆布尺寸的大小及形状。

（1）裤长：裤长的计算与衣长、袖长的计算方法相似，按裤口的形式分类计算。

$$罗纹口裤样板裤长=（成品裤长-裤口罗纹宽\pm腰边宽+$$
$$腰口缝耗+罗纹口缝耗）\div（1-回缩率）$$
$$折边口裤样板裤长=（成品裤长+裤口折边尺寸\pm腰边宽+$$
$$腰口缝耗+折边缝耗）\div（1-回缩率）$$

腰口的形式一般为罗纹腰口和折边腰口两类。腰口为罗纹，计算裤长时应减去腰边宽；腰口为折边，计算裤长时则应加上腰边宽。

（2）裤腰宽：裤腰宽的计算方法与胸宽的计算方法相似，虽然可以根据成品裤腰宽、缝耗及回缩率进行计算，但还要根据定形后净坯布的幅宽选取确定。

①不合缝的圆腰型产品：

$$样板裤腰宽 = 成品裤腰宽❶$$

②合腰型产品：由于两侧合缝缝耗均为0.75cm，故缝耗 = 0.75cm×2 = 1.5cm，回缩量一般为1cm，缝耗与回缩量之和为2.5cm，与净坯布幅宽规格的档差一致。因此可按下式计算：

$$样板裤腰宽 = 成品裤腰宽 + 2.5cm$$

（3）裤口：裤口的计算方法与袖口的计算方法相同。即：

$$样板裤口 = 成品裤口 + 缝耗 + 回缩量$$

（4）直裆：直裆计算主要考虑腰口形式的影响。

$$罗纹腰口样板直裆 = （成品直裆 - 腰口罗纹宽 + 腰口罗纹缝耗） ÷ （1 - 回缩率）$$
$$折边腰口样板直裆 = （成品直裆 + 腰口折边尺寸 + 腰口折边缝耗） ÷ （1 - 回缩率）$$

（5）横裆：

$$样板横裆 = （成品横裆 + 合裆缝耗） ÷ （1 - 回缩率）$$

（6）剪口位置的确定：在拼裆类裤子的缝制加工过程中，为了在缝合时准确掌握拼裆与裤片缝合的对应位置，要在裤身上打剪口做标记，裤身剪口位置不仅确定裤裆与裤身连接的位置，还直接影响到裤子直裆的长短以及横裆和中腿的位置，对裤子能否适穿合体有重要影响。

裤身剪口位置与拼裆的形式及拼裆尺寸有关，裤身剪口位置及拼裆尺寸通常是通过绘制样板图来确定，有关内容将在本章第四节介绍拼裆类裤子样板制图方法时予以说明。

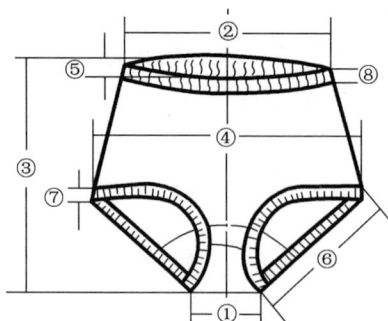

图3-20　罗纹边口三角裤成品
　　　　　规格测量方法

2. 三角裤类产品　以图3-20所示罗纹边口三角裤说明三角裤成品尺寸的测量方法。图中序号①为底裆，②为腰围，③为直裆，④为横裆，⑤为前后腰差，⑥为裤口，⑦为裤口罗纹宽，⑧为腰口边宽。三角裤样板有两种形式，一种是将样板分解为前、后两片裤片，另一种为前、后连裆裤。尽管形式不同，但这两种三角裤样板规格的计算方法基本相同，只是在直裆计算时有差异。下面分前、后裤片介绍三角裤样板尺寸的计算方法。

（1）后裤片：

①后裤片直裆：根据直裆的成品规格、成品尺寸测

---

❶成品裤腰宽 = 成品裤腰围÷2。

量方法及腰口形式进行计算，常用的腰口形式为折边腰口和罗纹腰口。

折边腰口样板直裆＝（成品直裆+腰折边宽+折腰缝耗+合裆缝耗）÷（1-回缩率）

罗纹腰口样板直裆＝（成品直裆-腰边罗纹宽+绱腰缝耗+合裆缝耗）÷（1-回缩率）

②横裆：横裆的计算方法与腰口的计算方法相似，即：

样板横裆＝成品横裆+2.5cm

③底裆：由三角裤成品规格的测量方法得知，测量底裆时，不包括裤口边或裤口罗纹。则：

罗纹裤口样板底裆＝成品尺寸+绱罗纹缝耗×2

滚边裤口样板底裆＝成品尺寸+滚边缝耗（0.25cm）×2

折边裤口样板底裆＝成品尺寸+（折边尺寸+折边缝耗）×2

④裤口：

罗纹裤样板裤口＝成品尺寸+合腰缝耗+合裆缝耗-绱罗纹缝耗-拉伸扩张（0.5cm）

滚边裤样板裤口＝成品尺寸+合腰缝耗+合底裆缝耗-滚边缝耗×2

折边裤样板裤口＝成品尺寸+合腰缝耗+合底裆缝耗-折边缝耗×2

（2）前裤片：前裤片的横裆、底裆、裤口与后裤片同部位尺寸相等，不需重复计算。

前裤片样板直裆＝后裤片样板直裆-前后腰差

（3）前、后裆片：前、后裆片的形状如图3-21所示。前、后裆片的长度可根据款式特点与穿着舒适等因素来确定，前、后裆片的形状一般由样板画图确定。

样板前裆片长＝成品前裆片长+绱裆缝耗

样板后裆片长＝成品后裆片长+绱裆缝耗

样板底裆＝成品后裤片样板底裆

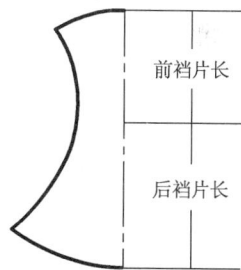

图3-21　裆片形状

前、后裆片的其他尺寸随前、后裤片的形状而定，在制图时求出。

（4）罗纹边：

样板罗纹边宽＝（成品罗纹边宽+绱罗纹缝耗+缝制横向拉伸）×2

前、后连裆三角裤计算时，只在直裆的计算方法上与前、后两个裤片三角裤的计算方法不同。由于前、后裤片相连，无合裆缝耗，其直裆尺寸应为前、后裤片直裆尺寸之和。即：

折边腰样板直裆＝（成品直裆+腰折边宽+折腰缝耗）×2÷（1-回缩率）

罗纹腰样板直裆＝（成品直裆-腰边罗纹宽+绱腰缝耗）×2÷（1-回缩率）

第四节　常用针织服装的规格演算法设计实例

　　以几款常用针织服装的基本款式为例，说明针织服装规格演算法的样板设计和制图方法。常用针织服装的样板，一般可分解为衣身样板、袖样板、领样板及裤身样板、裤裆样板等。

　　衣身样板按肩型可分为连肩大身样板、合肩大身样板、插肩大身样板；按腰型可分为直腰、曲腰两种，此外还有背心样板等。而针织裤类成品按款式特点分为无拼裆裤、拼裆裤和三角裤三类。

　　需要说明的是，尽管针织上衣类服装的下摆、领口和袖口的不同形式会影响各自样板尺寸的计算，但在样板尺寸确定后，大身样板的设计制图主要与产品的肩型和腰型有关。

一、连肩直腰圆领男上衣

　　连肩直腰产品肩缝无拼接，袖子一般为平袖，如图 3-22 所示。以 165/90cm 男式圆领汗衫的样板尺寸计算为例说明制图方法。

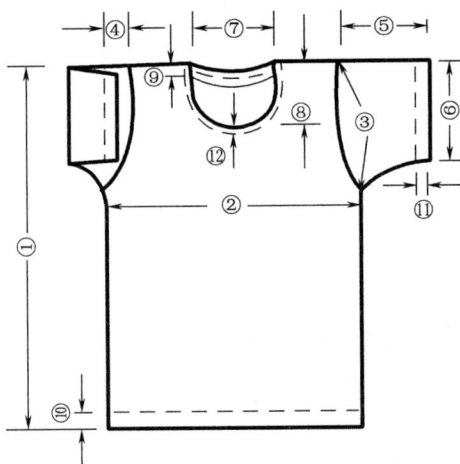

图 3-22　男式圆领汗衫的成品结构

1. 样板尺寸计算

（1）成品规格：165/90cm 男式圆领汗衫成品规格及测量方法见表 3-13。

表 3-13　165/90cm 男式圆领汗衫各部位的规格及测量说明　　　　　　　　单位：cm

序　号	部位名称	测　量　说　明	规　　格
①	衣　长	从肩宽中间量到底	67

序　号	部位名称	测　量　说　明	规　　格
②	胸　围	挂肩下2cm处横量	45
③	挂　肩	上挂肩缝斜量到底角处	23
④	挖　肩	从挂肩凹进最深处量	2.5
⑤	袖　长	从上挂肩缝量至袖口边	16
⑥	袖口宽	袖口边处直量	17
⑦	领　宽	肩平线折边口处量	11
⑧	前领深	肩平线向下量至折边口	12.5
⑨	后领深	肩平线向下量至折边口	2.5
⑩	底边宽	下边口量至卷边线迹	2.5
⑪	袖边宽	袖口边量至卷边线迹	2.5
⑫	领圈折边	领口边量至折边	0.8~0.9

（2）样板规格计算：样板纸样草图如图3-23所示，以表3-13规格为依据计算样板各部位的尺寸，结果见表3-14。

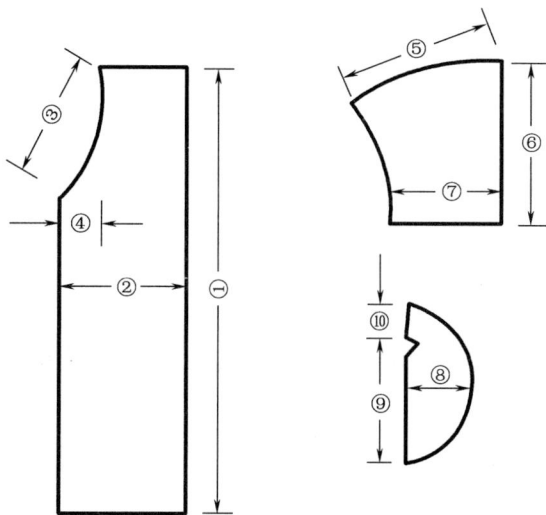

图3-23　圆领汗衫样板草图

表3-14　165/90cm男式圆领汗衫的样板规格计算　　　　　　　　　　　　　　单位：cm

序　号	部位名称	计　算　方　法	样板规格
①	衣　长	（衣长规格+底边规格+缝耗）÷（1-回缩率） （67+2.5+0.5）÷（1-2.2%）	71.6

序　号	部位名称	计　算　方　法	样板规格
②	胸　围	（胸围规格+缝耗×2）÷（1-回缩率） （45+0.75×2）÷（1-2.2%）	47.5 （半幅样板23.8）
③	挂　肩	挂肩规格+缝耗（23+0.5）	23.5
④	挖　肩	挖肩规格 （绱袖、合侧缝，两次合缝，样板尺寸不变）	2.5
⑤	袖挂肩	（挂肩规格+缝耗）÷（1-回缩率） （23+0.75）÷（1-2.2%）	24.3
⑥	袖　长	（袖长规格+袖边+缝耗）÷（1-回缩率） （16+2.5+0.75+0.5）÷（1-2.2%）	20.2
⑦	袖口宽	（袖口宽规格+缝耗）÷（1-回缩率） （17+0.75）÷（1-2.2%）	18
⑧	领　宽	领宽规格-折边×2-缝耗×2（11-0.8×2-0.75×2）	7.9
⑨	前领深	前领深规格-折边-缝耗（12.5-0.8-0.75）	10.95
⑩	后领深	后领深规格-折边-缝耗（2.5-0.8-0.75）	0.95

2. 样板设计

（1）衣身样板作图步骤：如图 3-24 所示。

①以衣长 71.6cm、$\frac{1}{2}$胸宽 23.8cm 作矩形 $OACB$，使 $OA=BC=\frac{1}{2}$胸宽，$OB=AC=$衣长。

②在线段 OA 上取 D 点，使 $AD=$挖肩$=2.5$cm，或 $OD=\frac{1}{2}$肩宽。

③以 D 点为圆心、大身挂肩尺寸 23.5cm 为半径画弧，交线段 AC 于 E 点，$DE=$大身挂肩尺寸。

④以 AD、AE 为边长作矩形 $AEHD$，在 HD 上取点 F，且使 $FH=\frac{1}{3}DH$。

⑤以矩形 $EHFI$ 对角线上 G 点$\left(GH=\frac{1}{3}IH\right)$为参考点，以 F 点为切点，顺滑连接 D 点、F 点、G 点、E 点，作出弧线 DE。

⑥顺次连接 O、D、F、G、E、C、B 各点，该款产品的大身样板完成。

（2）袖样板制图步骤：图示圆领汗衫为折边平袖，平袖是针织服装中最常见的袖型，折边短袖、罗纹口短袖和滚边短袖只是在袖口边形式上有所不同，作图步骤相同，如图 3-25 所示。

①作水平线 a，在水平线 a 上取 $OA=$袖挖肩。此处袖挖肩=大身挖肩+缝耗=2.5cm+0.75cm。

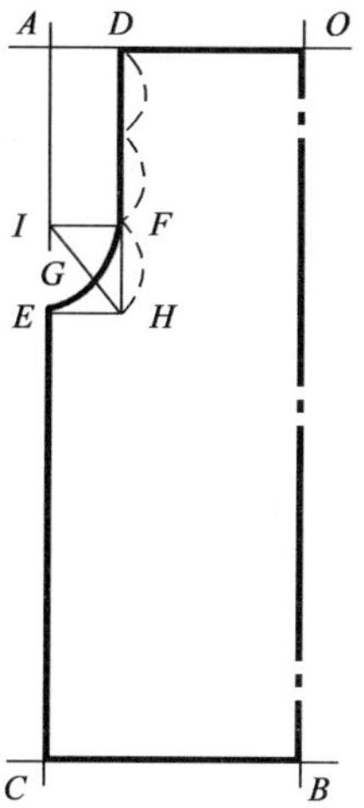

图 3-24 圆领汗衫大身样板制图方法

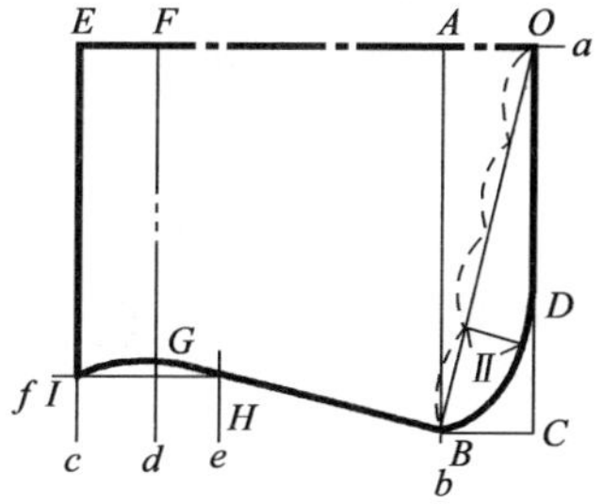

图 3-25 圆领汗衫袖样板制图方法

②由 A 点作线 b，并使其垂直于线 a，以 O 点为圆心、袖挂肩长为半径画弧，与线 b 相交于 B 点。

③以 AO、AB 为边长作矩形 $ABCO$，在 OC 上取点 D，使 $CD = \frac{1}{3}OC$，按图 3-25 所示画出 BD 弧，D 点与 OC 线相切。当袖挖肩＝大身挖肩+缝耗时，CD 约位于 $\frac{1}{3}OC$ 处，随着袖挖肩尺寸的增加，D 点将会逐渐上移。图中 II 值一般在 2.1~2.5cm 中选取，当袖挖肩 $OA =$ 2.5cm+0.75cm 时，II 值约为 2.1~2.2cm。随着 OA 值的增大，II 值随之增大。

④在线 a 上取点 E，OE＝袖长。

⑤过 E 点作线 c 垂直于线 a。

⑥在线 a 上取 EF＝袖边宽+缝耗。过 F 点作线 a 的垂线 d，在垂线 d 上取 FG＝袖口宽，连接 BG。

⑦作线 e 平行于线 c，线 e 与线 d 之间的距离＝EF，线 e 与 BG 交于 H 点。

⑧过 H 点作线 f 平行于线 a，与线 c 交于 I 点，弧线连接 I 点、G 点、H 点，并使其成为以 G 点为中心的对称弧线。

⑨顺次连接 O、A、E、I、G、H、B、D 等点，折边短袖的袖子样板完成。

（3）圆领领窝样板作图步骤：针织服装常用的挖领为圆领和 V 字领，领口形式主要有折边领、滚边领和罗纹领。此款为连肩圆领，制图步骤参见图 3-26。

①作水平线 a（相当于肩平线的位置）、垂直线 b（领窝的对称线），两线交于 O 点。

②在水平线 a 上取 $OC = \frac{1}{2}$领宽＝7.9cm，在线 b 的上端取 OA＝后领深＝0.95cm，在线 b 的下端取 OB＝前领深＝10.95cm。

③将 AB 线三等分，则 $BD=\dfrac{1}{3}AB$，过 D 点作线 c 平行于线 a。

④过 C 点作垂线 d 平行于线 b，并与线 c 交于 E 点，将 DE 线延长，取 $EF=\dfrac{1}{4}ED$。

⑤按图解方法，顺滑连接 A 点、C 点、F 点、B 点，作出弧线。应注意的是在 A 点与 B 点处应有 1cm 左右的线段与线 b 垂直，以保证整个领窝的圆顺。

$ACFB$ 即为连肩圆领产品的领样板。

如果是合肩圆领，领窝样板制图时应考虑增加合肩缝耗尺寸，并在合缝后仍保证领宽尺寸。具体作图步骤如图 3-27 所示。

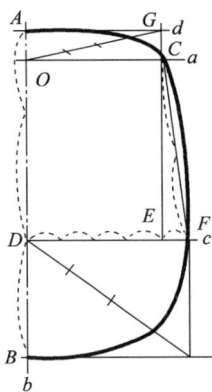

图 3-26　圆领汗衫领样板制图方法　　　　图 3-27　合肩圆领领窝样板制图方法

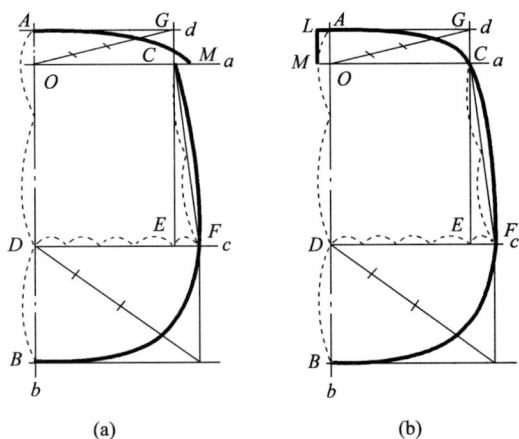

①~⑤与连肩圆领制图步骤同。

⑥确定后领样板。为保证合肩后，前、后领宽规格一致，通常采用下列两种方法：

第一种：如图 3-27（a）所示，在线 a 上取 M 点，CM 的长度约为 0.5cm，按图解方法，顺滑连接 AM 弧，形成后领弧线，则 $AMCFB$ 为合肩圆领产品的领样板。

第二种：如图 3-27（b）所示，在线 a 上取 M 点，OM 的长度约为 0.5cm，且使由 A 点延长的水平线 $AL=OM$，按图解方法顺滑连接 LC 弧，形成后领弧线，$LACFBOM$ 即为合肩圆领产品的领样板。

二、合肩曲腰女棉毛衫

合肩曲腰女棉毛衫的款式如图 3-28 所示。它与前一个产品的不同之处在于：一是肩缝需要缝合，样板尺寸计算时需要确定落肩尺寸或肩斜度；二是侧缝呈曲线状，需要确定中腰和下摆宽度；三是此款为合体内衣，围度尺寸应考虑适当减小放松量，同时袖子应为衬衣袖。

以 160/85cm 规格为例说明样板设计制图方法。此款女衫采用98%棉和2%氨纶包芯纱织

制，双罗纹组织，缝合方式采用包缝合缝，袖口、下摆折边双针折边缝，领口用弹性滚边丝
带双针绷缝滚领。

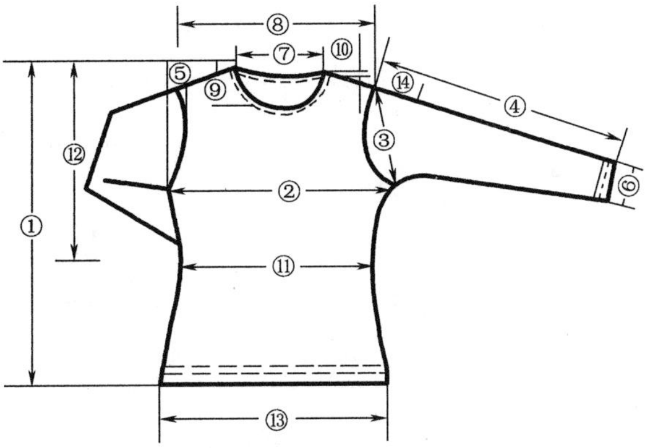

图 3-28　合肩曲腰棉毛衫款式图

1. 样板尺寸计算

（1）成品规格：160/85cm 合肩曲腰女棉毛衫成品规格见表 3-15。

表 3-15　160/85cm 合肩曲腰女棉毛衫成品规格　　　　　　　　　单位：cm

序号	部　位　名　称	规　　格	序号	部　位　名　称	规　　格
①	衣　长	54	⑨	前领深	8
②	胸　围	42.5	⑩	后领深	3.5
③	挂　肩	20	⑪	中腰宽	36.5
④	袖　长	54	⑫	中腰部位	30
⑤	挖　肩	4.5	⑬	下摆宽	45
⑥	袖口宽	10	⑭	袖山高（袖挖肩）	11.5
⑦	领　宽	18.5		折边宽	2
⑧	肩　宽	38			

（2）样板规格尺寸计算：以表 3-15 所列成品规格尺寸、测量方法和缝耗、坯布回缩率
等为依据，计算样板尺寸，结果列于表 3-16。查表知包缝合缝缝耗为 0.75cm，双针折边缝
耗为 0.5cm，棉毛布自然回缩率为 2.5%。

表 3-16　160/85cm 合肩曲腰女棉毛衫样板规格　　　　　　　　单位：cm

序号	部位名称	计　算　方　法	样板规格
①	衣长	（衣长规格+底边规格+缝耗）÷（1-回缩率） （54+2+0.75+0.5）÷（1-2.5%）	58.7

续表

序号	部位名称	计 算 方 法	样板规格
②	胸宽	（胸围规格+缝耗×2）÷（1-回缩率） （42.5+0.75×2）÷（1-2.5%）	45 半幅样板22.5
③	挂肩	挂肩规格+缝耗×2（20+0.75×2）	21.5
④	袖长	（袖长规格+袖边+缝耗）÷（1-回缩率） （54+2+0.75+0.5）÷（1-2.5%）	58.7
⑤	挖肩	挖肩规格	4.5
⑥	袖口宽	（袖口宽规格+缝耗）÷（1-回缩率） （10+0.75）÷（1-2.5%）	11
⑦	领宽	领宽规格	18.5 半幅样板9.25
⑧	肩宽	（肩宽规格+缝耗×2）÷（1-回缩率） （38+0.75×2）÷（1-2.5%）	40.5 半幅样板20.25
⑨	前领深	（前领深规格+合肩缝耗）÷（1-回缩率） （8+0.75）÷（1-2.5%）	9
⑩	后领深	（后领深规格+合肩缝耗）÷（1-回缩率） （3.5+0.75）÷（1-2.5%）	4.4
⑪	中腰宽	（中腰宽规格+缝耗×2）÷（1-回缩率） （36.5+0.75×2）÷（1-2.5%）	39 半幅样板19.5
⑫	中腰部位	（中腰部位规格+缝耗）÷（1-回缩率） （30+0.75）÷（1-2.5%）	31.5 半幅样板15.75
⑬	下摆宽	（下摆宽规格+缝耗×2）÷（1-回缩率） （45+0.75×2）÷（1-2.5%）	47.7 半幅样板23.85
⑭	袖山高	袖山高尺寸	11.5

2. 样板设计

（1）衣身样板作图步骤：如图3-29所示。

①以样板衣长、$\frac{1}{2}$胸宽作矩形$OACB$，$OA=BC=\frac{1}{2}$胸宽，$OB=AC=$衣长。

②在线段OA上分别取D点、H点，$AD=$挖肩$\left(OD=\frac{1}{2}肩宽\right)$，$OH=\frac{1}{2}$领宽，过$D$点作$OA$的垂线$DI$。

③确定肩斜线：这款落肩为3cm，即$DN=3$cm，也可以肩斜角为依据确定肩斜线。

④以N点为圆心、大身挂肩尺寸为半径画弧，与线段AC交于E点，即$NE=$大身挂肩尺寸。

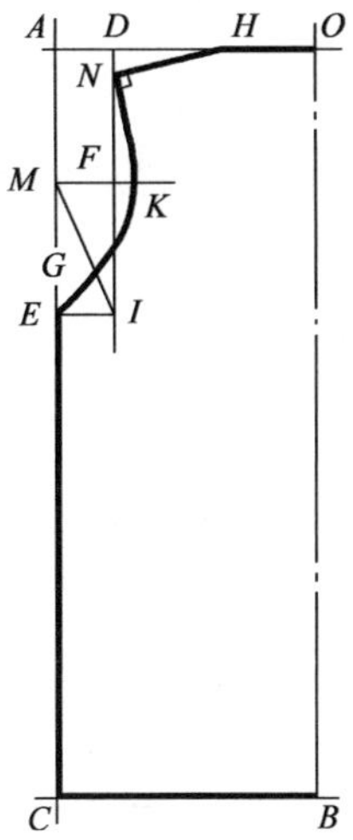

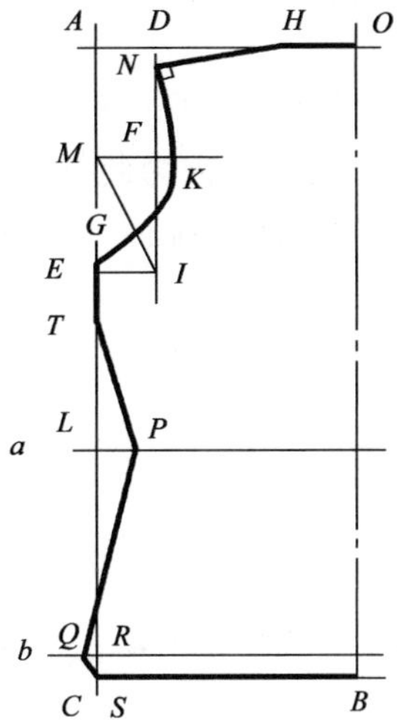

图 3-29　衣身样板制图方法

⑤在 ID 线上取中点 F，以矩形 $EIFM$ 对角线上 G 点 $\left(GI=\dfrac{1}{3}MI\right)$ 为参考点，延长 MF 至 K 点，使 $FK=0.5\sim1\text{cm}$，顺滑连接 N 点、K 点、G 点、E 点，作出弧线 EN，且使弧线 EN 与肩斜线 HN 在 N 点处垂直。

⑥在直线 AC 上分别取 T 点、L 点和 R 点，$ET=2\text{cm}$，$AL=$ 中腰部位，$AR=$ 下腰部位（即衣长规格+合肩缝耗）。

⑦分别过 L 点、R 点作线段 OA 的平行线 a 线、b 线。

⑧在线 a 上取点 P，使 P 点到直线 OB 的距离等于 $\dfrac{1}{2}$ 腰宽 $\left(\dfrac{1}{2}\text{中腰宽}\right)$；在线 b 上取点 Q，Q 点到直线 OB 的距离等于 $\dfrac{1}{2}$ 下腰宽（摆宽），b 线即为成品衣长线。

⑨CR 为折边宽+折边缝耗。顺滑连接 E 点、T 点、P 点、Q 点、S 点，作出侧缝曲线。

⑩连接 O 点、H 点、N 点、K 点、G 点、E 点、T 点、P 点、Q 点、S 点、B 点，该款产品的大身样板完成。

（2）袖样板制图步骤：合体针织服装常用衬衣袖，它是借鉴了衬衣袖子的制图方法。制图步骤如图 3-30 所示。

①~②作图步骤同圆领汗衫短袖。

③在 OB 的中点 C 下 1cm 处作点 D，按图示作曲线 ODB，ODB 即为袖山曲线。

④在线 a 上取 $OE=$ 样板袖长 $=58.7\text{cm}$，取 $EF=$ 折边宽+缝耗 $=2\text{cm}+0.5\text{cm}=2.5\text{cm}$。

⑤过 E 点、F 点作线 a 的垂直线，并使 $FG=$ 袖口宽 $=11\text{cm}$。

⑥连接 BG 线，并四等分 BG 线，其中点为 H，按图示要求圆顺连接 $BHGI$ 曲线，并在靠

近袖山的 $\frac{1}{4}$ 等分处，使曲线凹进 0.3~0.5cm，在靠近袖口的 $\frac{1}{4}$ 等分处，使曲线外凸 0.3cm。

连接 O 点、A 点、F 点、E 点、I 点、G 点、H 点、B 点、D 点，袖样板完成。

（3）领窝样板制图方法：因为此款为合肩圆领，与连肩圆领样板制图方法稍有不同处在于要考虑合肩缝耗对领样板的影响。具体作图步骤如图 3-31 所示。

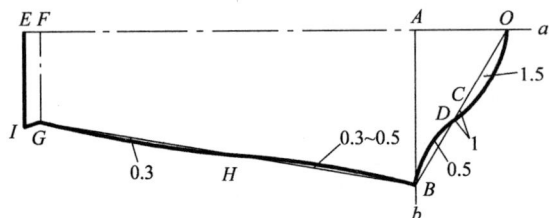

图 3-30　袖样板制图方法

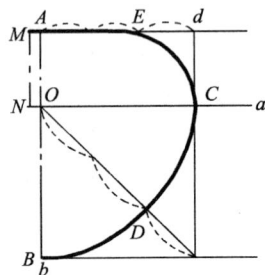

图 3-31　领窝样板制图方法

①~②与连肩圆领领窝样板制图步骤同。

③按图示要求作出 CDB 弧，弧在 C 点处有 0.75cm（合肩缝耗）长为直线，与线 a 垂直；弧的 B 点处有 1cm 长为直线，并与线 b 垂直。$OCDB$ 即为前领窝的 $\frac{1}{2}$ 样板。

④在线 a 上取 ON=0.5cm，延长 EA 线至 M，使 AM=ON，按图示要求作出 $MAEC$ 弧，CE 弧与 AE 线相切，在 C 点处有 0.75cm（合肩缝耗）长为直线，并与线 a 垂直。$NMAECO$ 即为后领窝 $\frac{1}{2}$ 样板。

三、V 字领领窝制图方法

针织服装挖领常见形式除圆领外，还有 V 字领。连肩 V 字领和合肩 V 字领的作图方法分别如图 3-32 和图 3-33 所示。

1. 连肩 V 字领　根据 $\frac{1}{2}$ 领宽、后领深、前领深等样板尺寸，进行样板制图。连肩 V 字领产品领窝样板作图具体步骤如下：

（1）作水平线 a（相当于肩平线的位置）、垂直线 b（领窝的对称线），两线交于 O 点。

（2）在水平线 a 上取 OC=$\frac{1}{2}$ 领宽，在垂直线 b 的上端取 OA=后领深，在垂直线 b 的下端取 OB=前领深。

（3）按图解方法，顺滑连接 A 点、C 点、E 点、B 点，作出弧线，其中 DE 的长短根据 V 字领的前领形状来确定，在 A 点处应有 1cm 左右的线段与线 b 垂直，以保证整个领窝的圆顺。

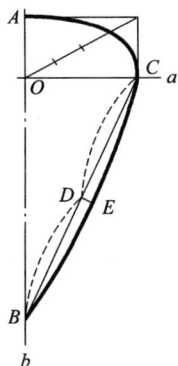

图 3-32　连肩 V 字领领窝样板制图方法

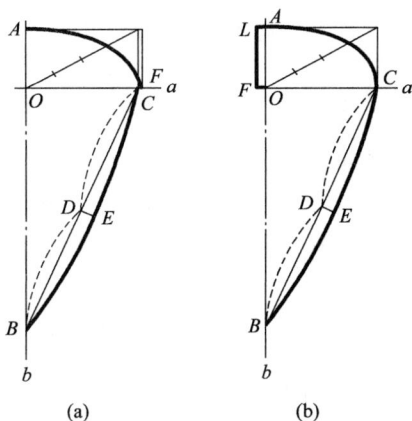

(a)　　　　　(b)

图 3-33　合肩 V 字领领窝样板制图方法

ACEB 即为连肩 V 字领产品的领样板。

2. 合肩 V 字领　合肩 V 字领样板制图时，前领与连肩 V 字领样板制图方法相同，后领样板制图方法与合肩圆领样板制图方法相同。根据 $\frac{1}{2}$ 领宽、后领深、前领深等样板尺寸，进行样板制图。图 3-33（a）中 *CF* 长度约为 0.5cm，图 3-33（b）中 *OF* 长度约为 0.5cm。

四、横机领短袖男式合体 T 恤

横机领短袖男式合体 T 恤的款式图如图 3-34 所示。此款服装大身、袖子用全棉纯色平纹或网眼集圈针织布，领和袖口采用横机编织。衣长 78cm，胸围 108cm，袖长 27cm，领长 45cm，袖口宽 32cm，肩宽 50cm。

大身样板和袖样板制图与前面两例类似，这里重点介绍添领领窝样板制图方法。此类添

图 3-34　横机领短袖男式合体 T 恤款式图

领领条常用横机领，按领子规格进行成型编织，只需作出领窝样板和门襟样板。添领通常配合在合肩类产品上。具体作图步骤如下：

1. 计算样板尺寸　按成品规格、测量方法和领子特点计算出 $\frac{1}{2}$ 领宽、前领深、后领深、门襟长、门襟宽等样板尺寸。

2. 领窝样板作图方法　如图 3-35 所示。

（1）作水平线 a（肩平线）、垂直线 b（领子的对称线），两线交于 O 点。

（2）在线 a 上取 $OA=\frac{1}{2}$ 领宽，在线 b 上取 $OB=$ 前领深，按图示要求作出 ACB 弧。弧的 A 点处有 0.75cm（合肩缝耗）长为直线，与线 a 垂直；弧的 B 点处有 1cm 长为直线，并与线 b 垂直。OACB 即为前领窝的 $\frac{1}{2}$ 样板。

（3）在线 b 的上端取 $OD=$ 后领深，在线 a 上取 $ON=0.5cm$，延长 ED 至 M，使 $ON=DM$，按图示要求作出 MDEA 弧，AE 弧与 DE 线相切，在 A 点处有 0.75cm（合肩缝耗）长为直线，并与线 a 垂直，则 MDEAON 为 $\frac{1}{2}$ 后领窝样板。

（4）在线 b 上取 $BF=$ 门襟长，过 F 点作线 d 垂直于线 b。

（5）作线 c 平行于线 b，并使两线之间的距离为 $\frac{1}{2}$ 门襟宽-缝耗，线 c 与 BC 弧交于 H 点、与线 d 交于 G 点，则 OACHGFB 为前领窝与门襟孔的 $\frac{1}{2}$ 样板。

3. 领门襟样板作图方法　如图 3-36 所示。

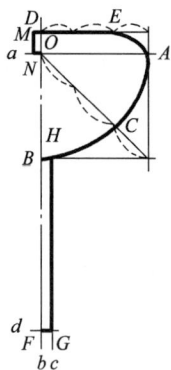

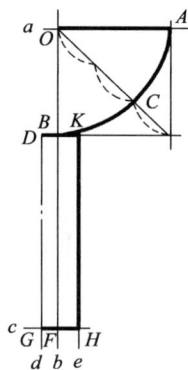

图 3-35　T 恤衫领领窝样板制图方法　　　　图 3-36　领门襟样板制图方法

（1）~（2）同图 3-35 的作图方法，领门襟应在前领窝门襟孔的基础上，结合计算的样板尺寸求得。

（3）在线 b 上取 $BF=$ 门襟长，过 F 点作线 c 垂直于线 b，在线 c 上取 $FG=\frac{1}{2}$ 门襟宽的成品规格，过 G 点作线 d 平行于线 b；在线 d 上取 $DG=BF$，DG 应为点划线，表示连折不开剪。

（4）在线 c 上取 $FH=\dfrac{1}{2}$ 成品门襟宽+缝耗，过 H 点作线 e 平行于线 b，与领口 BC 弧交于 K 点（BK 是与领子连接的部分，这段弧线应与领窝 BC 弧的下部弧形相同），则 $DBKHG$ 为领门襟样板。

4. 龟背样板和领片　T恤后领圈部位用原身布作龟背，双针绷缝于后领圈部位，其样板图如图3-37所示。T恤横机领片如图3-38所示。

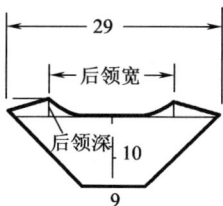

图3-37　T恤龟背样板

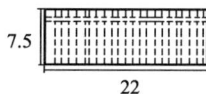

图3-38　T恤横机领片

五、无拼裆运动裤

无拼裆长裤多为运动裤，目前一些高档合体棉毛裤也采用无拼裆裁制法，其裤口的形式多为罗纹口和折边口。在样板制图时，裤口样板制图方法与相应的袖口制图方法基本相同。下面以折边口无拼裆长裤（运动裤）为例介绍其样板制图方法。

1. 款式图　如图3-39所示。

2. 样板尺寸计算及制图　根据样板计算求得裤长、$\dfrac{1}{2}$ 腰宽、横裆、直裆、中腿、裤口等样板尺寸，结合其测量方法及款式特点，可以进行样板设计制图。作图方法如图3-40所示，作图步骤如下：

（1）作水平线 a、垂直线 b，两线交于 O 点。

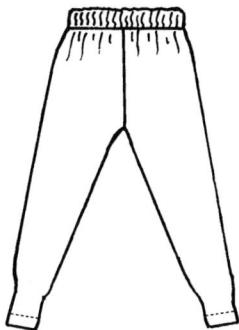

图3-39　无拼裆长裤款式图

图3-40　裤身样板制图方法

（2）在线 b 上取 $OA = \frac{1}{2}$ 裤腰宽，过 A 点作线 c 平行于线 a。线 b 即为上平线。

（3）分别在线 a、线 c 上取 C 点、B 点，使 $OC = AB = \frac{1}{4}$ 腰差。直线 BC 为后片样板的腰线。在线 c 上取 P 点，使 $BP =$ 腰差。

（4）作垂直线 d 与水平线 a 交于 D 点，使 $OD =$ 裤长；作垂直线 e 与水平线 a 交于 E 点，使 $DE =$ 裤口折边+折边缝耗；在线 e 上取 $EF =$ 裤口尺寸。

（5）作水平线 f，使其与水平线 a 的距离等于横裆尺寸；以 B 点为圆心，直裆尺寸为半径画弧，与水平线 f 交于 G 点，过 G 点作垂线与线 c 交于 H 点。

（6）作水平线 g 使其与水平线 a 的距离等于中腿尺寸，根据中腿测量方法，在线 c 上取 $MH = 10\text{cm}$（儿童取 8cm），过 M 点作垂线，与线 g 交于 N 点。

（7）按图解方法作图，顺滑连接 B 点、L 点、G 点和 G 点、N 点、F 点、S 点各点（S 点的确定方法与折边袖口相同）；连接 C 点、P 点，且在 P 点处打剪口。

$BLGNFSDC$ 即为无拼裆长裤后裤片样板图，$PLGNFSDC$ 为无拼裆长裤前裤片样板图。

六、单拼裆罗口裤

单拼裆裤拼裆形式多为菱形和伞形。而以伞形裆更符合人体结构特点，穿着更舒适。这里以伞形裆罗口裤样板设计制图方法为例进行说明，菱形裆裤制图方法相同，只是拼裆形式不同。

1. 伞形裆罗口裤款式图 如图 3-41 所示，其中图（a）为裤后身款式图，图（b）为裤前身款式图。

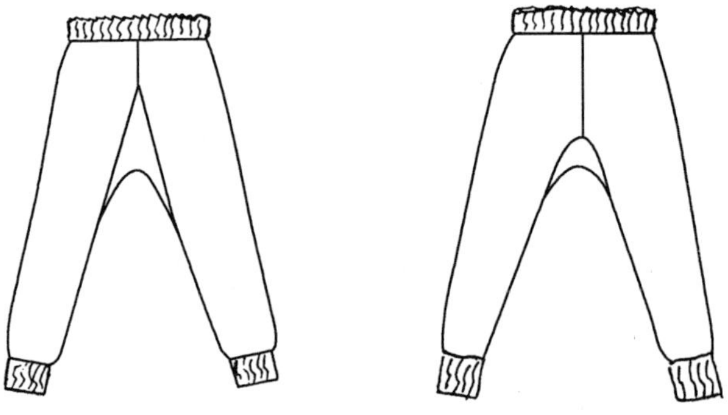

(a)   (b)

图 3-41 伞形裆罗口裤款式图

2. 样板设计与制图方法 如图 3-42 所示。

（1）~（3）同无拼裆长裤。

（4）作垂直线 d 与水平线 a 交于 D 点，使 $OD =$ 裤长；作垂直线 e 与水平线 a 交于 E 点，使 $DE = 5\text{cm}+$ 绱罗纹缝耗；在线 e 上取 $EF =$ 裤口尺寸。

（5）作水平线 f，其与水平线 a 的距离等于横裆尺寸；以 B 点为圆心，直裆尺寸为半径画弧，与水平线 f 交于 G 点。

（6）作水平线 g，其与水平线 a 的距离等于中腿尺寸，根据中腿测量方法，在线 c 上取 $MH=10cm$（儿童取 $8cm$），过 M 点作垂线与 g 交于 N 点。

（7）连接 GN 并延长，与线 c 交于 Q 点。

（8）确定后裤片拼裆长（图中 GL 的尺寸）：根据人体特点及服装结构，通常 GL 约为样板直裆尺寸的 60%。以 G 点为圆心，GL 尺寸为半径画弧，与线 c 交于 L 点。

（9）按图解方法，延长 LG 至点 T；作直线 GR（R 在线 c 上），使 $\angle TGQ=\angle RGQ$，且使 $TG=RG$；过点 T、点 Q 作弧，TQL 即为伞形裆净样板的 $\frac{1}{2}$。伞形拼裆实际样板如图 3-43 所示，图中虚线为伞形裆净样板，实线为考虑缝耗后的实际样板。

（10）顺滑连接 Q 点、F 点，与线 d 交于 S 点，则 $BLQFSDC$ 为拼裆长裤后裤片样板图，$PLQFSDC$ 为拼裆长裤前裤片样板图（图 3-42）。裤身样板的展开图如图 3-44 所示。在后裤身样板的 Q 点、L 点两点处打剪口（Q 点、L 点两剪口与拼裆样板的位置相对位），在前裤身样板的 Q 点、T 点两点处打剪口（QT 的长度为 QT 的弧线长度）。

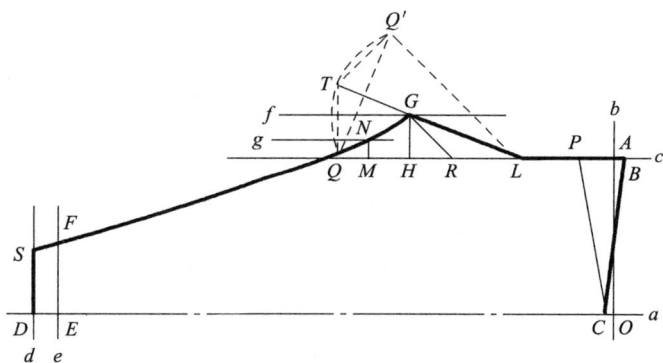

图 3-42　伞形裆罗口裤样板制图方法

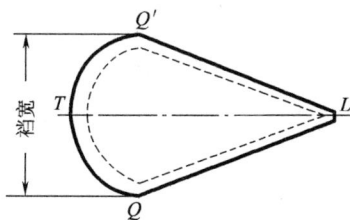

图 3-43　伞形拼裆样板图

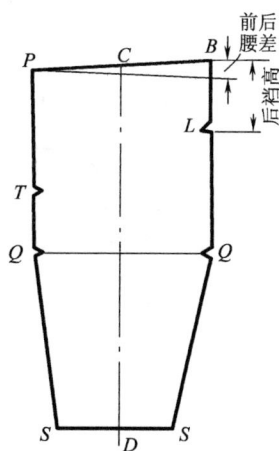

图 3-44　裤身样板展开图

七、裆开口男三角裤

1. 款式图和测量部位　如图 3-45 所示，表 3-17 为图中序号含义。

此款三角裤常用棉毛布或汗布生产，裤腰用加氨纶丝的弹性同色布或本料布夹松紧带。裤两边合腰缝，也可使后裤片与前裤片的左右两侧片连成一整片而不合腰缝，样板设计时略

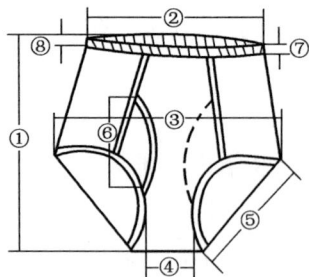

图 3-45 裆开口男三角裤
款式图

有不同。前裤片合裆缝部分采用直丝同色本料布，在双针机上缝制。裆开口边在平双针机上滚直丝同色本料布或罗纹布条，裤口处用双针滚同色本料布或罗纹横丝条，边宽 1.4cm 左右。底裆测量部位是由前裤片实际底裆线向上 3cm 处横量。实际底裆约比底裆规格宽 2~3cm，此例取 2cm。由于在底裆处缝合，故前、后片实际底裆尺寸相等。该款从结构上可以分解成多块样板，一种分解方法如图 3-46 所示，图（a）为前裤片，它应为左右对称的两片；图（b）为两片前片配置后的情况，左右前裤片缝合形成裆开口，裆的中间部分为双层，虚线表示另一片重合后的位置线；图（c）为后裤片。另一种分解方法如图 3-47 所示，图（b）应为左右对称的前中片，图（a）中虚线左边部分即为图（b）中虚线所示部分。

表 3-17 裆开口男三角裤部位名称

序　号	部位名称	序　号	部位名称
①	直　裆	⑤	裤　口
②	腰　宽	⑥	裆开口
③	横　裆	⑦	腰边宽
④	底　裆	⑧	前、后腰差

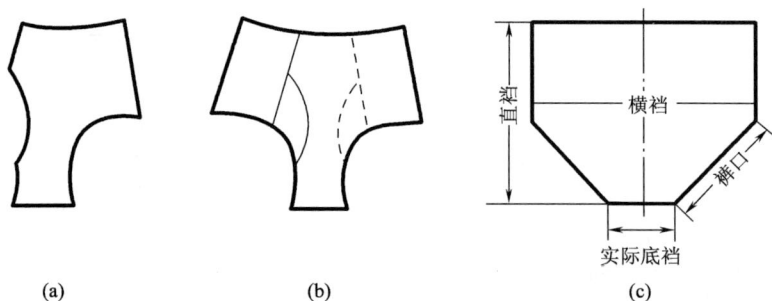

(a)　　　　　(b)　　　　　(c)

图 3-46 裆开口男三角裤样板一

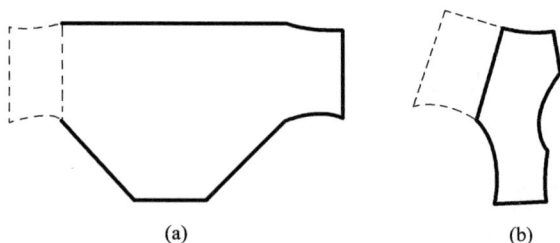

(a)　　　　　(b)

图 3-47 裆开口男三角裤样板二

2. 样板尺寸计算　以 170/95cm 裆开口男三角裤样板（图 3-46 所示样板组合形式）尺寸为例说明计算方法。170/95cm 裆开口男三角裤成品规格见表 3-18。

表 3-18　170/95cm 裆开口男三角裤成品规格　　单位：cm

直裆	腰宽	横裆	底裆	裤口	裆开口	腰边宽	前、后腰差
36.5	29	45	12	20	13	3	3

由缝纫工艺得知：采用三线包缝机合腰缝、合底裆缝，缝耗为 0.75cm；折腰边缝耗为 0.5cm；裤口、裆开口边滚边缝耗约为 0.25cm。浅色棉毛布回缩率为 2.5%。则：

（1）后裤片样板尺寸［图 3-46（c）］：

样板直裆 =（成品直裆+腰边宽+折腰缝耗+合裆缝耗）÷（1-回缩率）

= （36.5cm+3cm+0.5cm+0.75cm）÷（1-2.5%）= 41.8cm

样板横裆 = 成品横裆+2.5cm = 45cm+2.5[1]cm = 47.5cm

样板实际底裆 = 成品底裆+2cm-滚边缝耗×2

= 12cm+2cm-0.25cm×2 = 13.5cm

样板裤口 = 成品裤口+合腰缝耗+合底裆缝耗-滚边缝耗×2

= 23cm+0.75cm+0.75cm-0.25cm×2 = 24cm

（2）前裤片样板尺寸：前裤片尺寸有的已给出，如底裆宽、裆开口长；有的尺寸需间接求出，如前裆长；而有的尺寸可以根据款式与穿着要求来设计确定。现将裤裆部分成品规格确定如下。

如图 3-48 所示，两前片上端重合部分宽 9cm；L 为两前片裆料线的延长线与裤口上端弧线交点间的距离（图中 M 点和 N 点间的距离），一般为 14~16cm，现取 15cm；l 为裆开口边与另一前片 M 点间的距离，可在 3.5~5cm 中选择，现选定 4cm。

样板前直裆 = 后片样板直裆-前后腰差 = 41.8cm-3cm = 38.8cm

样板前片上端 GB 宽 = $\frac{1}{2}$（后片样板横裆+上端重合部分宽）

= $\frac{1}{2}$（47.5cm+9cm）= 28.25cm

样板裆开口长 = 成品裆开口+拼裆缝耗×2 = 13cm+0.5cm×2 = 14cm

样板底裆 = 成品底裆-滚边缝耗×2 = 12cm-0.25cm×2 = 11.5cm

样板实际底裆 = 后裤片样板底裆

l = 成品规格+滚边缝耗 = 4cm+0.25cm = 4.25cm

---

[1]此 2.5cm 是考虑合腰缝耗、回缩率和坯布幅宽档差而取的值。

3. 样板设计与制图方法

（1）后裤片：根据样板尺寸画样板图，如图 3-49 所示，步骤如下：

①作水平线 a，在线 a 上取 $AB=$ 横裆尺寸，作 AB 的中垂线 b。

②作线 c 平行于线 a，两线间距离为直裆长，以 b 线为中垂线，在线 c 上取 $CD=$ 底裆宽。

③过 A 点、B 点分别作线 d、线 e，并平行于线 b。

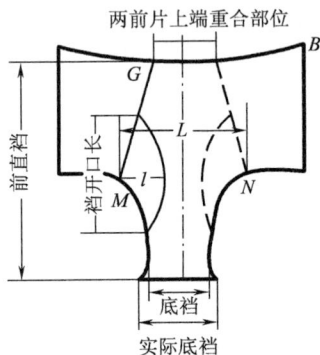

图 3-48 前裤片尺寸

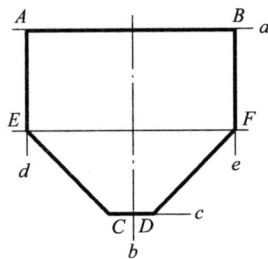

图 3-49 后裤片样板制图方法

④以 C 点、D 点为圆心，以裤口尺寸为半径作弧，分别与线 d、线 e 交于 E 点、F 点，$ABFDCE$ 即为后裤片的样板。

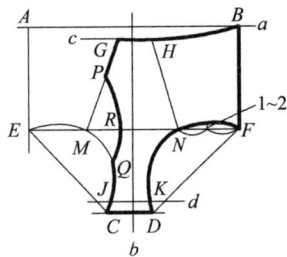

图 3-50 前裤片样板
制图方法

（2）前裤片：前裤片的样板应在后裤片样板的基础上作出，如图 3-50 所示，图中 $ABFDCE$ 为后裤片样板。具体步骤如下：

①作线 c 平行于线 a，两线之间的距离为前后腰差（3cm），在线 c 上取 $GH=$ 两裤片重叠部位宽度尺寸，并平均分配在线 b 的两侧。

②连接 EF，在 EF 线上取 M 点、N 点（两点间约为 14~16cm），并使其平均分布在线段 b 的两侧，连接 GM、HN。

③作线 d 平行于 CD 线，并使线 d 与 CD 线之间的距离为 3cm+合底裆缝耗。

④在线 d 上取 $JK=$ 成品底裆＝前片底裆尺寸－2cm，并平均分布在线 b 的两侧。按图示要求画出两裤口弧线：在 EM、NF 的 $\frac{1}{2}$ 处凹进 1~2cm，顺滑连接 D 点、K 点、N 点、F 点和 C 点、J 点、M 点、E 点，得前片裤口弧线。注意 J 点、K 点向上 10cm 左右保持一段直线。

⑤由 C 点沿裤口弧线向上量取 10~12cm 得 Q 点，以 Q 点为圆心、裆开口长为半径作弧，与 GM 线交于 P 点，在 MN 上取点 R，使 $MR=$ 裆开口边与另一前裤片 M 点间的宽度，则 $GHBFNKDCJQRP$ 为前裤片样板。

第五节　针织服装结构设计的原型构成法

　　原型不是正式的服装结构裁剪图，它是依据人体净尺寸，加上基本的松量而制作的纸样。原型是人体特征的真实体现，以原型为基础，按款式要求和原型的变化原理制出服装结构图的方法，称为原型法，它的变化手法灵活，适应面广。目前针织服装设计中越来越依重原型法。原型包括女装原型、男装原型和童装原型。同时，根据服装种类、作图方法的不同又分为文化式原型和登丽美原型、FIT原型、田中式原型等。各种不同类的原型的区别如图3-51所示。图3-51（a）为文化式原型，它的特点是腰围线不呈水平状，胸省量全部集中于腰部；其余几类腰围线均呈水平状，胸省量分散在腰部和其他部位，其中图3-51（b）的袖窿省不能做得很大，其弧线约为1cm左右，适合东方女性，基型法与此种原型很相似；图3-51（c）为FIT原型，其肩省量可以较大，省合并后胸部隆起大，适合西方女性体型；图3-51（d）衣长通过臀围线，适合连衣裙、外套等上下连装服。本节主要介绍文化式原型。文化式原型作图的特点是：量体部位少，作图较容易；任何服装和款式都可应用原型制作。

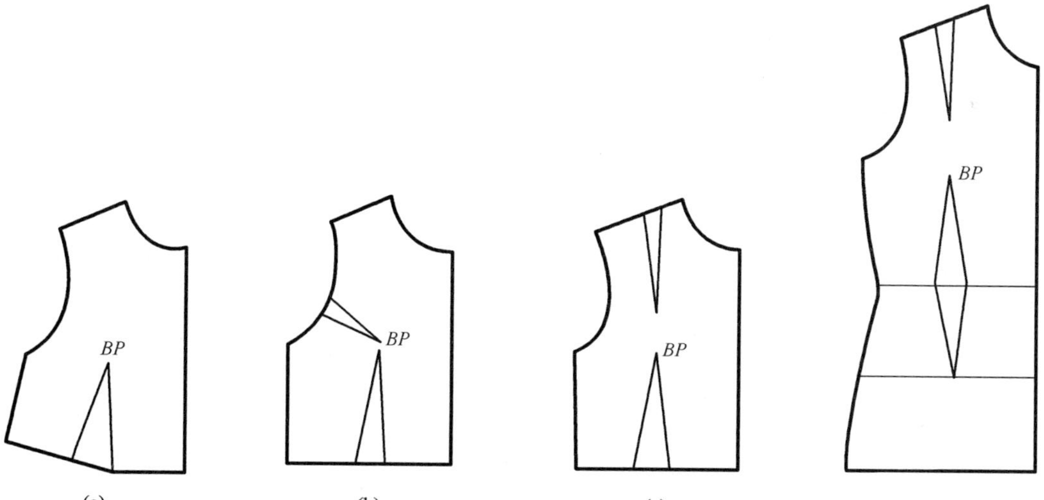

图3-51　不同种类的上装原型

一、女装原型

文化式女装原型分为衣身原型、袖原型和裙原型三种。

（一）衣身原型和袖原型的绘制方法

1. 衣身、袖原型各部位名称及代号　如图3-52所示。

2. 衣身原型的制作方法　衣身原型是以胸围、背长尺寸为计算基础数据，再加上最少限

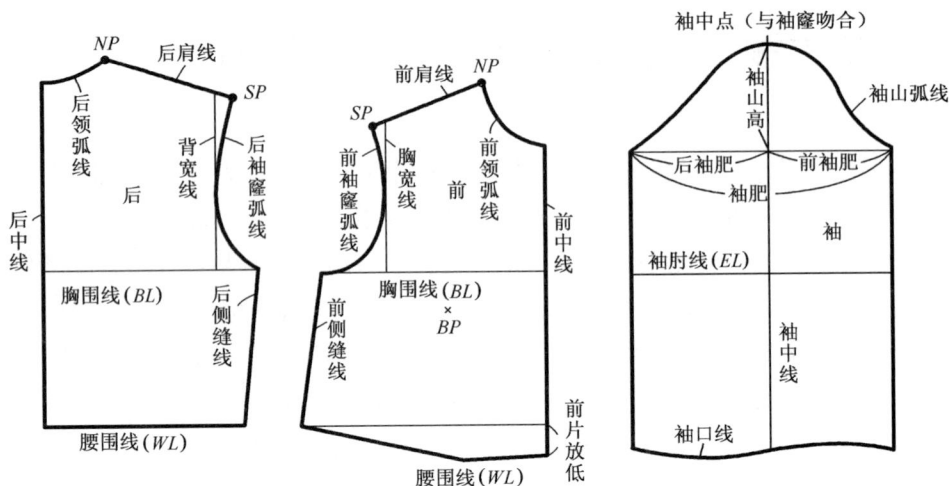

图 3-52　衣身、袖原型各部位名称及代号

度的松份制成几乎与人体贴合的基本型。胸围和背长是人体最基本和最重要的尺寸，而肩宽、领深和领宽、袖窿大小一般都与胸围尺寸有关，可推算而得。

对特殊体型，例如胸围较大，因肩宽、领围、袖窿弧长并不一定与胸围尺寸成比例增大，这时需要通过经验加减一个定数来调整。

衣身原型的绘制顺序如下：

本例原型的胸围（B）取 82cm，背长取 37.5cm。

（1）绘制基础线，如图 3-53（a）所示。

①纵向取背长，横向取 $\frac{B}{2}$ 加放 5cm 松量作长方形，5cm 松量是人体呼吸或运动时，衣服给予胸部活动的最低限量。

②作胸围线（BL）：距上平线 $\frac{B}{6}$+7cm 处作水平线，即袖窿深度。若胸围极小时，此线可适当降低，如 $\frac{B}{6}$+7.5cm 左右，反之则适当提高，如 $\frac{B}{6}$+6.5cm。

③作胸宽线与背宽线：分别在距前、后中心线 $\frac{B}{6}$ 处加必要的松份而定，因背部活动量较前胸大，所以背宽加松量 4.5cm，胸宽加 3cm。对胸部较高的体型，背宽和胸宽可加放相同松度。

④画侧缝线：胸围线的中点决定侧缝线的位置。

（2）绘制轮廓线，轮廓线的作图顺序如图 3-53（b）所示。

①取后横开领为 $\frac{B}{20}$+2.9cm，后直开领为后横开领的 $\frac{1}{3}$。

②后肩线倾斜一端为后领高，另一端在基础线以下作出。后肩缝必须比前肩线长 1.5~2cm，

因为这部分包括圆状的背脊和肩胛骨突出部位的尺寸。总之，要从背长（量体时测量稍宽松一些）与肩宽方面来适合背部浑圆鼓起的体型。

③前横开领比后横开领小 0.2cm，而且因为人的颈部稍向前倾斜，故颈根比基础线低 0.5cm，前后领圈才能平滑地吻合。

④前肩线低于基础线，其长度为后肩线低于基础线以下长度的 2 倍。前肩线小于后肩线 1.8cm。

以上作图如图 3-53（b）所示。

⑤前后袖窿弧线从后肩点起，通过背宽线的中点 C 和斜线的基点 B，画出自然的曲线，直到胸围线 BL，再以同样的方法画至前肩端点止。

⑥胸点（BP）位于胸宽线的中点偏侧缝线 0.7cm、低于胸围线 4cm 的位置。

以上作图如图 3-53（c）所示。

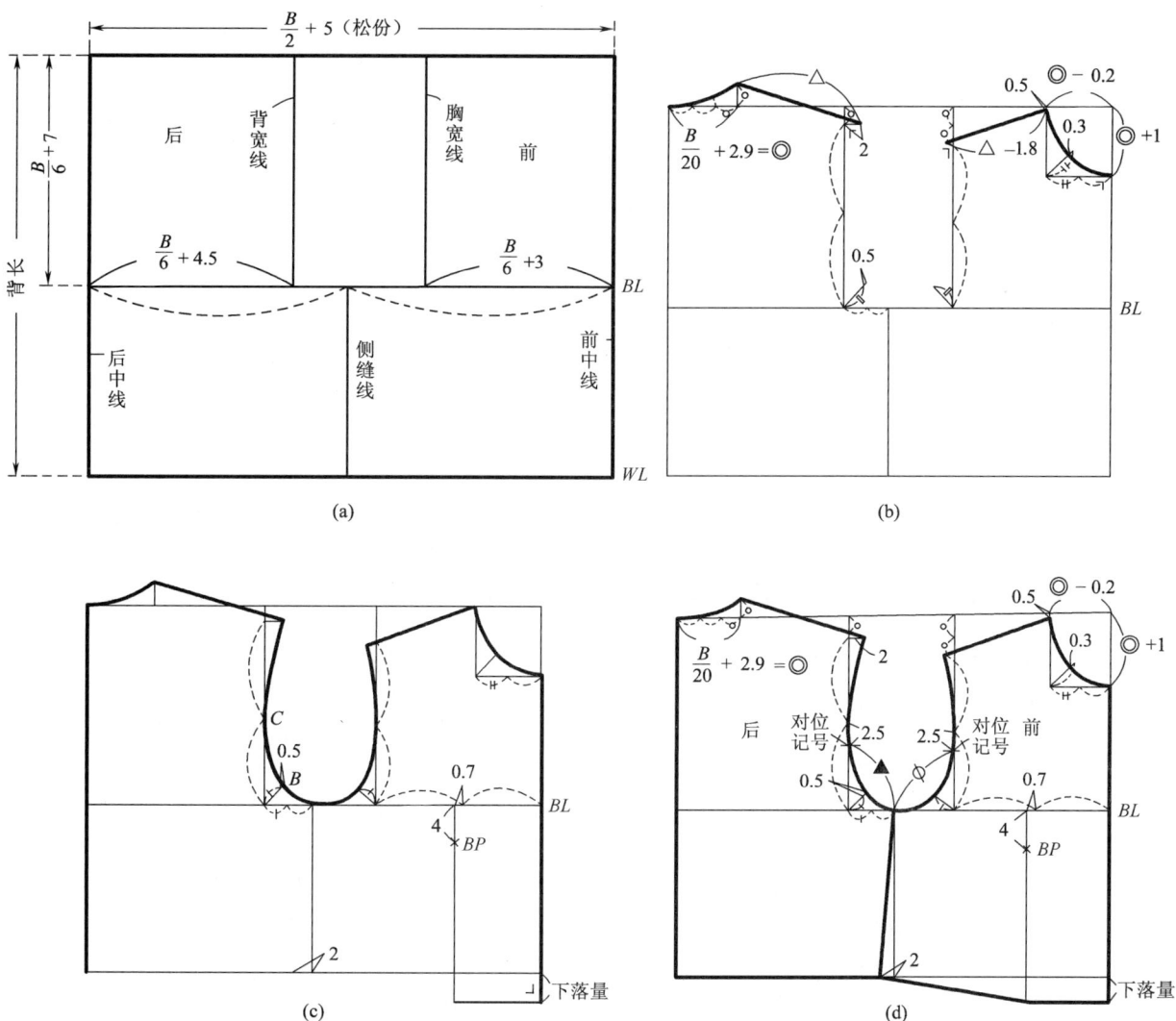

图 3-53　衣片原型轮廓线的绘制

⑦前片下落量（作为胸部隆起的必要部分）为 $\frac{1}{2}$ 横开领（即 $\frac{\text{◎}-0.2}{2}$），过此点作水平线与胸点的向下延长线相交成直角。

⑧侧缝线的下端比胸围线的垂直平分线向后退 2cm，连接前片下落线。因为在前身胸部隆起部位多，这样做可在腰围线上收省，体现其立体感。

以上作图如图 3-53（d）所示。

（二）袖原型的制作方法

袖原型是考虑到适合衣身原型的袖肥、松份、打褶量等因素而制作的一种袖子。它以衣身原型的袖窿尺寸为标准制图，必要尺寸是衣身袖窿弧长 AH（图 3-54）以及袖长尺寸。用皮尺测量出衣身原型上的袖窿弧线 AH 长度。

图 3-54　衣身袖窿弧长的量取

1. 绘制袖基础线　如图 3-55 所示。

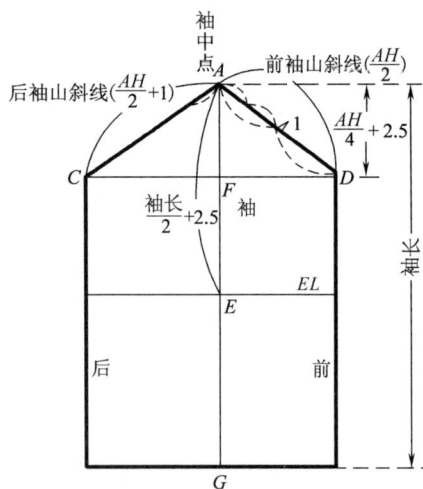

图 3-55　袖片基础线

（1）作直角交叉的两条直线，从交点 F 向上取 $AF = \frac{AH}{4} + 2.5\text{cm}$，AF 即为袖山高。一般此高度在人体腋窝下方 3cm 处，与袖窿深的位置相对应。

（2）由袖中点 A 量取前袖山斜线 $AD = \frac{AH}{2}$；量取后袖山斜线 $AC = \frac{AH}{2} + 1\text{cm}$。AC 大于 AD 是因为手臂向前运动量大于向后运动量，所以后袖松度应稍大于前袖。

（3）AG 为袖长，由袖中点 A 向下量取 $AE = \frac{AG}{2} +$ 2.5cm，AE 为肘长，肘线 EL 比实际肘部位稍高，这样可使下臂视觉上加长，袖子造型更加漂亮。

2. 绘制轮廓线　轮廓线绘制如图 3-56（a）所示。

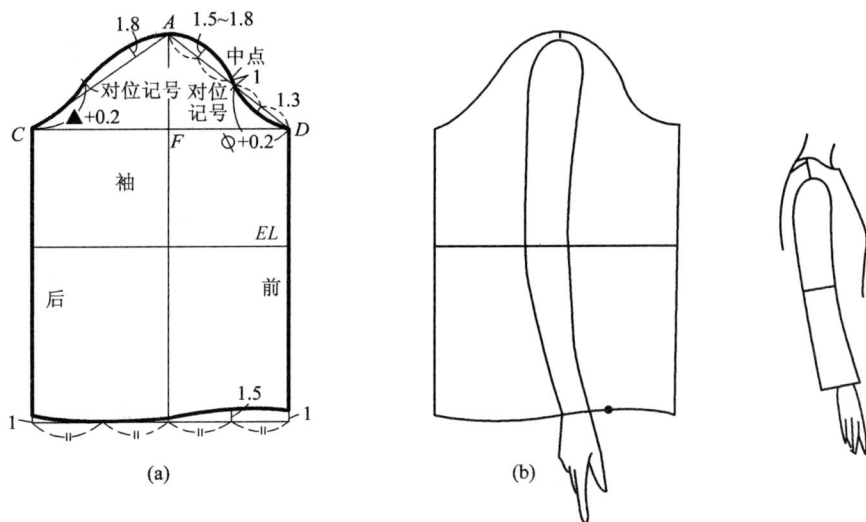

图 3-56　袖轮廓线的绘制

（1）前袖山弧线：二等分前袖山斜线 AD，在等分点下 1cm 处取一点，在该点以下的斜线中点处凹进 1.3cm，在斜线上端的 $\frac{1}{4}AD$ 处向外凸出 1.5～1.8cm，然后按图中所示圆滑地连接这些点，画出前袖山弧线。

（2）后袖山弧线：在后袖山斜线上 $\frac{1}{4}AC$ 长度处凸出 1.8cm，然后按图示，画出与前袖山弧线连接的圆滑曲线。

（3）画袖口线：如图 3-56（a）所示，在两端翘起 1cm，前袖口凹进 1.5cm，画出圆滑的袖口曲线。

手臂下垂时，侧面观察手臂形状是稍向前倾，手腕的最前端袖口部位要凹进，而后端袖口部位放出。这样就做成在手臂处看到的十分自然的袖口线，如图 3-56（b）所示。

袖原型完成后，进一步的工作是使袖山弧线与衣身的袖窿弧线尺寸相符。袖山中点的对位记号 A 应与前后衣片的肩端点位置相吻合。袖山弧线比衣身袖窿弧线长，其长出的部分为缝合的吃势。测得衣身原型的前、后对位记号分别为▲与◎，分别加上 0.2cm 作为袖山弧线的对位记号，如图 3-56（a）所示。

（三）特殊体型的原型补正

1. 胸围瘦小体型的原型补正　原型的缺点是尺寸缺少规律，对特殊体型，需要凭借经验才能制出好的板型。因为原型是以胸围尺寸为基准计算画出的，胸围瘦小体型的人，因胸围尺寸偏小会影响其他部位的尺寸，可以如图 3-57（a）实线所示，在领窝、肩宽、背宽、胸宽处比原型线（虚线）适当加放尺寸，以作补正。

放宽 追加 追加 放宽

追加 追加

后 前 追加

× BP

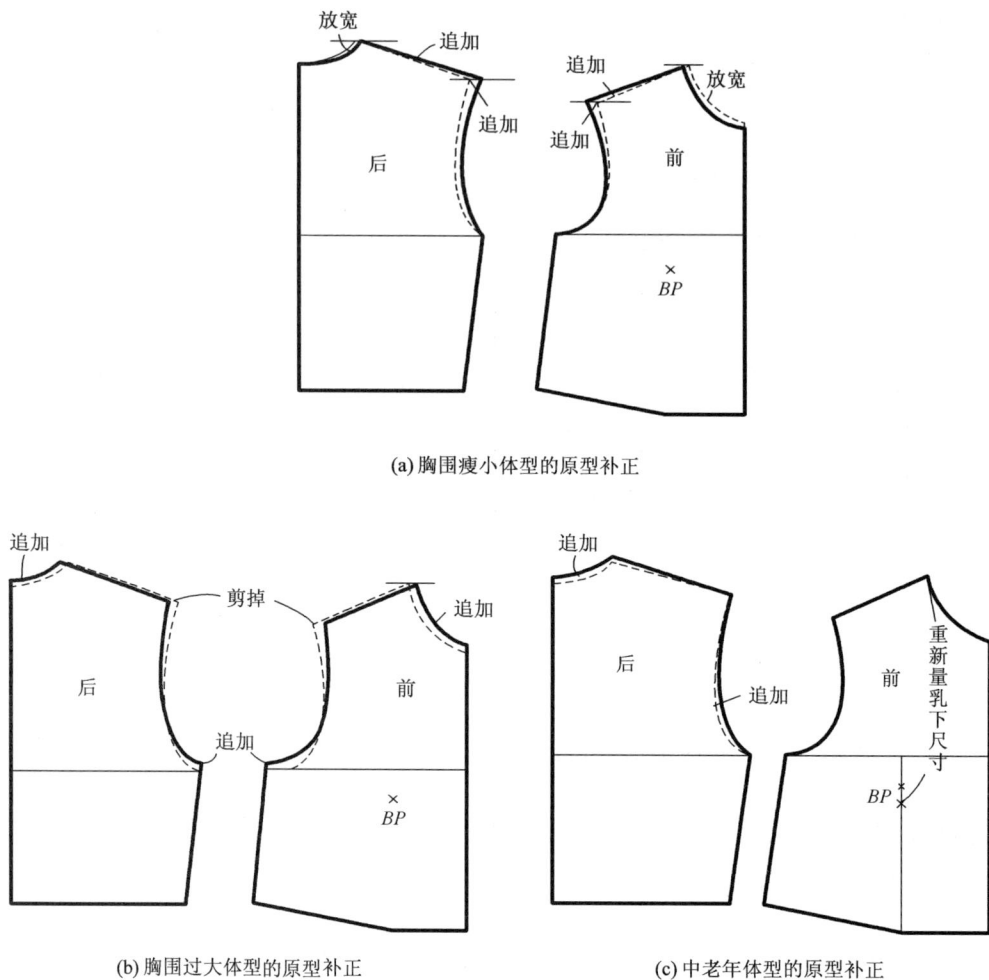

(a)胸围瘦小体型的原型补正

追加 剪掉 追加 追加 追加 追加

后 前 后 前 重新量乳下尺寸

追加

× BP BP ×

(b)胸围过大体型的原型补正 (c)中老年体型的原型补正

图 3-57 特殊体型的原型补正

2. 胸围过大体型的原型补正 胸围过大体型与瘦小体型的情况正好相反，由胸围计算出来的领窝和袖窿深都会过大，肩宽也太宽，因此应按照图 3-57（b）所示加以补正。

对于溜肩型的胖体，可以将落肩量适当增大，而袖窿可以不加放，按原型线画出。

3. 中老年人原型的补正 中老年人颈部丰满，背长、背宽及后肩线处需追加一些量，如图 3-57（c）所示，而且胸点尺寸需实际测量订正。

（四）围度放松量的加减及对长度放缩量的影响

1. 围度放松量的加减 服装的围度主要指胸围、腰围和臀围，其中胸围放松量变化幅度较大。而原型制作时胸围是按净胸围尺寸+10cm 放松量制作的。针织服装在进行放松量的设计时，既要考虑服装的款式风格的需要，例如是紧身、合体、较合体的服装还是宽松、较宽松的服装，又要考虑所选面料的弹性，因为针织面料的弹性不同，放松量将有很大差异。针织面料的弹性一般根据伸缩率的大小来划分，通常将伸缩率在 10%~20%的织物称为低弹织物或舒适弹力织物，将伸缩率在 20%~60%的织物称为中弹织物或运动弹力织物，将伸缩率在 60%~200%的织物称为高弹织物。再综合其他有关因素，即可设计出围度放松量。为确保板型达到生产要求，最好是用类似（便宜一些）的面料做一套样衣，以便更准确地掌握围度放松量。

常用针织品围度放松量见表3-19。

表3-19　常用针织品主要围度放松量　　　　　单位：cm

面料弹性	部位	紧身 (泳装、文胸、健身衣等)	合体 (衬衣、内衣等)	较宽松 (休闲装、睡衣等)	宽松 (家居便服等)
低弹	胸围	0~-5	0~6	7~15	16~20
	腰围		1~2		
	臀围	4~5	4~5	≥5	
	腕围	0~2	3~6.5	≥6.5	
中弹	胸围	-6~-10	0~-6		
	腰围		0~1		
	臀围	<0	0		
	腕围	0~-2	1~3		
高弹	胸围	-13~-24	-6~-12		
	腰围				
	臀围				
	腕围	-3左右			

注　表中负值代表减缩量，即比净尺寸减少的量。

原型放松量以外增加或缩减的放松量，可以集中分配在衣片的侧缝处，当增加量较大时，也可同时分配在侧缝处和衣片的前、后中心线上，但以侧缝处的分配为主。具体应根据服装的外形轮廓、功能、面料的厚度、伸缩性等因素综合考虑。

2. 围度放松量的加减对长度放缩量的影响　围度的加放或缩减对衣身原型会造成很大的影响，其中影响最大的是袖窿。为此原型应用中，应根据围度的加放或缩减适当调整袖窿深点、肩端点、侧颈点等细部尺寸，这些部位的长度放缩量的分配需要根据胸围的放缩量比例进行。

（1）袖窿深点的调整：袖窿深点的调整与服装造型及面料的弹性有关。对宽松度要求不是很高的情况下，袖窿深点可以不变。

①宽松型服装，由于基本不存在袖子合体性的问题，所以袖窿深点的设计主要服从轻便、飘逸的造型效果。通常情况下，胸围宽松量与袖窿加深量的关系为3∶1，即以原型为基准，胸围宽松量每增加3cm，袖窿深点增加1cm，加深量通常先放在后衣片上。具体做法是：先将原型腰线正确定位，然后确定后片袖窿深点，并向右画一条水平线与前片侧缝线相交，定出前片袖窿深点，如图3-58所示。

②窄袖服装，其胸围宽松量与袖窿深点加深量的关系为4∶1。

③有些窄袖服装胸围不增加，但为了增加袖子的舒适性，可以把袖窿深点加深1~1.5cm。

④露肩式无袖服装，袖窿深点应适当提高或下降，通常以原型衣身袖窿深点为基础上提或下降1~2cm。

（2）肩线及领口线的调整：肩线的调整与服装的松紧度、面料的厚薄以及面料的弹性有关。对外套等宽松型服装，除了围度方向追加了一些松量外，纵向肩线也应做适当的调整。一般后肩线上提，领窝也追加大约相同的尺寸，前片的侧颈点位置要稍微提高些，否则会因贴边布以及缝合衣领的缝量相重导致前襟升高而出现衣摆过分相重的不良后果。对于厚布料，各部位的追加量要稍大些，若领型为添领或使用围巾领时，应在肩部侧颈点追加一定的量以放大领窝。另外，厚面料需要把前肩端放低约1cm，以形成胸部漂亮的造型。

（3）侧缝线的调整：前、后片的侧缝应为等长。当侧缝松量较大时，由于侧缝的倾斜较强，易造成侧缝不稳定，所以应适当进行调整。方法是在腋下点挪出0.5cm而将前后片的袖窿线重新绘好，如图3-59所示。

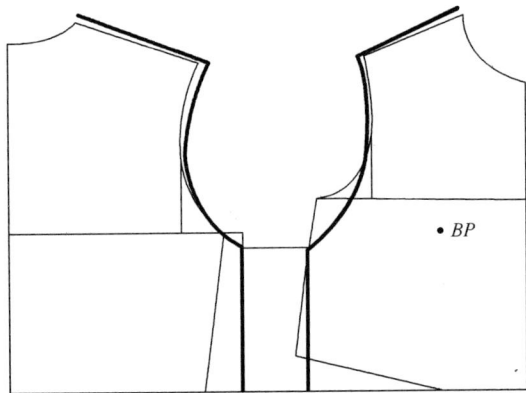

图3-58　袖窿深点的调整

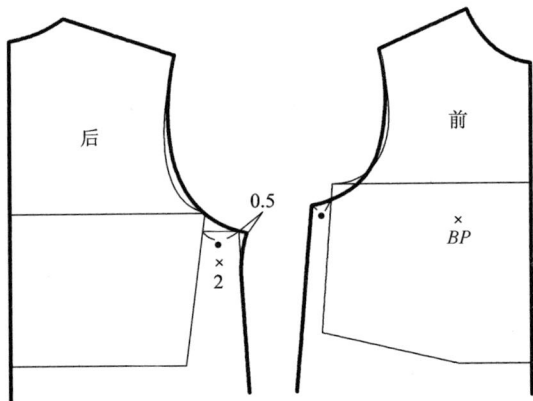

图3-59　侧缝线的调整

3. 长度尺寸的调整　对于弹性针织面料，除了在围度方向减少松量外，在长度尺寸上也需要做一些适度的调整。例如横向伸缩性大的面料，由于横向的拉伸，会导致长度的缩短，所以纸样在长度方向应进行相应加长调整。如围度尺寸减少5%，长度尺寸就应增大2%左右；若将围度尺寸减少10%，长度尺寸就应增加4%左右。相反，对纵向伸缩性大的面料，应做适当缩短调整。如泳装肩带的长度、吊带背心的带长以及弹性紧身衣的腰节长都应做适当的缩短处理。具体调整的参数可根据面料的弹性、水平弹性的垂直效果（垂直弹性的减少量和双向弹性的补充量）以及面料的厚度确定。

上述介绍的为原型在应用时应重点注意的几个问题，在原型实际应用中，还需根据服装造型、面料的实际情况对前胸宽、后背宽、肩宽、腰节线的高低位置以及下摆宽等其他细节部位进行调整。

（五）裙原型的绘制方法

裙原型是下装原型，裙子的制图以此原型为基础而加以变化。

1. 裙原型各部位的名称和代号　如图 3-60 所示。

2. 裙原型的绘制方法　绘制裙原型的基础尺寸是腰围（*W*）、臀围（*H*）、臀高、裙长。

（1）绘制基础线：裙片基础线如图 3-61 所示。

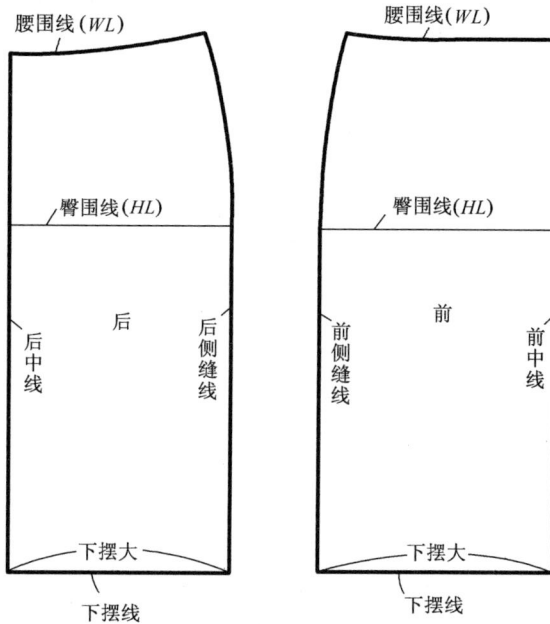

图 3-60　裙片原型各部位的名称及代号

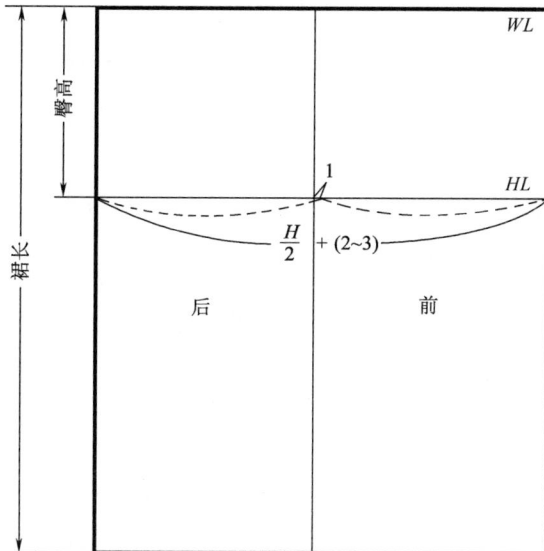

图 3-61　裙片基础线

①纵向取裙长，以 $\frac{H}{2}$ +（2~3）cm（放松度）为横向宽度，作一长方形。这里臀围的放松量（全身 4cm，作为动态时的最少松份）比胸围少，其原因是臀围不像胸围那样，在呼吸和运动时有显著的变化。

②臀高：从腰围线起取臀高得到臀围线。一般臀高应根据人的体形确定，这对合体很重要（参考值为 16~19cm）。

③侧缝线：通过身体厚度的中点，在臀围线上由臀围中点向后 1cm 作侧缝线，侧缝线位置还可以根据款式造型自由变化。

（2）绘制轮廓线：方法如图 3-62 所示。

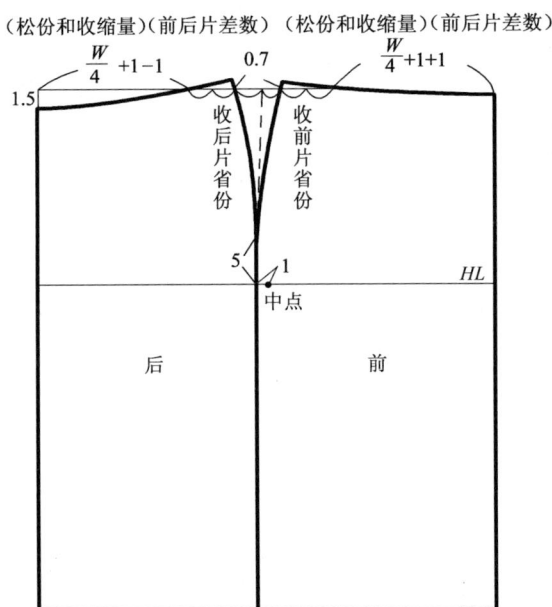

图 3-62　裙片轮廓线的绘制

①腰围基础线上的后腰围尺寸和前腰围尺寸分别为 $\frac{W}{4}$ +1（松量）-1（差数）和 $\frac{W}{4}$ +1（松量）+1（差数）。腰围的尺寸是根据被测量者的爱好及需要（收腰风格和其他要求）加以适当的松份确定的，测量时以软尺内可伸入 1~2 个手指的松份为佳，稍宽松地测量，可使穿着较自由舒适。

②将臀围和腰围尺寸差数的 $\frac{2}{3}$ 作为腰省，余下的 $\frac{1}{3}$ 在侧缝处剪去，侧缝线形成与臀部吻合的曲线。体型不同，臀部曲线也不同。首先选择好曲线的形状，然后用省缝或归缩缝来适应曲线，侧缝线的剪去量是 1.5~2cm，以剪剩的腰臀围差作为省份，这样就不会使侧缝的曲线弧度过大，从而使缝合后的侧缝线适合腰、腹部体型曲线。一般臀围和腰围的尺寸差数，大约为 25cm。由于这个差数是以收省缝、打褶裥等形式出现的，有利于造型线条的处理。根

据原型也能产生各种各样的裙装款式。

前、后腰围侧缝线上翘 0.7cm，在后腰围线中部下凹 1.5cm，圆顺地连接这些点画出腰围轮廓线。

（六）从原型展开成纸样

原型绘制完成后，可以按款式造型设计要求加以展开，形成可供裁剪用的纸样。从原型展开成纸样的办法有多种形式。

1. 收省法 以平面的布包覆曲面的人体，其中最基本的造型手法是"收省"或"打褶"，即按人体各部位的曲率大小将多余部分或剪去，或用省缝、打褶方式隐去。

图 3-63 所示为衣身原型的省道修正示意图。将衣身原型纸样穿在人体上，将多余的部分用大头针隐去，当前、后衣片侧缝线缩进 1cm 时，前衣身原型的腰围线处需隐去的量为图中所示"○"，即作为前腰省；后衣身原型的腰围线处需隐去的量为图中所示"●"，即作为后腰省。图中前衣片腰围大小为 $\frac{W}{4}+0.5+1$，后衣片腰围大小为 $\frac{W}{4}+0.5-1$。其中 0.5cm 为松份，1cm 为前后片差数。后衣片肩线处也应收取 1.5~2cm 的余量。

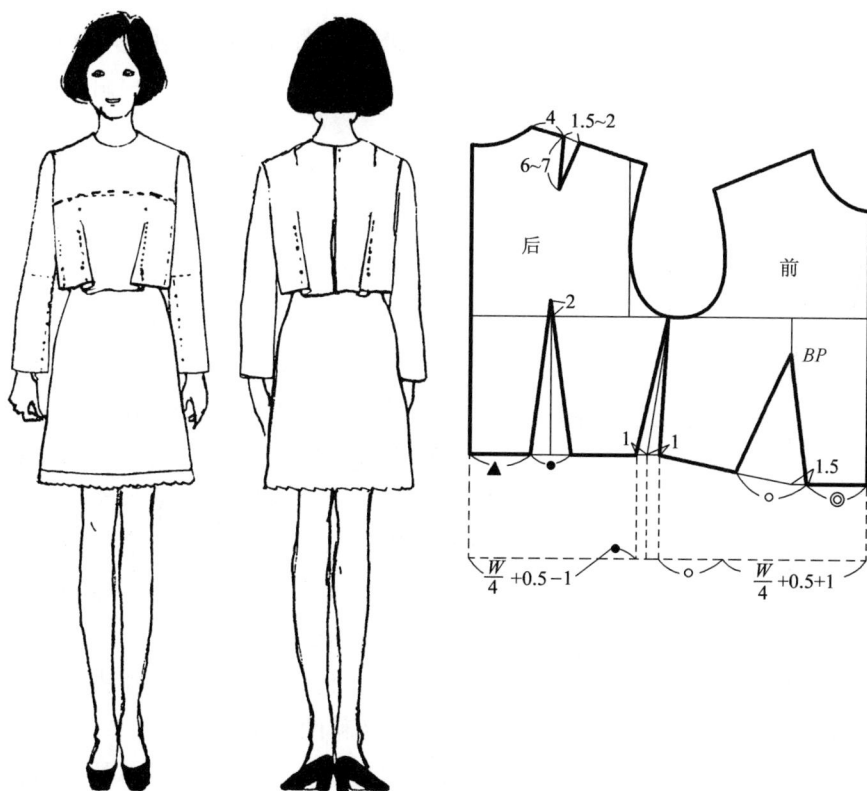

图 3-63 衣身原型修正图

图 3-64 为袖原型的修正示意图，袖原型的袖口过大，以手掌围加上松量后能轻松地通过手腕为最小尺寸，将多余的量裁去；另外，由于前臂部位稍向前弯曲，应在后袖通过收省以

使袖子适合体型，袖中线也应向前移动 2cm。

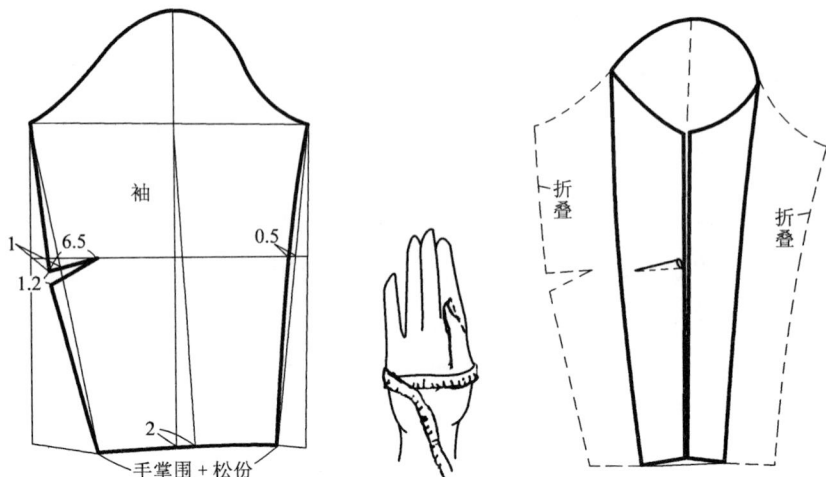

图 3-64　袖原型修正图

图 3-65　裙原型修正图

图 3-65 为裙原型的修正示意图。腰围和臀围之间的差数一般均匀分配在前、后裙片上，不可集中在一处收去。参见图 6-63。

修正原型，除收省外，还应注意实际穿着后人体行动对服装宽松份的要求。例如手臂和人体的屈伸运动，人行走、跑步时步幅的宽份等。图 3-66 为裙原型增加走步松份的方法。图中（a）表示可直接在侧缝线上增加一定的松份；（b）是在后身中心加褶裥，增加因步行所需要的宽松份。

打褶或收省是以合身为主要目的，省的位置应根据衣服款式造型或面料化型来确定。例如女装前衣身可以用腰省、肩省、袖窿省、腋下省、领省等多种方法处理胸部隆起，一般胸低者只用一种省，胸高者可同时用 2~3 种省。

实际操作时，可以用多种方法取省和进行省道转移。省道转移的原理是：

（1）省道是为什么目的服务的，省道延伸线就必须经过该目的点。如前衣片省道是为 BP 点服务的，则前衣片上所有省位的省道延长线均应通过 BP 点。

（2）所有省缝转移的夹角必须相等，如果将一个省分成多省缝转移，则多省缝夹角的和值应等于原省份夹角。

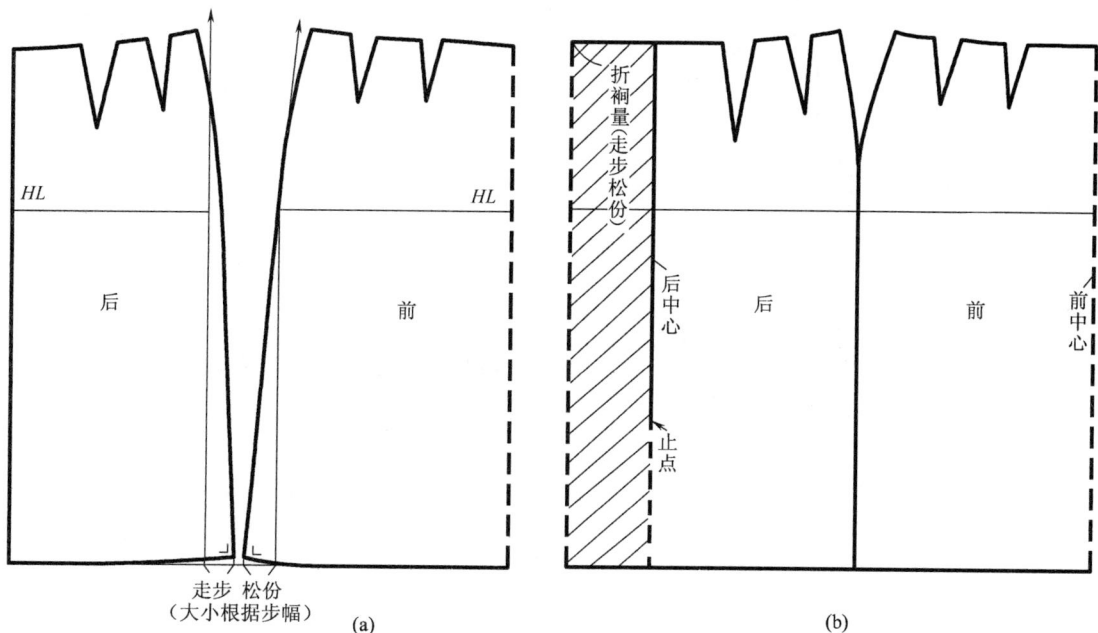

图 3-66　裙原型增加走步松份的方法

省缝转移的方法可以有量取法（一般只适用于胁省）、旋转法（定点移动法）和剪开法。

旋转法取省如图 3-67 所示。用铅笔或大头针定位 BP 点，转动原型，使 C 点转动至水平线位 C′（相当于原型上腰省 B′ 点转动到水平位 B 点），这时袖窿取省点 A 转动到 A′ 点，AA′ 即为袖窿省份量。当然，省尖位置应离开 BP 点 2~3cm。用同样的方法可以取得肩省和腋下省。

剪开法是将原省道和需要位置的省道剪开，使原省道重叠，这时需要省道的取省点与转移点之间的量即为新省份量。如图 3-68 所示，将原型上腰省 B—BP 剪开，也将新取省点（肩省）

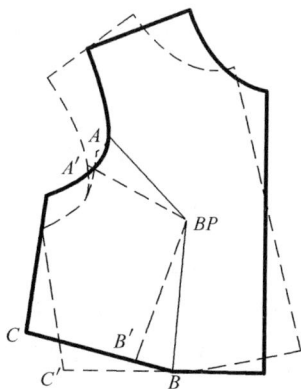

图 3-67　旋转法取省

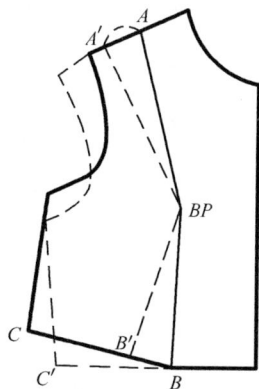

图 3-68　剪开法取省

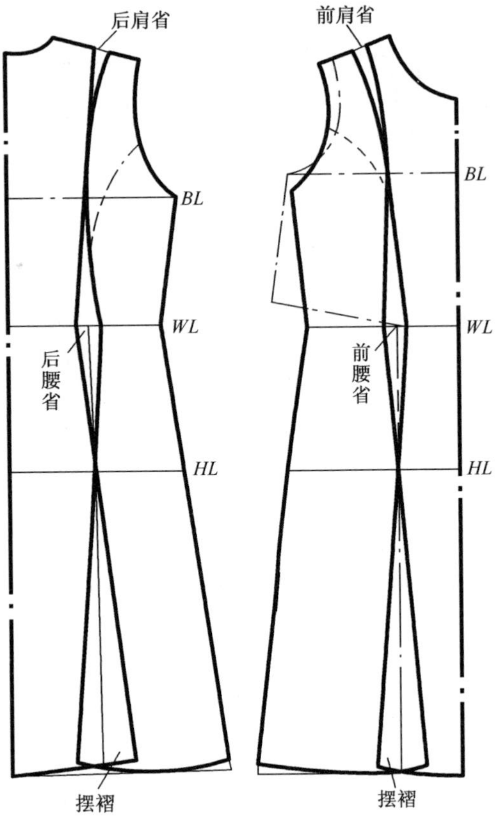

图 3-69　连省成缝形成公主线

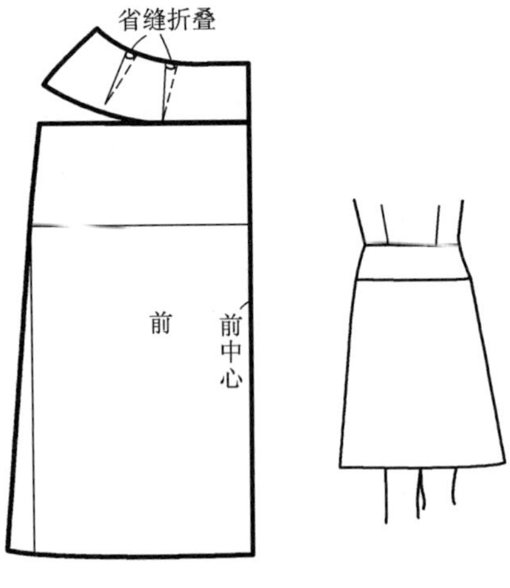

图 3-70　通过育克转化腰省

$A—BP$ 剪开，然后将 B' 点与 B 点重合，这时 A 点移至 A' 点，AA' 即为新肩省取省量，当然，实际省尖应离开 BP 点一定量，约 5cm 左右。

剪开法取省特别适用于款式复杂的服装和多省道服装，使用方便，适用面广，且一步到位。

2. 分割线方法　服装表现曲面的另一种方法是通过分割线，分割线可以是连省成缝，即将应收省部分的面料剪去再缝合（省被隐蔽于接缝部位），如图 3-69 所示连衣裙的肩省、腰省、腹省（臀省）和裙摆褶的放出量全部隐蔽于称作"公主线"的分割线中。省道也可以转移到衣裙的横向分割线中去，如图 3-70 所示，处理臀围与腰围之差的省即通过横向分割线形成的育克成功转化，同样达到合体的目的。

3. 原型展开法　从原型展开成纸样的另一种方法是将原型剪开成若干块，然后按造型要求摆放好并用曲线连接成为纸样图形。

图 3-71 所示为三种袖子纸样的展开方法。

图 3-72 为领子纸样的展开方法。图（a）表示普通小翻领展开原理。如果不经切展而直接将直线领子与衣片缝合，领翻折后领面会因领外口过小而不平整，并且后领缝线也会露出来。若将领面切展开，领面皱纹便消除，同时后领中心点提高，领外口线加长。领后中心点提高尺寸越多，领折线越低，领外口线尺寸越长，领子缝合后也越平坦。图（b）表示立领展开原理。由于人体颈部上细下粗，如果以直线领直接与衣片缝合，领上口与颈部不服帖。若将直线领切展，缩小领上口，即可使之与颈部较好吻合。同时，提高领前中心点，领子形成上弯状。图（c）表示一种波浪领的切展形成原理。

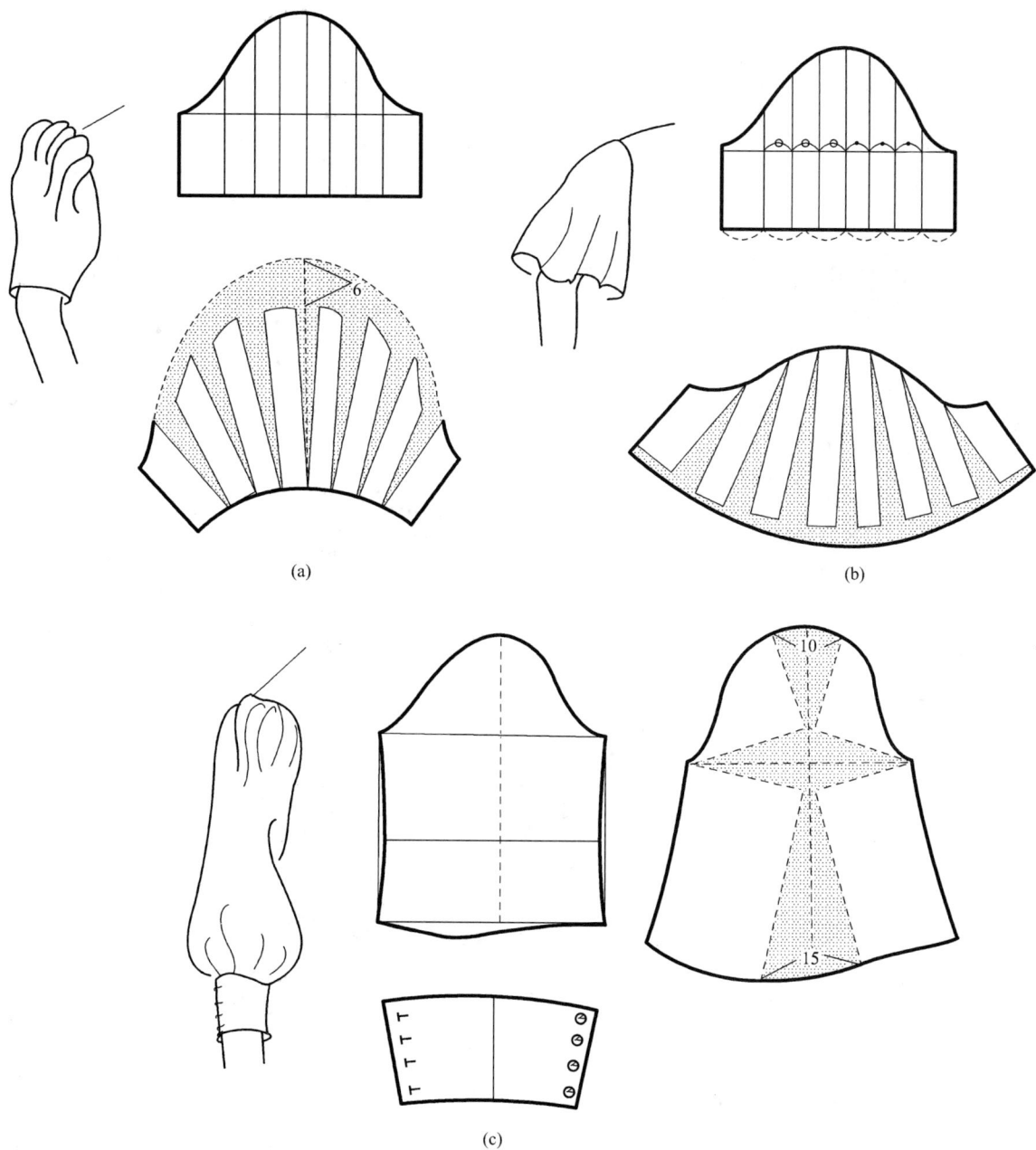

(a)

(b)

(c)

图 3-71　袖原型的展开实例

图 3-73 为裙片纸样的展开方法，图（a）为斜裙切身扩摆方法，图（b）为 180°半圆裙扩摆方法。

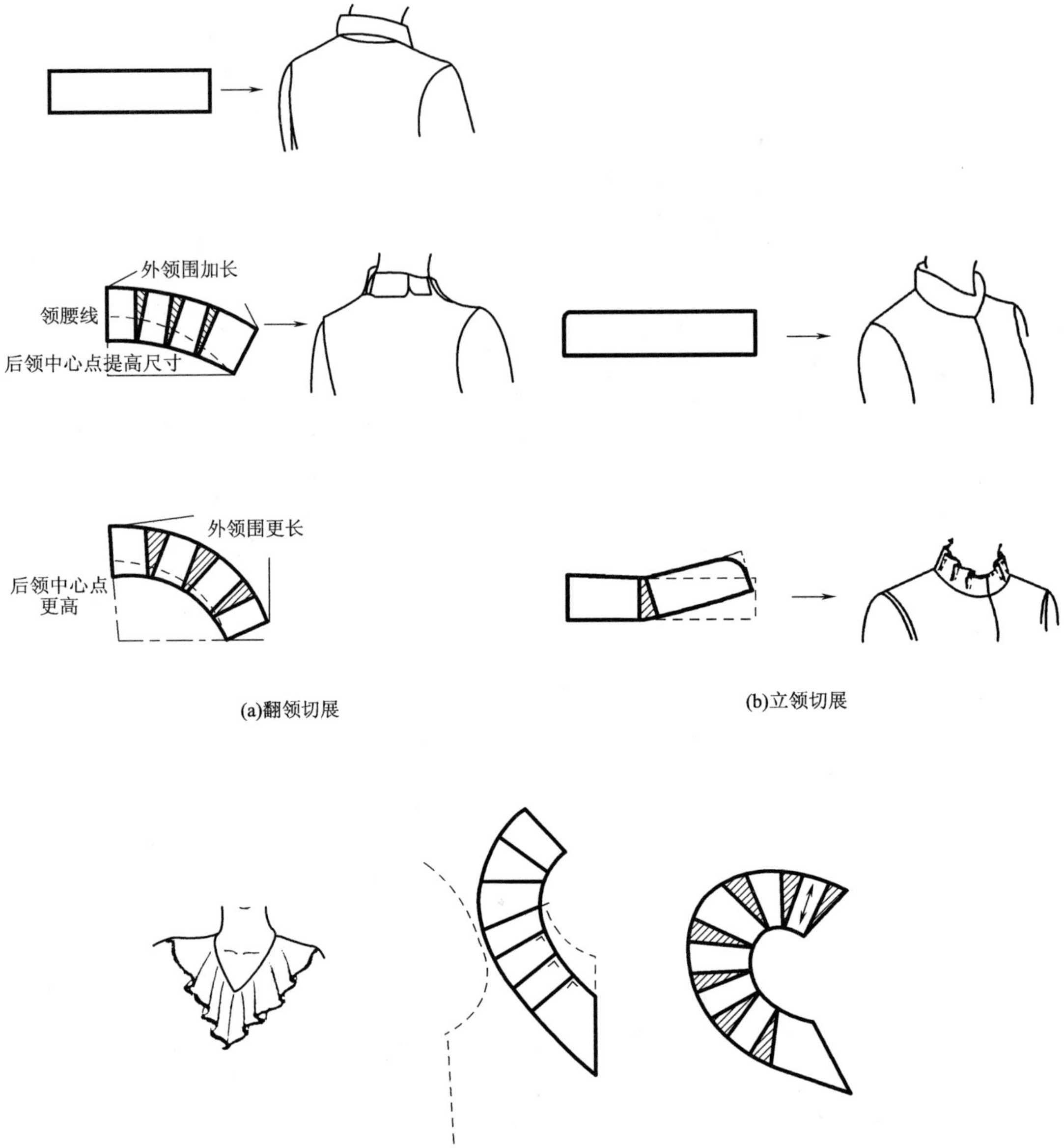

外领围加长

领腰线

后领中心点提高尺寸

外领围更长

后领中心点
更高

(a)翻领切展

(b)立领切展

(c)波浪领切展

图 3-72　领子纸样的展开实例

二、男上装原型

男式衬衣的基本原型如图 3-74 所示。其制图要领与女装原型相同，这里不再详述。

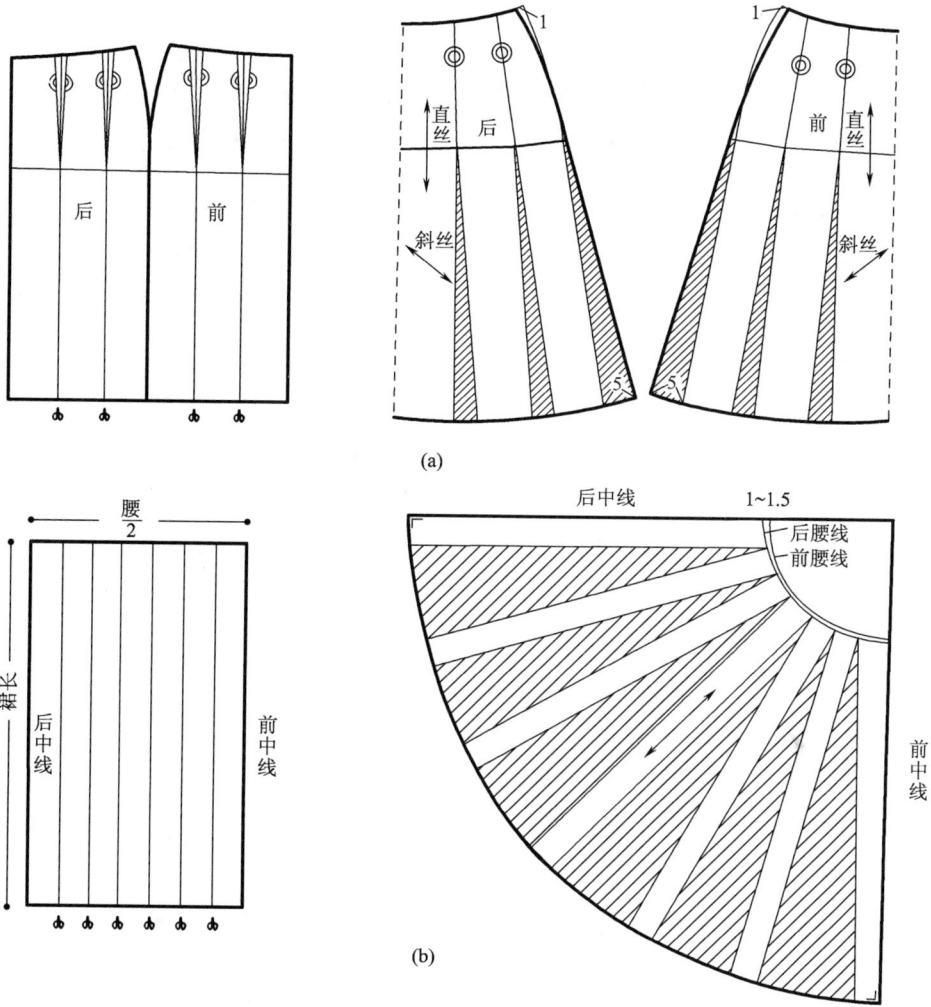

图 3-73　裙片纸样的展开方法

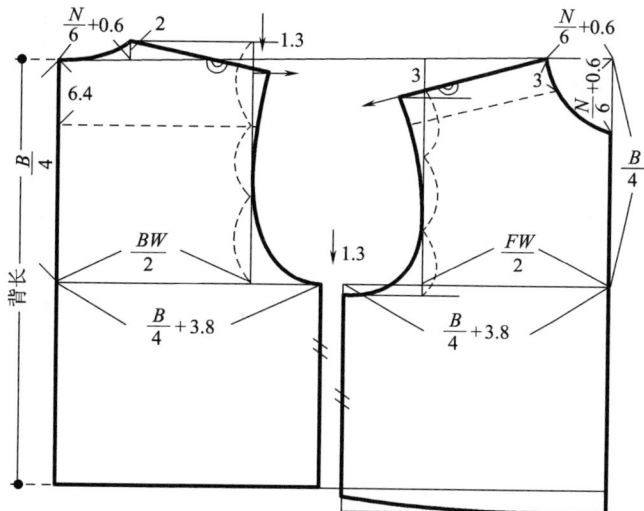

图 3-74　男式衬衣基本原型

第六节 原型构成法设计实例

一、裙装结构设计

裙装变化可以体现在腰节高低、裙摆的宽窄、裙身分割线的不同及褶的类别上，举几例典型款式说明裙装结构设计方法。

（一）一步裙

1. 效果图及款式特点 一步裙效果图如图 3-75 所示，一步裙属贴身裙，要贴体合身才美观，因此制图时要注意合体性和收裙摆。为了步行方便，一般在后中缝下部设置开衩。可选择毛料、化纤料或重磅真丝面料等制作。

2. 规格设计 设身高=160cm，腰围 W=62cm，臀围 H=88cm，臀高为 19cm，裙长=56cm。

3. 绘制裙片原型 如图 3-62 所示。

4. 绘制一步裙结构图 如图 3-76 所示。

5. 制图要点

（1）后开衩宽度为 2~3cm。

（2）后开衩长度：裙衩上部缝合不能少于 36cm。

（3）因缝制工艺要求，衩的上部造型应为 120°~150°（不能为直角），以 120°的造型较好看。

（4）裙摆收量 x：裙长在膝下时，x 为 2.5~4cm，长裙 x 在 4cm 以上。

（5）收腰省：在前、后裙片腰线上各收两个省。每个省量为 $\dfrac{H-W}{12}$。

（6）侧缝线：HL 线上 4~5cm 合缝，合缝以上为弧线，合缝以下为直线并圆顺与收摆线连接。

图 3-75 一步裙效果图

图 3-77 四片喇叭裙效果图

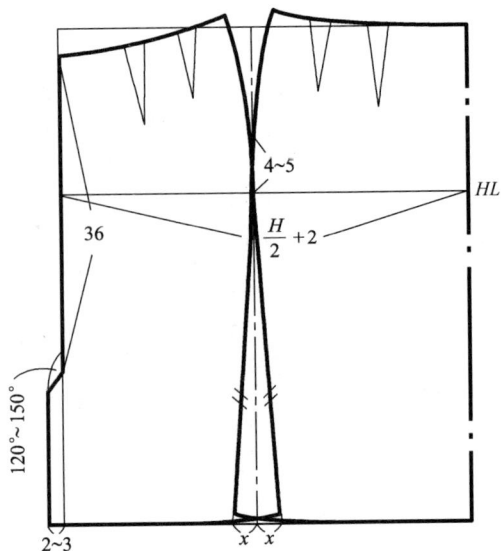
图 3-76 一步裙结构图

（二）四片喇叭裙

1. 效果图及款式特点　效果图如图 3-77 所示。典型的 A 型裙其臀围不增大，臀部有曲线，包臀，裙摆展开呈喇叭状。

2. 规格设计　设裙长 = 76cm，腰围 W = 62cm，臀围 H = 88cm，裙摆 > 臀围。

3. 结构设计

（1）绘制裙片原型：如图 3-78 所示。

（2）绘制四片喇叭裙结构图：如图 3-79 所示。

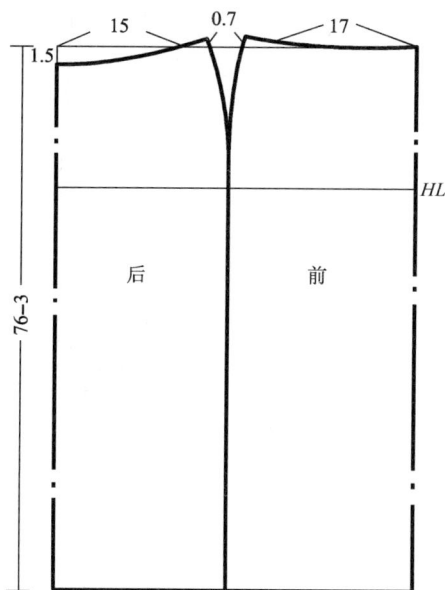

图 3-78　四片喇叭裙原型

图 3-79　四片喇叭裙前片结构图

4. 制图要点

（1）因为臀围不增大，故裙摆的展开在 HL 线以下；前后片上各采用一个省道，将省道延长至 HL 线上，将原来两个省道的余量转移一部分到侧缝中去，但不能使侧缝斜角大于10°。以省通量 $A'CA$ 角的大小来控制裙摆的增量。

（2）展开 HL 线下的裙摆：剪开 CD 线，以 C 点为固定点，将省道 A' 点和 A 点均移至 O 点，则 E 点移至 E' 点，F 点移至 F' 点，B 点移至 B' 点，G 点移至 G' 点，得到前片展开图。同法展开后片裙摆。如果增大臀围，则裙摆量还可以增大，这时可如图 3-80 所示展开裙摆。

（三）插片裙

1. 效果图及款式特点　其效果图如图 3-81 所示。插片裙也属 A 型裙，分析效果图，为八片插片裙，包臀，臀部有曲线，裙摆通过插片而展开。

2. 规格设计　设裙长 = 70cm，腰围 W = 66cm，臀围 H = 90cm。

3. 结构设计

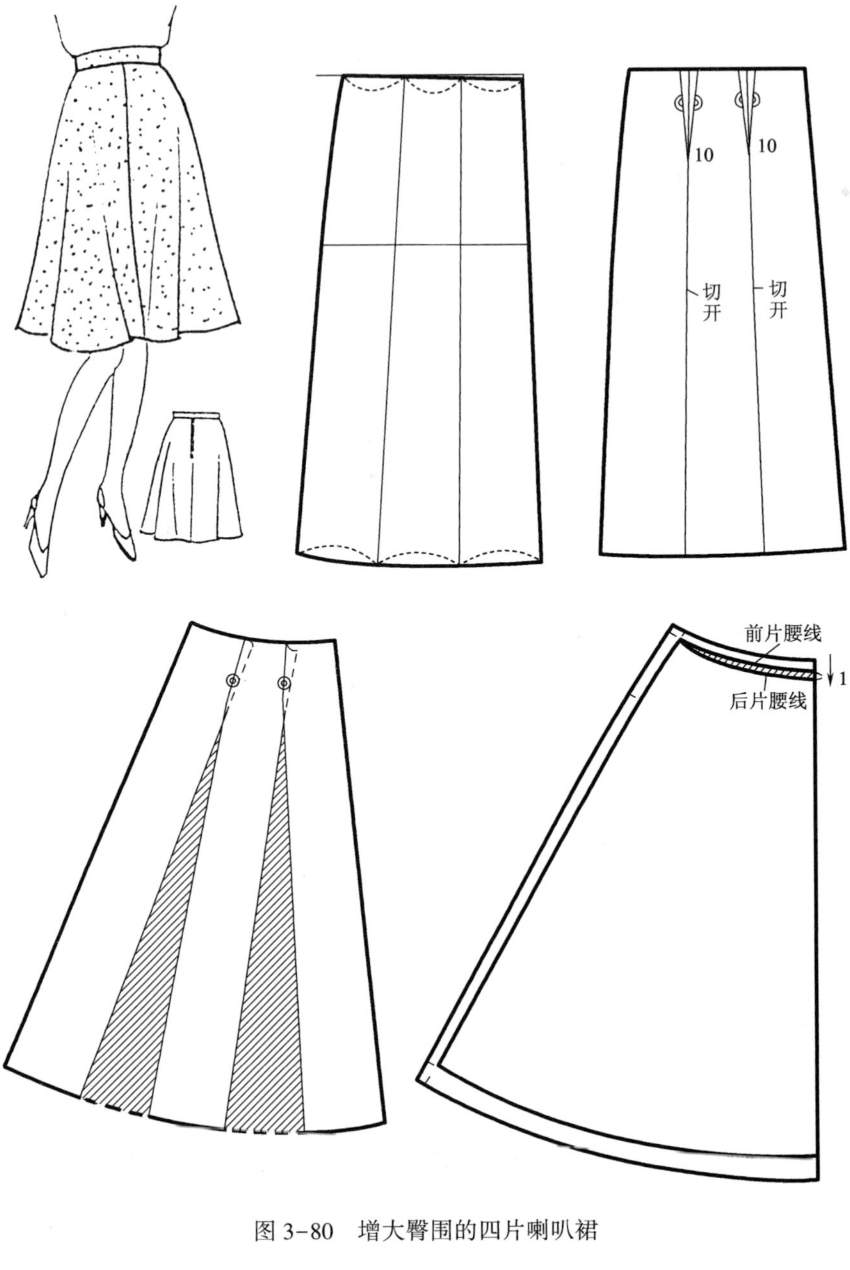

图 3-80　增大臀围的四片喇叭裙

（1）绘制裙片原型，如图 3-82 所示，此裙考虑前后片臀围均分，臀围均为 $\dfrac{H}{4}+1$，考虑在 HL 线下 23cm 处展切，并将前后裙片纵向平分，即整个裙装平均切为八片。

（2）绘制插片裙结构图：如图 3-83 所示。

4. 制图要点　将省道变成分割线，共有八条分割线，每条分割线上收省份（△）$=\dfrac{H-W}{16}$。

这种裁法裙装臀部包覆很好，裙摆自然流畅，但用料较多。如用图 3-84 所示插角裁制法，则省料，同时还可用近似色彩的面料插入，使之更有变化。

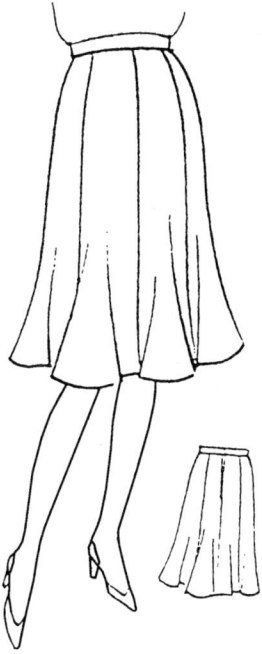

图 3-81　插片裙效果图

图 3-82　插片裙原型

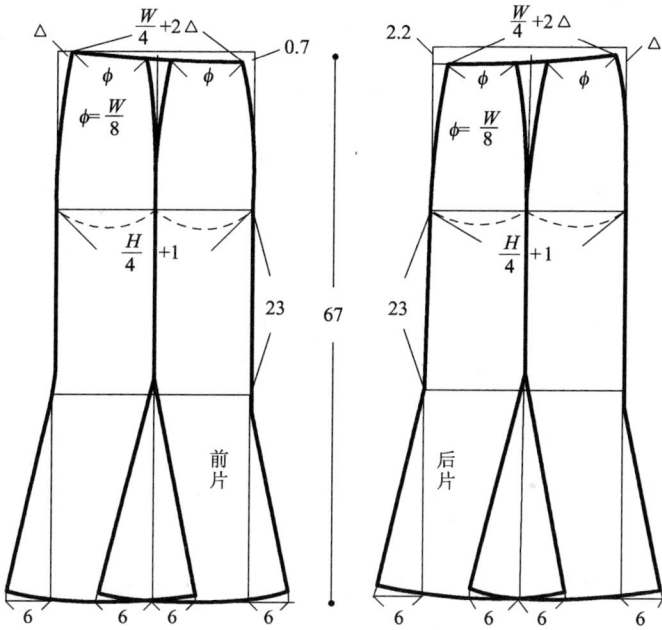

前

后

$\dfrac{H}{4}+1$

$\dfrac{H}{4}+1$

0.7

2.2

23

23

裙长 -3

图 3-83　插片裙结构图

$\dfrac{W}{4}+2\triangle$

ϕ　ϕ

$\phi=\dfrac{W}{8}$

0.7

$\dfrac{H}{4}+1$

23

前片

$\dfrac{W}{4}+2\triangle$

ϕ　ϕ

$\phi=\dfrac{W}{8}$

2.2

$\dfrac{H}{4}+1$

23

后片

67

6　6　6　6

6　6　6　6

图 3-84　插片裙插角

113

二、上装结构设计

以衬衫和外套两个实例简单介绍上装纸样原型设计方法。

（一）短袖衬衣

1. 效果图　如图 3-85 所示。

2. 款式特点　分析效果图，可知其外形为马蹄形领口，连身短袖，单排 6 粒扣直门襟，前衣片由肩领点向下至底摆进行纵向分割，前、后中腰横断缝，前下摆由斜向顺风褶构成，肩部有平口垫肩。可选用单色或竖条纹棉、麻、丝绸面料制作。

3. 规格设计　见表 3-20。

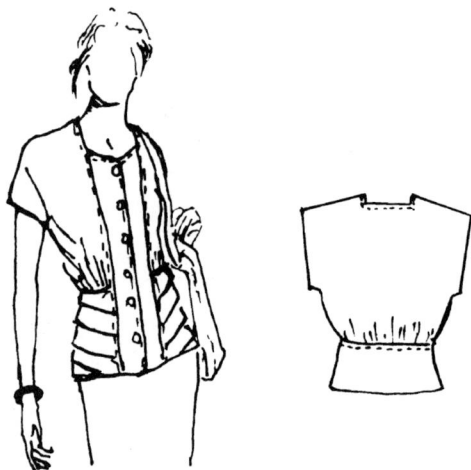

图 3-85　短袖衬衣效果图

表 3-20　短袖衬衣制图规格　　　　　　　　　　　　　　　单位：cm

	号/型	背长	胸围	总肩宽	领围	腰围		追加尺寸			成品规格		
原型							服装	衣长	胸围	前肩	胸围	总肩宽	袖长
	160/82	38	92	39	35	62		21	19	0.5	111	40	16.5

4. 绘制结构图

（1）按成品规格画出衣片原型图，如图 3-86 所示。

（2）在原型基础上绘制结构图，如图 3-87 所示。

5. 制图要点

（1）原型后腰节高于前腰节 1cm 定位，适合半松体和松体服装。由于断腰节服装的上半身需要有足够的活动松量，因此，将前、后腰节各增加 2cm。

（2）先使后袖窿按 3.8∶1 比例开深，此例应为 5cm，再使前袖窿比后袖窿多开深 1.5cm，这种比例关系适用于各种袖型的宽松式、半宽松式、合体式服装。

图 3-86　短袖衬衣衣片原型

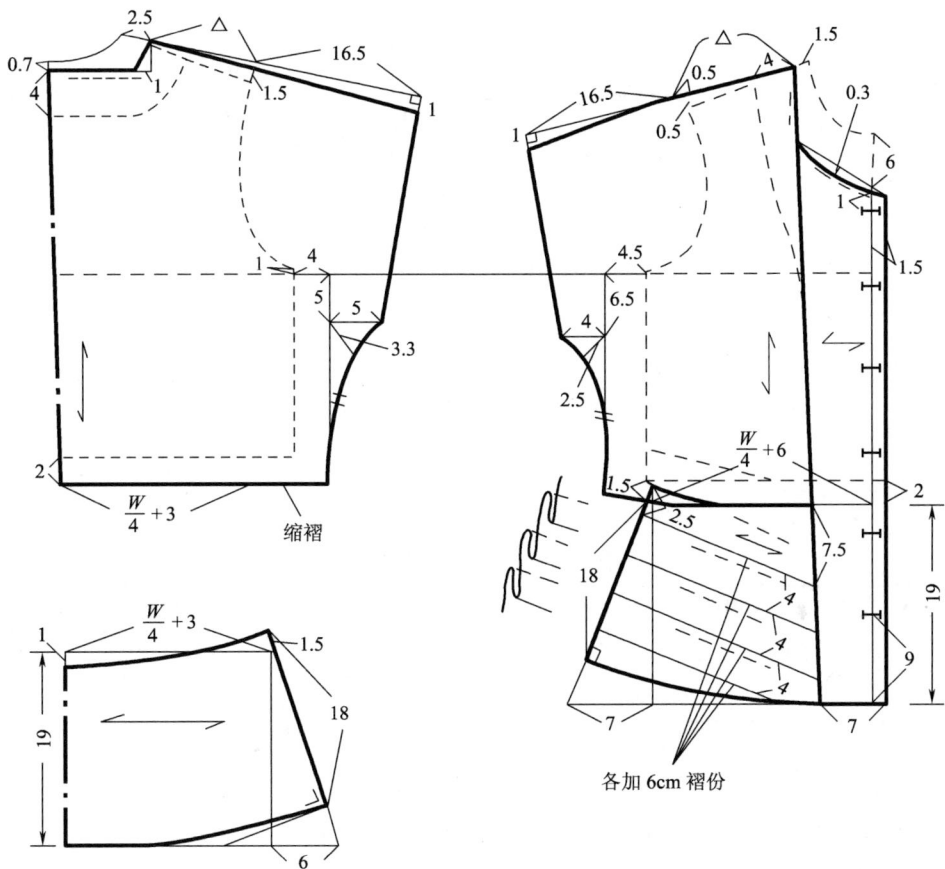

图 3-87　短袖衬衣结构图

（3）后领口比前领口多开宽 1cm，可使无领服装的前领窝处帖服。

（4）下摆起翘量的设计：上部以腰围侧缝点起翘 1.5cm 为宜，下部底摆一周以净臀围加 8cm 左右的松量比较合体。后腰中点降低 1cm 可使正常体型的前后衣摆平衡。前下摆纸样分割线处需加放褶份 6cm。

（二）长袖外衣

1. 效果图 如图 3-88 所示。

2. 款式特点 高驳头西服领，一片圆装袖，单排三粒扣，三角形门襟，前胸、后背处横向分割。整体造型呈合体的 H 型，将胸省变成分割线，装平口垫肩（厚 1.5cm）。可选择薄型纯毛或毛混纺女衣呢、精纺呢绒等面料制作。

图 3-88　长袖外衣效果图

3. 规格设计 见表 3-21。

表 3-21　长袖外衣制图规格　　　　　　单位：cm

原型	号/型	背长	胸围	总肩宽	颈围	服装	追加尺寸			成品规格		
							衣长	胸围	前肩	胸围	总肩宽	袖长
	160/82	38	92	39	35		27	9	0.5	101	40	57.5

4. 绘制结构图

（1）按所给尺寸绘出衣片原型图，如图 3-89 中虚线所示。

（2）在原型基础上绘制结构图，如图 3-89 中粗实线所示。

5. 制图要点

①后腰节高于前腰节 1cm 定位。

②后袖窿开深2cm（按4∶1比例），前袖窿比后袖窿多开深1.5cm，这是合体式服装袖窿开深量的比例关系。

③侧缝差数作胸省量，将侧缝省融入横向分割缝中，使前、后侧缝长度相等。

④注意高驳领与斜角门襟的结构造型。

⑤利用袖原型绘制袖子，袖山深在原型基础上增加4.5cm。

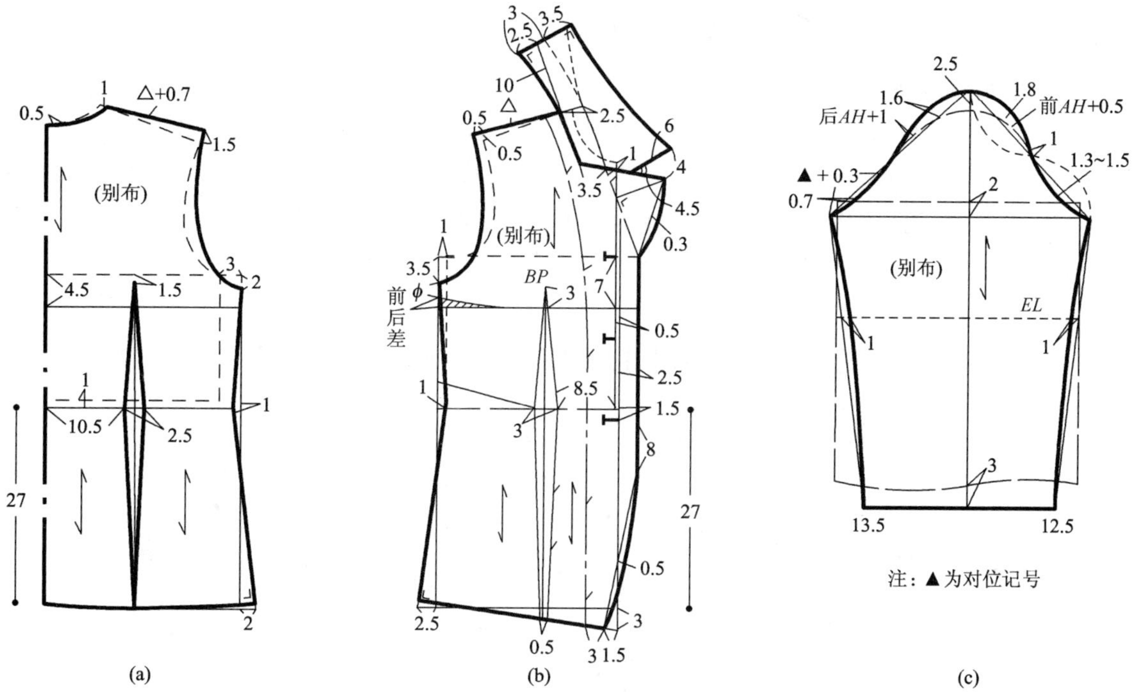

图3-89　长袖外衣结构图

第七节　针织服装结构设计的基型法

基型法也称比例基型法，是以服装成品规格为基数，所有结构数据均随成品尺寸不同而不同，省道也可以根据需要取舍，它将比例法与原型法相结合，按照我国服装行业的传统惯例进行服装制图。

一、基型法制图特点

（1）基型裁剪法可以在面料上边制图边裁剪，一步到位，但对于款式多变的时装，却不能得心应手，因为设计每一种款式都需先设计一套公式，否则无法打板。

（2）简便易学。不必预先准备基型，只要将款式的成品规格代入基型各计算公式，就得到了需要的纸样结构框架。

（3）衣身基型不代表具体款式，它只表达服装的结构框架。在具体使用中，以衣身基型为依据，直接加出衣长、放出门襟、变化领口等部位而成为款式的基本纸样，最后根据款式特征，运用省道转移、分割、切展等技法，设计出符合造型效果的服装纸样。

（4）基型各部位结构和计算公式科学合理，可使款式的衣片缝合方便，造型准确，尤其能使领与领口，袖与袖窿，前、后肩缝，侧缝等关键部位的结构线吻合良好。

二、基型法上装制图依据和制图方法

（一）制图依据

上装基型是以背长、胸围、总肩宽、颈围、全臂长为制图依据，以背长和颈围的净体尺寸、胸围和总肩宽的成品尺寸为参数，采用比例数加减调节数作为各有关部位计算公式的一种服装结构制图方法。上装号型的分档数值按国标5·4、5·2系列制定。

（二）制图方法

1. 女上装制图方法

（1）衣身制图方法：女上装衣身制图步骤如图3-90所示。制图条件见表3-22。

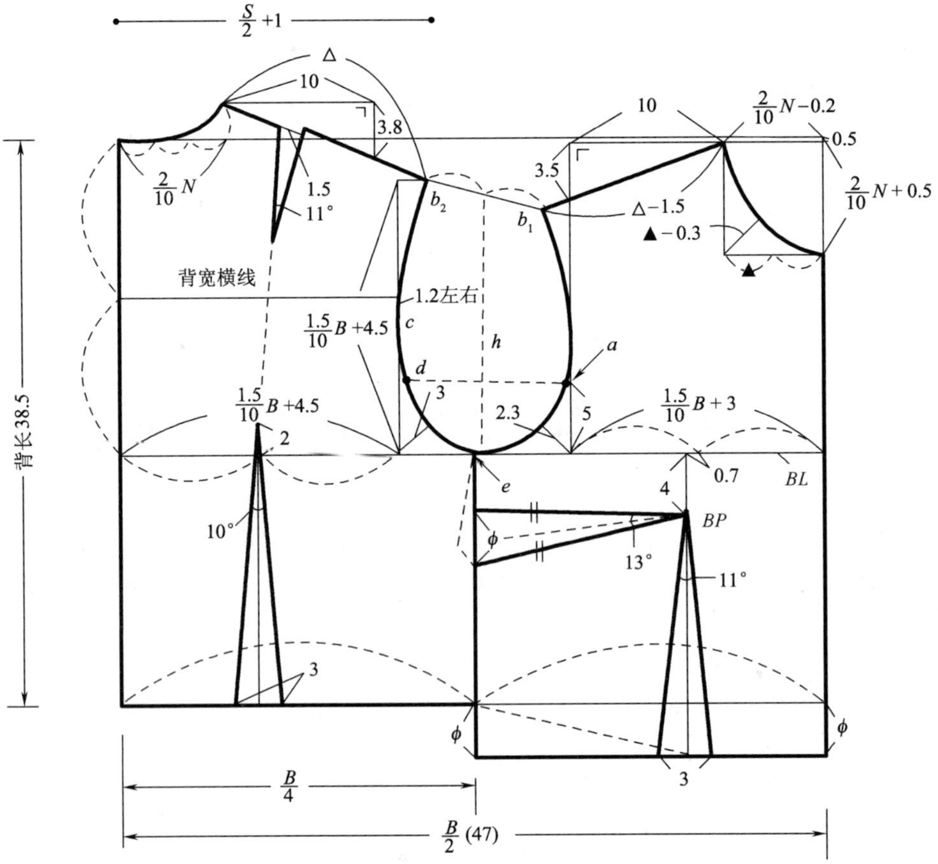

图3-90 女上装基型

表 3-22　制图规格

单位：cm

号/型	胸围（B）	领围（N）	背　长	总肩宽（S）	全臂长
160/84A	94	36	38.5	39.4	52

制图步骤如下：

①以背长和 $\frac{B}{2}$ 分别作纵、横线画长方形。以 $\frac{B}{4}$ 作前后侧缝线。

②作后领口、后肩线、袖窿深线（亦称胸围线，用 BL 表示）、背宽线。

③作前领口、前肩线、胸宽线。

④作袖窿曲线。设 a 点为前袖对位点，由胸宽线与袖窿深线的交点向上量取 5cm（定数，不受服装"型"的限制）处确定。设 d 点为后袖对位点。前袖窿凹势 2.3cm（小号 2cm，大号 2.5~2.8cm），后袖窿凹势 3cm（小号 2.7cm，大号 3.2~3.5cm）。

将以上各点与前、后肩点 b_1、b_2 连接构成整个袖窿曲线，总弧长用 AH 表示。以侧缝顶点（亦称袖窿深点）e 点为界构成前、后袖窿曲线，其弧长用前 AH 和后 AH 表示。

⑤按图示比例和定数，确定胸凸量（ϕ）（前、后侧缝差，简称前后差）、胸高点（BP 点）、前腰线。

⑥作腋下省，省量为前、后侧缝长差，省角度为 13°左右。作前、后腰省，省大为 3cm，后片腰省长于前片腰省，省角度分别为 11°和 10°左右。作肩背省，省大 1.5cm。

（2）一片袖制图：制图前需测量全臂长（手臂微曲）尺寸，作为基本袖长，前、后袖窿弧长由衣身原型测得，再测量前、后袖窿深均值，简称"窿深均值"，用"h"表示。

制图条件见表 3-23。

表 3-23　一片袖制图条件

单位：cm

号/型	前、后袖窿弧长（前、后 AH）	基本袖长（SL）	窿深均值（h）
160/84A	20.5，21.5	52	17.6

制图步骤如图 3-91 所示。

①袖山深：过 O_1 点作水平线和垂直线，从 O_1 向上量取 $\frac{8}{10}h$ 确定袖顶点 O，OO_1 为袖山深。也可根据 $\frac{AH}{3}$ 确定袖山深值。

②袖长：从袖顶点 O 向下量取袖长，画出下平线。

③袖肘线：从袖顶点 O 向下量取 $\frac{SL}{2}+3cm$，为袖肘线。

④袖山斜线：以袖顶点 O 为圆心，前 AH 和后 AH+1cm 为半径，与袖山深线相交，得袖山斜线。

⑤袖根肥：前、后袖山斜线与袖山深线的交点之间的距离为全袖根肥。

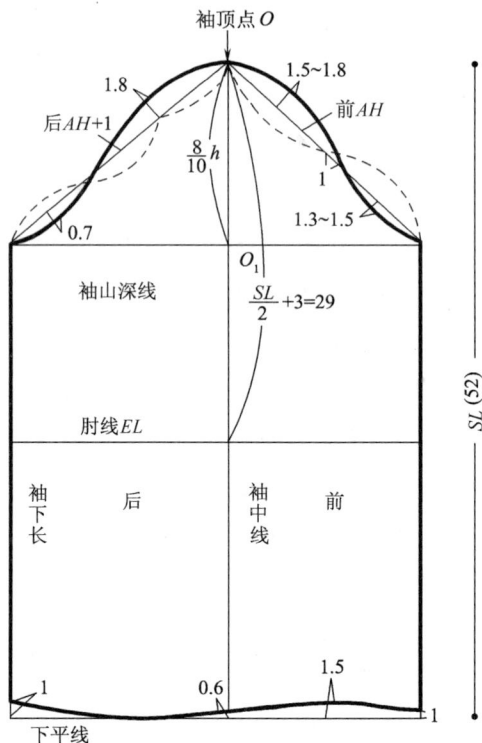

图 3-91　一片袖基型

⑥袖口线、袖缝线按图示绘制。

⑦袖山曲线：按袖山斜线的等分比例和定数确定袖山曲线的凹凸点，并画顺袖山曲线。

⑧袖口曲线：按图示比例和定数完成前凹后凸的袖口曲线。

（3）两片袖基型制图：两片袖制图条件见表 3-24。

表 3-24　两片袖制图条件　　　　　　　　　　　　　单位：cm

号/型	原型袖窿弧总长（AH）	基本袖长（SL）	袖口宽	窿深均值（h）
160/84A	42	52	11.5	17.6

两片袖制图步骤如图 3-92 所示。

①袖山深：过 a_1 点作水平线和垂直线，从交点 a_1 点向上量取 $\frac{8.5}{10}h$ 为袖山深值，并划出上平线。

②袖长：从上平线向下量取袖长，并画出下平线。

③袖肘线：从上平线按 $\frac{SL}{2}+3$cm 向下量取。

④袖山斜线：以 a_1 点为圆心，$\frac{AH}{2}+0.8$cm 为半径画弧，与上平线相交于 a_2 点，并按图示

120

作袖山矩形。

⑤袖根肥：a_1a_3 为袖根肥，是由袖山斜线尺寸确定的。

⑥前袖山 a 点（袖标点）：$a_1a = 5$cm（定数），前袖山 a 点与前袖窿 a 点吻合。

⑦袖山顶点 b_1（b_2）是装袖时对准肩缝 b_1（b_2）的参考点，该点可因袖山吃势大小做前后微量移动。

⑧后袖山 c 点：装袖时对准后袖窿 c 点。

⑨前袖缝：在袖山深线、袖肘线、下平线与袖肥直线交点处分别偏出 3cm、2.5cm、3.5cm，画顺前袖缝，标出前偏袖点。

⑩袖口宽：由袖肥直线和下平线的交点处提高1cm，后袖缝处降低 1cm，然后按袖口尺寸画顺袖口宽。

⑪后袖缝：在袖肘线上 f 点收进 1.5cm 左右，然后将 a_3 点、后肘点、后袖口点连接画顺后袖缝。

⑫袖山曲线：按图示尺寸画圆顺袖山弧线。将袖标点 a 与偏袖点 g（袖山深线升高 0.7cm）连接，中间凹 0.4cm 左右（与袖窿凹势一致）画弧线。

⑬小袖前袖缝：与大袖前袖缝相距 6cm 画平行曲线。

⑭小袖后袖缝：由大袖 c 点收进 1cm，a_3 点收进 0.8cm，按图画顺小袖后袖缝。

⑮小袖底弧线，按图示尺寸画顺光滑曲线。

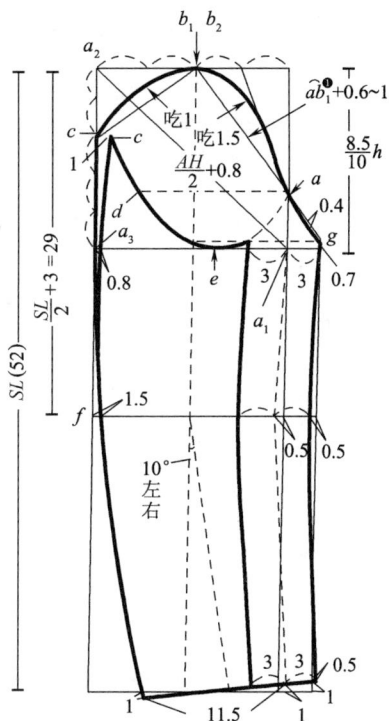

图 3-92　两片袖基型

2. 男上装四开身基型制图方法　男上装四开身基型制图条件见表 3-25。

表 3-25　男上装四开身制图条件　　　　单位：cm

号/型	胸围（B）	领围	背长	总肩宽（S）	全臂长
160/84A	94	36	38.5	39.4	52

制图步骤如图 3-93 所示，图中 B^* 为净胸围。

3. 男上装三开身基型制图方法　男上装三开身基型制图条件见表 3-26。

表 3-26　男上装三开身制图条件　　　　单位：cm

号/型	背长	胸围（B）	总肩宽（S）	袖长（SL）	袖口宽
165/84A	39.5	100	42	56	13

制图步骤如图 3-94 所示，图中 B^* 为净胸围。

---

❶ $\overset{\frown}{ab_1}$ 前片衣身上袖窿对位点。

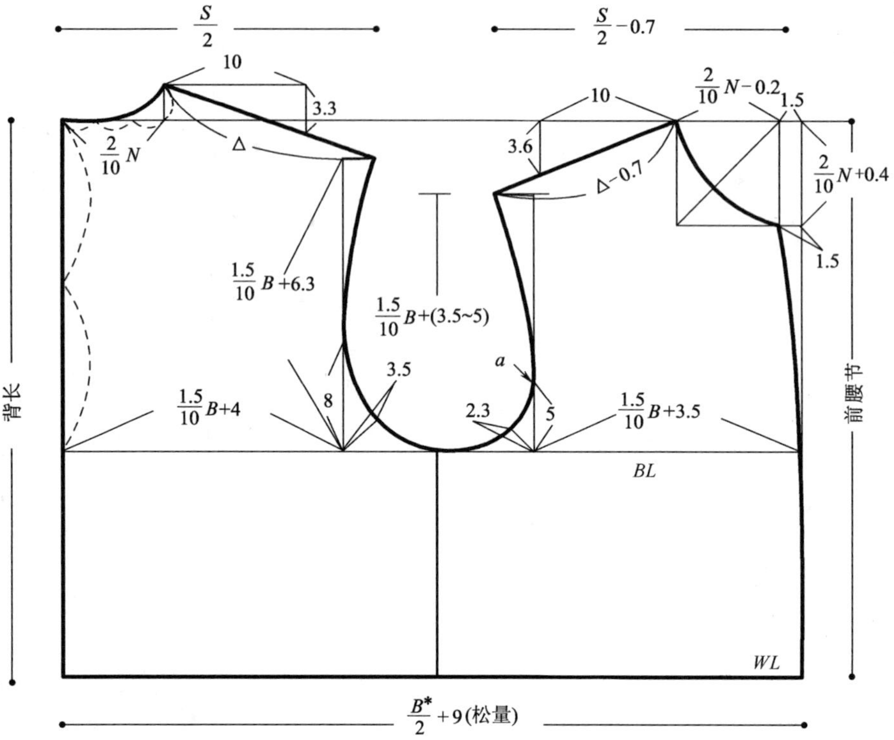

图 3-93　男上装四开身基型制图方法

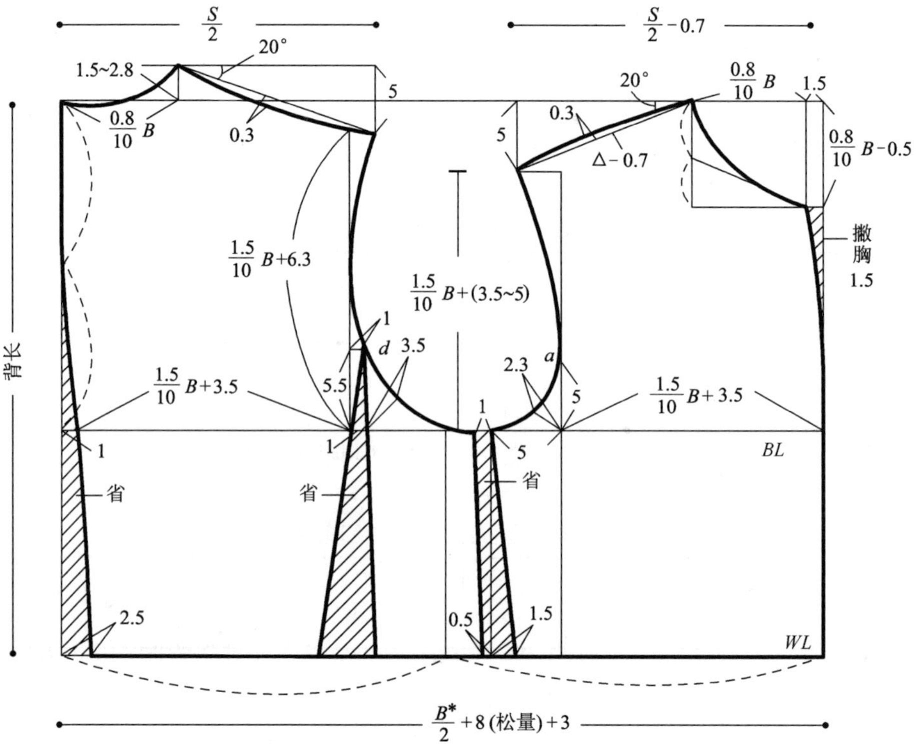

图 3-94　男上装三开身基型制图方法

三、基型法上装规格设计

（一）控制部位规格设计（单位：cm）

（1）衣长 = $\begin{cases} 0.4 \\ 0.5 \\ 0.6\ \text{以上} \end{cases}$ 身高 $G+x$

分别为短上衣、中长上衣和膝以下长大衣、连衣裙、长风衣尺寸，长短根据款式的不同用系数 x 来调节。

（2）胸围（B）= 净胸围（B^*）+ $\begin{cases} 0\sim10 \\ 10\sim15 \\ 15\sim20 \\ 20\sim \end{cases}$

（3）肩宽（S）= $\frac{3}{10}B$ +（10~18）cm（自然肩宽为 $\frac{3}{10}B$+10~12cm）。

（4）领围（N）= $\frac{2.5}{10}B$ +（12~15）cm。关门领往 12cm 靠，开门领往 15cm 靠。

（5）前腰节长 FCL = 0.25G+x（自然后腰节 x=0.5cm）。

（二）细部规格设计

下面以合体服装或半松体服装的前 4 个部位的计算公式为例，说明常见的结构变化因素及细部规格设计方法。

1. 不同体型四开身基型的胸宽、背宽、袖窿宽公式（表3-27）

部位比例数 $\left(\frac{1.5}{10}\right)B$ 中的 B 值不应该是任意大小，应将其控制在净胸围加 6~22cm（松量）的范围内。

表3-27　四开身基型胸宽、背宽、袖窿宽公式　　　单位：cm

部位	正常体		扁平体		圆胖体	
	女	男	女	男	女	男
胸宽	$\frac{1.5}{10}B$+3	$\frac{1.5}{10}B$+3.5	$\frac{1.5}{10}B$+（3.3~3.5）	$\frac{1.5}{10}B$+4	$\frac{1.5}{10}B$+（2~2.5）	$\frac{1.5}{10}B$+3
背宽	$\frac{1.5}{10}B$+4.5	$\frac{1.5}{10}B$+4	$\frac{1.5}{10}B$+（4.8~5）	$\frac{1.5}{10}B$+5	$\frac{1.5}{10}B$+（3.5~4）	$\frac{1.5}{10}B$+4
袖窿宽	$\frac{2}{10}B$-7.5	$\frac{2}{10}B$-7.5	$\frac{2}{10}B$-（8.1~8.5）	$\frac{2}{10}B$-9	$\frac{2}{10}B$-（5.5~6.5）	$\frac{2}{10}B$-7

2. 袖窿深公式　设前、后袖窿深=$\frac{1.5}{10}B$+Z，Z 值是调节数，其大小随季节不同、内套衣服厚度、服装贴体程度的不同而变化。一般来说，内套衣服越厚，款式越宽松，袖窿深值越大。例如：前袖窿深=$\frac{1.5}{10}B$+Z，Z=2.5cm 左右，适应紧体、半紧体服装；Z=3.5cm 左右，

适应合体服装；$Z = 4.5cm$ 左右，适应半松体服装；$Z = 5.5cm$ 以上，适应松体服装。

为了使衣片肩缝居于肩膀中间，前后落肩尺寸需基本相同（肩斜度），同时后袖窿深大于前袖窿深。随着胸、背部曲线长度的差数不同，前、后袖窿的差数亦有区别，通常女正常体的前、后袖窿深差数为 $1.5\sim2cm$，男正常体的前、后袖窿深差数为 $3\sim3.5cm$。

四、裤装基型法制图依据和规格设计

裤装品种繁多，各种不同用途的裤子如工作裤、运动裤、西裤、睡裤等应根据用途的不同选择不同的结构与造型，使其合体、舒适、美观。从造型设计方面看，基型以直筒裤为基本纸样，在此基础上变化长短、松紧；从结构设计方面看，变化主要体现在口袋、腰头、分割线和装饰手法等方面。

（一）制图依据

裤装制图依据是总裤长、上裆、下裆、腰围、臀围和裤口尺寸，有的还要测量腿根围，各部位尺寸测量方法如图 3-95 所示。

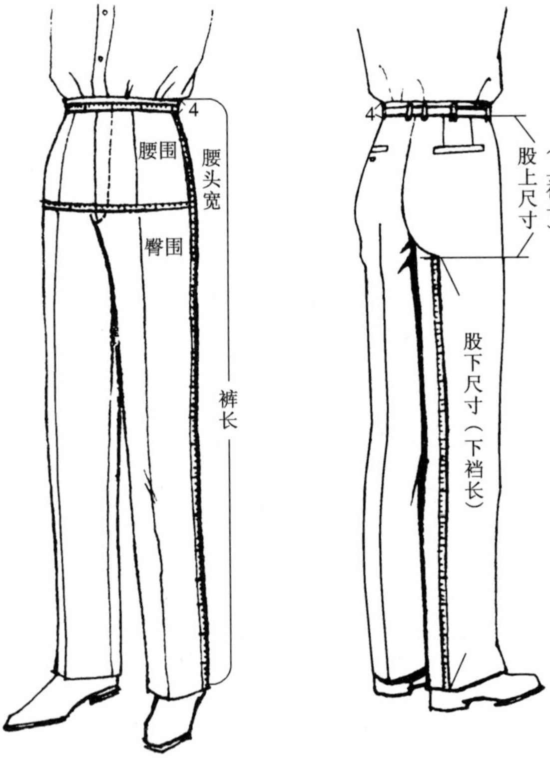

图 3-95　裤装控制部位尺寸测量方法

1. 总裤长（包括腰头）　由腰侧部最细处升上 4cm（腰头宽）处起量至脚踝骨处，亦可根据鞋跟高度及个人喜爱等因素而适当增减。

2. 上裆　由后腰部最细处量至臀部横褶处或坐在硬板凳上，将所测尺寸加上 1cm。也可

用公式计算。

3. 下档 由臀部横褶处量至脚踝骨处，或由总裤长尺寸减去上档尺寸和腰头尺寸。

4. 腰围 由腰胯骨升上 $2\sim3$ cm 的最细处，在腰带处不松不紧地测量，不必加放尺寸即可。夏天穿的裤子应贴皮肤测量。

5. 臀围 臀部丰满处测量的尺寸加上适当的松量。普通西裤一般加放 $8\sim15$ cm，依据季节和裤子造型特征而酌情加放松量。

6. 裤口（裤口围的 $\frac{1}{2}$） 普通西裤一般是依据裤子长短、喜好和性别而定数。男裤一般为 $23\sim25$ cm，女裤一般为 $21\sim23$ cm，特殊造型可适当增减。

（二）基型法规格设计

以直筒裤为例，前片两褶，后片两省进行说明。

1. 控制部位规格

（1）总裤长（TL）：可如图 3-95 所示测得，也可根据身高用公式计算得到。

公式计算方法：$TL = 0.6G + x$（式中 G 为身高，x 为系数，x 数值与鞋跟高度有关，一般 $x = 0\sim2$ cm，跟高时还可加大）。

（2）腰围（W）：$W =$ 净腰围 $W^* + （0\sim2）$ cm

（3）臀围（H）：臀围 $H =$ 净臀围 $H^* + \begin{cases} 0\sim4\text{cm} \\ 4\sim10\text{cm} \\ 10\sim20\text{cm} \end{cases}$

当松量取 $0\sim4$ cm 时，要求面料弹性很好，如针织面料，加氨纶的机织面料等；当松量取 $4\sim10$ cm 时为贴体裤；松量取 $10\sim20$ cm 时为宽松裤。标准基型的松量取值为 10cm。

（4）上（立）档（BR）：$BR = \dfrac{H}{4} + （3\sim4）$ cm（包括腰头宽）

$$BR = \dfrac{H}{4} + （0\sim0.7）\text{ cm（不包括腰头）}$$

一般来说标准西裤（BR）$= 27\sim29$ cm；宽松裤 $BR = 30$ cm 左右；贴体裤 $BR = 25\sim27$ cm。

（5）脚口（SB）（双折平量）：$SB = 0.2H + Y$，系数 Y 根据款型和个人爱好而不同。

一般直筒裤 $SB = 20\sim23$ cm；宽松裤（小裤脚）$SB = 16\sim18$ cm；贴体裤（踏脚裤）$SB = 14$ cm（面料要有弹性，否则要开拉练）。

2. 细部规格 如图 3-97 所示。

$$FH = \dfrac{H}{4} - 1$$

$$BH = \dfrac{H}{4} + 1$$

$$FW = \dfrac{W}{4} - 1 + 褶量$$

$$BW = \frac{W}{4} + 1 + 省$$

$$FSB = SB - 2$$

$$BSB = SB + 2$$

$$FBR = BR - (3 \sim 4)（3 \sim 4cm\ 为腰宽）$$

$$BBR = FBR + 1$$

$$前小裆 = \frac{0.45}{10}H$$

$$后大裆 = \frac{1.15}{10}H$$

$$或者设总裆宽 = \frac{1.6}{10}H（人体臀部厚度）$$

$$则 \qquad 前小裆 = \frac{1}{4}总裆宽$$

$$后大裆 = \frac{3}{4}总裆宽$$

五、裤装制图方法

（一）普通女西裤制图方法

1. 制图条件 见表 3-28。

表 3-28　女西裤制图条件　　　　　　　　　　　　单位：cm

号/型	裤长	上裆	腰围（W）	臀围（H）	脚口（SB）	腰头宽
160/66	100	30	68	106	21	3.5

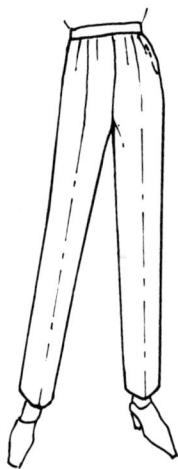

图 3-96　女普通西裤效果图

2. 效果图 如图 3-96 所示。

此款式特点为装腰头、直插袋、前身 4 个腰褶裥和后身 4 个腰省按对称形式分布，右侧开口装里襟，也可以前开口，开口处装拉链或暗门襟钉扣均可，左腰头钉拉襻，作伸缩用。裤线顺直，造型略呈锥形，臀围处松量较大，为 16～17cm，整体美观，穿着舒适，此款型老少皆宜，可选各种面料制作。

3. 前裤片制图步骤 如图 3-97 所示。

（1）作各围度定位线：画折边线①，脚口折边约为 3.5cm 宽，作脚口线 SBL；画腰围线 WL，脚口线至腰围线距离=总裤长-腰头宽；画前横裆线 FBRL，前横裆线至腰围线距离=上裆深 $\frac{H}{4}$；画臀围线 HL，臀围线至横裆线距离=$\frac{1}{3}$上裆深；作中

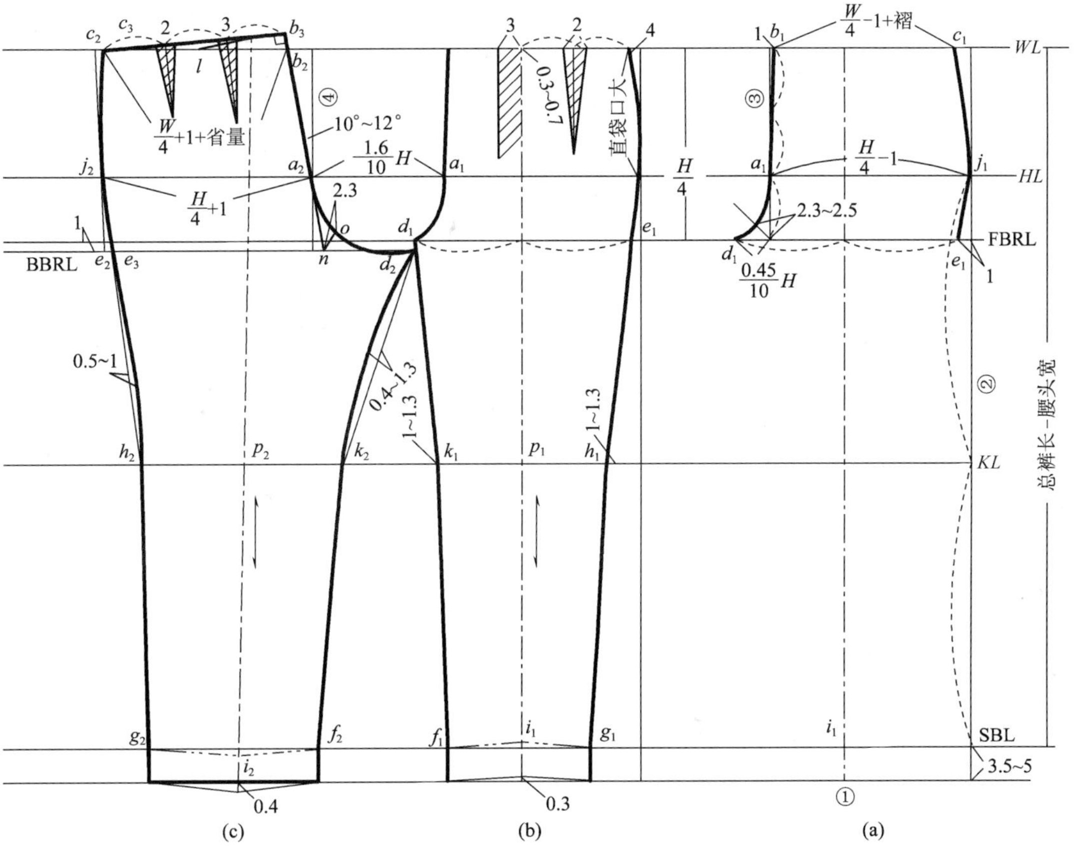

图 3-97　女西裤结构图

裆线 KL，中裆线至臀围线距离 $=\dfrac{\text{脚口线至臀围线距离}}{2}$。

（2）作竖线②，竖线②离布边 $1\sim2$cm，与 HL 交于 j_1 点，在 HL 线上取 $j_1a_1=\dfrac{H}{4}-1$。过 a_1 作 HL 的垂直线③，在 WL 上右移 1cm，得 b_1 点。

（3）前腰围宽 $=\dfrac{W}{4}-1+$ 褶（省），其中褶量为 3cm，省量为 2cm。

（4）在 FBRL 线上以线③为起点画出小裆，小裆宽 $=\dfrac{0.45}{10}H$，得 d_1 点。

圆顺连接 b_1 点、a_1 点、d_1 点得到前裆弧线。

（5）从前横裆线 FBRL 与②线交点进 1cm 得 e_1 点，连接 c_1 点、j_1 点、e_1 点得到前裤片上部侧缝线，连线应顺滑。

（6）过 d_1e_1 的中点作垂直线，交脚口线于 i_1 点，此线即为前挺线。

以上制图如图 3-97（a）所示。

（7）如图 3-97（b）所示作前裤片褶。挺缝线上褶量取 3cm，位置偏离挺缝线

$0.3 \sim 0.7cm$，图实取 $0.5cm$，省量为 $2cm$。两褶量的大小视穿着者的体型而定。

（8）i_1 点为脚口中点，以前脚口宽 $FSB = 脚口 - 2$ 取 f_1 点、g_1 点。前脚口线可以是直线，也可以为中心处上弧 $0.3cm$（脚背高度）的弧线。

（9）连接 d_1f_1 和 e_1g_1，在中裆线上退进 $1 \sim 1.3cm$ 得 k_1 点、h_1 点，圆顺连接 d_1 点、k_1 点、f_1 点和 e_1 点、h_1 点、g_1 点，得到前片下部外轮廓线。

4. 后裤片制图步骤　如图 3-97（c）所示。

（1）在前裤片横裆线 FBRL 向下 $1cm$ 作后横裆线 BBRL。

（2）在 HL 线上作 a_2 点，$a_1a_2 = \dfrac{1.6}{10}H$；经过 a_2 点作后横裆线的垂直线④；作后裆斜线 a_2b_2，a_2b_2 与线④成 $10 \sim 12°$ 的角，交于 WL 上，交点为 b_2 点。

（3）以后臀围宽 $= \dfrac{H}{4} + 1$ 得 j_2 点，并过 j_2 点作 HL 线的垂直线，与 BBRL 线相交于 e_2 点，与 WL 线相交于 c_2 点。

（4）过 b_2c_2 线的中点 l 作 a_2b_2 的垂直线得 b_3 点（b_2b_3 为后裆起翘，约 $2cm$），或过 c_2 点作 b_2a_2 线的垂直线得 b_3 点亦可，但这时后腰起翘量较大，容易起皱。圆顺连接点 c_2 点、b_2 点即为后腰线。

（5）在 WL 线上找 c_3 点：$b_3c_3 = \dfrac{W}{4} + 1 + 省量$。

（6）过 e_2d_2 的中点作后挺缝线。

（7）以后脚口大 $= SB + 2$ 作后脚口线得 f_2 点、g_2 点，后脚口线可以是线，也可以为向下凸出 $0.4cm$ 的弧线。

（8）作后大裆弧线：b_2a_2 的延长线与 BBRL 线相交于 n 点，作 $\angle a_2nd_2$ 的平分线 no，使 $no = 2.3$，此为后大裆凹势，圆顺连接 a_2 点、o 点、d_2 点得后大裆线。

（9）确定中裆线上 h_2 点、k_2 点：$p_2h_2 = p_2k_2 = p_1h_1 + 2 = p_1k_1 + 2$。

（10）作后下裆线：后下裆弧线凹势为 $0.4 \sim 1.3cm$（凹势越大，裤子越紧身贴体，胖体者凹势宜小），圆顺连接 d_2 点、k_2 点，直线连接 k_2 点、f_2 点。

（11）作后侧缝线：e_2 点进 $1cm$ 得 e_3 点，圆顺连接 c_3 点、j_2 点、e_3 点、h_2 点，e_3h_2 为弧线，凹进 $0.5 \sim 1cm$。直线连接 h_2 点、g_2 点。

（12）作后省：三等分 c_3b_3 线，两省位于等分点上；后裆省长 $10 \sim 11.5cm$，省量 $3cm$；另一省长 $8 \sim 10cm$，省量 $2cm$ 左右。当 $\dfrac{H-W}{4}$ 的差数较小时，也可以只取一个省，这时省位于中心处。

（13）对相关合缝线进行校对，并修正。

5. 利用前裤片摞裁法进行后裤片制图　制图方法如图 3-98 所示。

（二）男直筒裤制图方法

男裤基型的制图方法与女裤基本相同，不同处在款式的细节变化上。如男裤前小裆凹势稍大，为 2.3cm（女裤为 2.3~2.5cm）；男裤只有前开门一种开襟形式，而女裤有侧开门、前开门、后开门等多种形式；男裤后裤片多有一个或两个嵌线后袋；另外男裤的省、褶、分割等款式比女裤相对固定。

1. 款式特点　裤筒呈 H 形，裤线挺直；装腰头、斜插袋；后片一字形嵌条挖袋，钉一粒扣；省、褶结构同女裤，但因有后袋故后省的位置有变动，后省位应与后挖袋位置相匹配。另外，与女裤相比，前小裆凹势应稍大。

2. 制图方法　制图方法如图 3-99 所示。

（1）前裤片结构图：作图方法同于女裤，如图 3-99（a）所示，因为是直筒裤，中裆至脚口大小相同。

（2）后裤片结构图：制图方法如图 3-99（b）所示。需要注意的是后省位和后袋的确定：

①在距腰围线 6.5cm 处做 WL 的平行弧线或平行线（视腰围线的形状而定）。

②在平行线距侧缝线 $\dfrac{0.45}{10}H$ 处得 b 点，按袋口长得 a 点（ab 约为 13cm）。

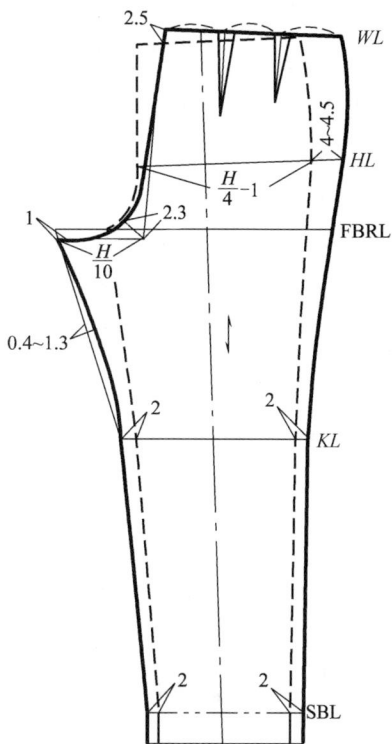

图 3-98　利用前裤片裁制后裤片

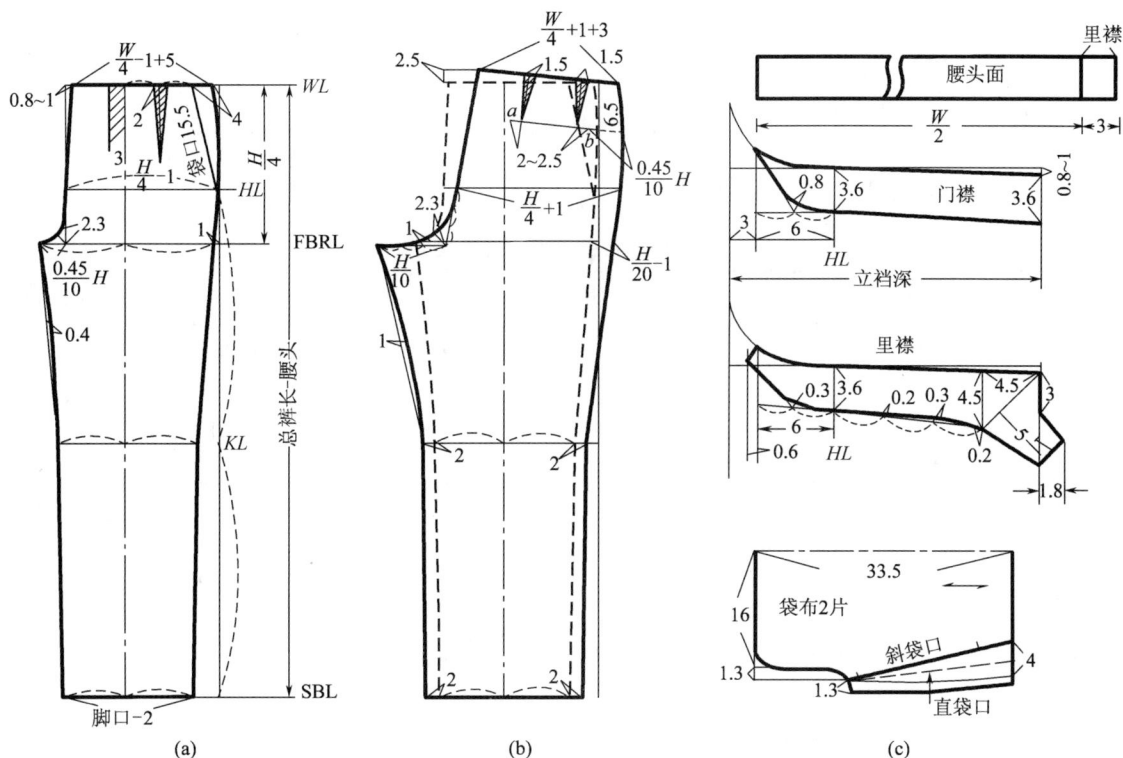

(a)　　　　　　　　(b)　　　　　　　　(c)

图 3-99　男直筒裤结构图

③在离 *a* 点、*b* 点 2~2.5cm 处作腰口线的垂直线，得后省位置。

（3）裤门襟、里襟、腰头和口袋制图如图 3-99（c）所示。门襟、里襟下部的弧势与前裆弧线相同。

（三）针织休闲裤

前面叙述的正统西裤多用机织面料制作，也可选用涤纶低弹丝或涤纶低弹丝与涤纶长丝、锦纶长丝交织、涤棉混纺纱、毛涤混纺纱或氨纶包芯纱等编织的针织面料制作，这时要选择结构比较紧密，尺寸稳定性较好的针织物组织。一般针织面料作外裤时多为运动裤和休闲裤，宽松型。这里以针织休闲裤为例，介绍其结构处理特点和制图方法。

1. 结构处理特点

（1）臀围放松量在 14cm 以上，由于臀围松度的加大，后翘和裆宽的设计可以适当减小，后裆缝斜度可以减小。一方面是结构的原因；另一方面，当身体前屈运动时，后裆线需要的加长量可以通过面料弹性来弥补，量的设定应根据面料的弹性以及不引起面料发生变形为限。

（2）针织休闲裤和运动裤通常为连腰橡筋设计，腰围属于不确定性尺寸，制图时以臀围宽为基准，侧腰缝处理 2cm 左右，剩余臀腰差量含在腰线中做橡筋抽缩量处理，不设开口款式，腰头橡筋拉开应能大于臀围围度，上裆尺寸应加出腰头宽和腰头的贴边宽。

（3）针织休闲裤和运动裤不存在明显中裆位造型，侧缝线和下裆缝线可以简化为斜线，不存在外凸、内凹的曲线形态。

2. 款式图和规格尺寸 一款女式休闲裤的款式如图 3-100 所示，客供规格尺寸见表 3-29。

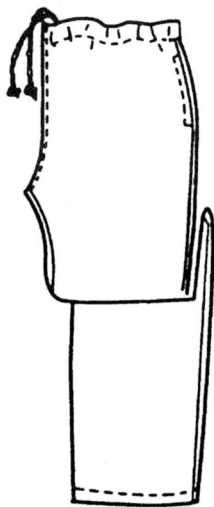

图 3-100 女式针织休闲裤
款式图

表 3-29 女式休闲裤规格尺寸 单位：cm

号/型	腰围	腰围	臀围	裤长	裤口	前上裆	后上裆	腿根围	袋宽	袋深	棉绳长	裤口折边
160/66	66	100	104	100	23	29	30	35	14	26	137	4
备注	平量	拉开量	腰头下19cm 处量		双折平量	含腰头	含腰头	裆底量		腰头下量		

3. 制图要点

（1）上裆取 29cm（含腰头）。

（2）根据针织面料的特点，前后腰围、臀围均按 $\dfrac{H}{4}$ 分配。

（3）前裆宽取 $\dfrac{0.4}{10}H$，后裆宽取 $\dfrac{1.15\sim1.2}{10}H$。

结构图如图 3-101 所示。

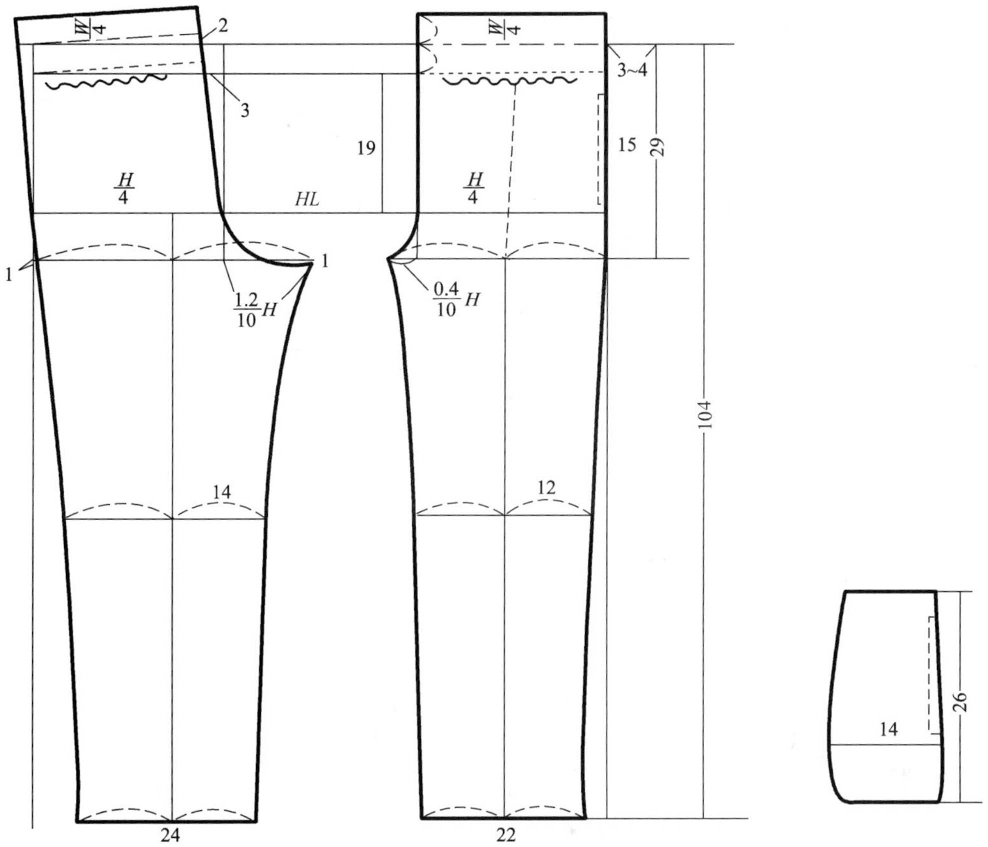

图 3-101　女式针织休闲裤结构图

第八节　基型法设计实例

以男衬衫结构设计为例，结合上节中已学习过的裤装结构设计方法与步骤，说明基型法结构设计的方法与步骤。

1. 效果图　一款男式衬衫的效果图如图 3-102 所示。

2. 款式特点　这是与西服配套穿用的正统衬衫。以此为基础可以变化成礼服衬衫或便装衬衫。衣身为 H 型；装有领座的翻领；一片圆装袖，袖口处有剑头形的袖衩，装袖头；左胸袋为贴袋；前后身相连的过肩；单排六粒扣、明门襟。

3. 制图条件　制图条件见表 3-30。

图 3-102　男衬衫效果图

表 3-30　男衬衫成品规格

单位：cm

号/型	衣长（DL）	袖长（SL）	胸围（B）	肩宽（S）	领围（N）
170/92	71.5	59	113	47.5	41

其尺寸测量方法如下：

（1）衣长：由肩颈点量至与虎口平齐。

（2）袖长：由肩骨端点量至虎口以上 2cm。

（3）胸围：净体胸围加放 19～22cm。

（4）总肩宽：净体总肩宽加放 4cm 左右。

（5）领大：颈中部（喉骨以下）围量一周，加放 3.5～4cm。

4. 制图要点

（1）衣片结构图：如图 3-103（a）所示。

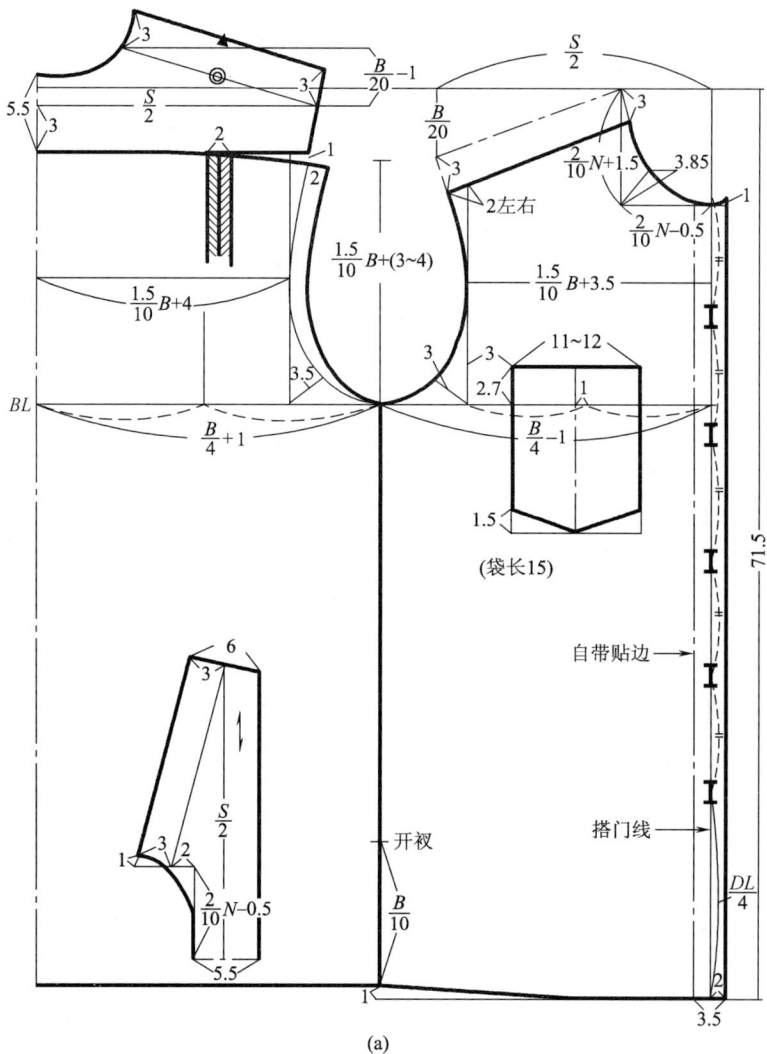

（a）

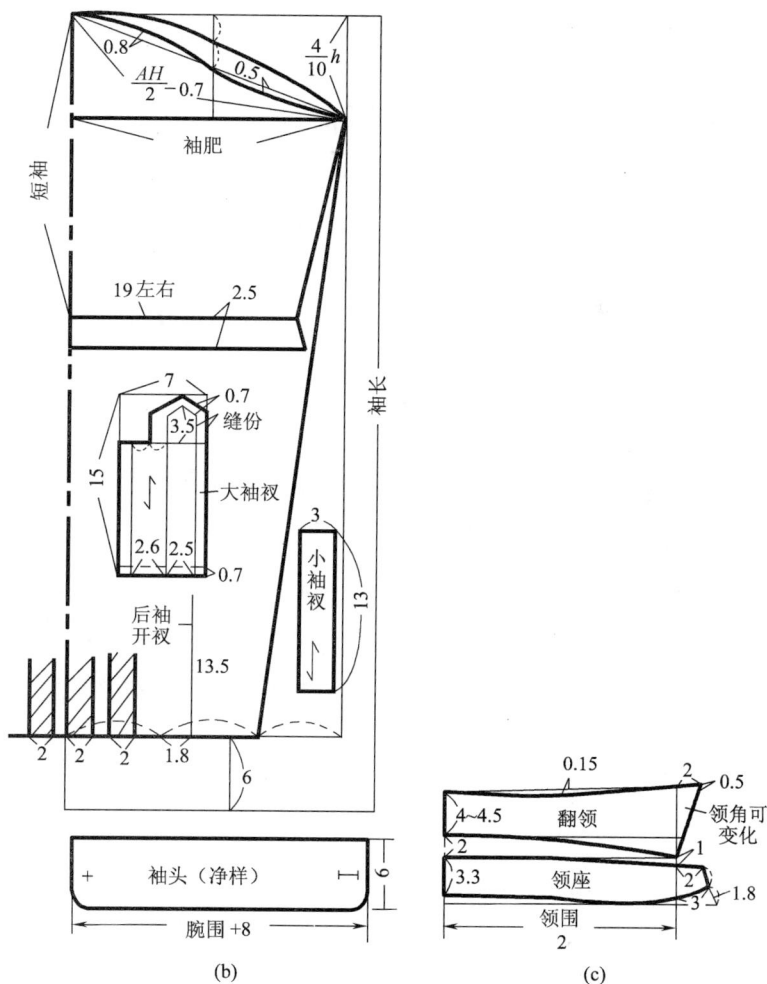

图 3-103 男衬衫结构图

（2）衣袖结构图：如图 3-103（b）所示。男衬衫属低袖山服装，袖山高度可在 $\frac{3}{10}h \sim \frac{4}{10}h$ 之间选择，本例选择 $\frac{4}{10}h$。前、后袖根肥是依据 $\frac{袖窿弧总长}{2}-0.7\text{cm}$ 确定。如果前、后袖窿弧长不相等，可分别用前、后 AH 减 0.7cm 确定，使袖山吃势为 1cm 左右，袖山曲线前低后高。袖子长度在系上纽扣以后应比西服袖长 2cm。短袖结构与长袖相同，袖长为 24~26cm。

（3）衣领结构图：如图 3-103（c）所示前领口比普通翻领的领口略加深 1.5cm 左右，以适合领座高度的需要。前、后领口宽度与普通翻领的领口相同，比西服领口窄 1cm 左右，目的是和西服组合穿用时，使领座露出 2cm 以上。男衬衫领样结构一般保持稳定，而领尖角却可随流行趋势与喜好而变化。

5. 款式变化 男衬衫的变化主要通过以下几个方面来实现。

（1）胸围放松量：放松量适当减少一些可以成为紧体或合体型，一般胸围松量取 12~

16cm，中腰处可略做收腰处理。

（2）底摆：除了直角底摆以外，还有圆角底摆，一般呈前短后长的造型，以适应衬衣后背部宽松量束在腰带以内的需要。

（3）袖窿深：袖窿深度可随款式造型需要而适当加深。

（4）总肩宽与袖山深：肩宽有合体型（肩端点不加放）、半松体型（肩端点加放2cm）、松体型（加放3cm以上），它们分别与高、中、低袖山配合。

（5）口袋位置和形状：口袋位置和形状可随款式需要而改变。

当用针织面料制作时，可选择休闲型或合体型衬衣款式，而且宜选择编织密度较大，尺寸稳定性较好的组织结构。

第九节　样品试制和样板制作

前面已经学习了针织成衣的纸样设计过程：绘制服装效果图或者分析客户提供的实物样品，以确定服装的造型，各部位的轮廓线、结构线，领、袖、口袋等零部件的形态和位置；选择与设计相宜的面料、辅料及配件；绘制样品服装的结构图并完成纸样制作。纸样完成后即可进行实样制作、样品试制和样板制作阶段。

一、实样制作

1. 实样制作的目的　又称试小样，其目的是提供订货商选择的样衣品种或为来样加工订货商提供确认样。供订货商确认用的样品一般只试制1~2件，让客户认可款式、面料、辅料、缝制工艺及实物综合质量水平。

2. 实样制作步骤

（1）选择并准备好实样的面料、辅料及配件。实样制作的面、辅料应一律使用正品。

（2）确定缝制形式、缝迹、熨烫方法和顺序，选择并准备好所需的各种设备。应尽可能采用简单合理、优质高效的加工工艺。

（3）裁剪衣料、完成缝制工艺。制作时应注意记录好加工形式、加工顺序和工时。

（4）样品审视和评价。针织服装加工完成后，应把样衣挂在衣架或穿在假人身上，进一步审视有无缺陷，对存在的问题做出改进性评议，以供修正。

（5）成品整烫、包装。

（6）样品纸样及工艺、工序说明需留作技术档案。

二、样品试制

1. 样品试制的目的　实样经客户认可订货后，在批量投产前还必须按照产品设计的要求，放入生产工段中进行中批量试制，其数量一般要试生产20件或更多（视订货批量大小而定），这称为试中样。样品试制的目的是通过批量试制，观察分析生产的可行性和操作时间，以便改进不合理部分，制订合理有效的生产工艺流程；确定纸样应放缝份的大小并为制定生产管理、质量管理等方面的技术文件提供可靠的技术参数；同时提供生产用的实物标样。

生产中由于影响成品规格、质量的因素很多，如坯布轧光幅度是否适当，坯布裁剪前自然回缩时间是否充足，缝制时缝纫损耗大小的掌握，整烫中用力大小对产品尺寸的影响等，只试制一件或几件样品很难确定问题的原因。对中试的产品要一件件测量样品规格，以确定纸样是否符合规格要求。如果该产品在新原料、新工艺或新款式等方面属新产品，往往还要经过试穿阶段，通过试穿者反馈的信息了解穿着效果，了解规格尺寸大小、起毛起球、缩水变形、褪色等方面情况，以便对纸样进行最后修正。表3-31为某品种试穿反馈单表格内容。

表 3-31　针织短裤试穿反馈单

货号		品名				样品尺寸　　　发单　年　月　日		回单　年　月　日	
尺寸部位＼感觉	舒服		太大		太小		备　注	建　议	
	洗前	洗后	洗前	洗后	洗前	洗后			
腰围							□缩水　□变大　□褪色 □变型　□其他		
裤裆									
臀围									
裤长									
裤口									
试穿者单位							说明：洗后指洗涤两次后		
试 穿 者			穿着尺寸						
身高		胸围		手长					
体重		腰围		臂围					

产品批量较大时还须试大样，即在裁剪工序中裁制一次，数量达几十到几百件，并按流水工序进行制作，观察和记录存在的问题，对样品再做一次修正，最后被生产部门确认后方可投产。

样品试制完成后，被技术、生产部门认可或被客户确认的实物样品应按规定手续，封存入档作为标样，也称封样。封样需由客户和厂方各执一份，如有中间公司，也需保留一份。

2. 试制准备　样品的试制过程，类似于大生产的流水作业线，在某种程度上等于生产过程的样板。所以试制的准备工作应认真对待。试制准备主要包括：

（1）材料组织：根据核准后的生产品种，备齐所需材料并对各种材料规格、品种颜色、数量及要求逐一进行核对，检查是否符合要求。试制样品所用材料均为正品。

（2）试制条件的准备：首先对样品进行技术条件和要求的分析，列出该产品所需要的设备、工具、工艺要求，然后对所需要的设备、工具等做检查，并按试制材料的特性和工艺要求进行调试，如针迹密度、张力、速度以及熨烫的温度、压力等，使各种设备、工具进入备用状态。

（3）试制人员：应具备一定的技术素质和水平，能在试制过程中有效地处理和解决有关技术问题。

3. 试样   试样是为大生产探索和总结出一套合理的生产工艺以保证产品质量，并省工、省时。试样过程应注意：

（1）材料使用的合理性：根据穿着要求注意材料的功能合理、经济合理。

（2）工艺设计的合理性：采用的工艺手段必须适应材料的特性，同时注意操作方便。

（3）工序排列的合理性：工序安排相对集中，先后顺序要有利于提高工作效率和流程畅通。

（4）从材料选用、纬斜、色差、拼接、缝迹形式和强度等各方面确保达到设计效果和产品质量。

4. 技术数据的测定和技术资料的收集归档   技术数据的测定和技术资料的收集是为制定合理的成衣工艺、生产定额、成本核算和质量标准打下基础，有实际依据。技术数据主要包括工时测定、材料消耗的测定和缝制、整烫的工艺技术参数等。

技术资料包括：

（1）原材料资料：如品名、规格、货号、等级、颜色、价格、生产厂家、出厂日期以及缩水率、色牢度、色差、强度、耐热度、干燥重量、回潮率等理化指标。

（2）工艺技术资料：如款式图、样板、排料图、成品规格单、工艺单及各工艺过程的工艺要求、技术标准等。

（3）实物标样：包括材料标样和成品标样。材料标样从面料、里料、衬料到各种线、纽扣、钩等，收集后列成标样，注明货号、规格、花色及要求。成品标样指经技术、生产部门审定或客户确认的封样。封样数量应根据合同要求而定。实物标样必须是正品。

三、样板缩放（推档）的几种方法

供试制样品用的纸样一般为中间号（M 号），当试制工作完成后就要按规格级差缩放其他规格尺寸的样板，样板缩放也称为"推档"。

样板缩放是成衣批量生产中的一项专门技术。因为人体各部位尺寸变化的比率不同，如腹部、臀部、大腿部、上臂等处尺寸变化较明显，而肩宽、背长、背宽等变化相对较小，所以样板各部位规格不可能只用一个比例来放大或缩小。

样板缩放常用的有如下一些方法。

1. 手工缩放

（1）规格尺寸演算法：在基础样板上按服装各部位细部规格放出其他各档样板尺寸。如针织普通内衣样板就是这样推档出来的。此法学起来容易，但速度太慢，工作效率低，很难适应多品种、小批量生产的需要（详见第三章第三节）。

（2）作图法：它是以基础样板上的"关键点"定出纵横向级差并用作图方法求出整套样板的方法。假设我们要以基础样板为蓝本，作出 6 个规格的整套样板，其中缩小 2 个档，放大 4 个档，则可以参照图 3-104（样板的前领窝）所示的推档方法。

①从基础样板的前领中心点 A 向上作垂直线，以 A 点为圆心，以前领深档差（0.3cm）的 4 倍距离为半径画圆弧，得交点 B。

②从 B 点作垂直于 AB 的水平线，以 B 点为圆心，以前领宽档差（0.2cm）的 4 倍为半径画圆弧，得交点 C。

③连接 C 点与 A 点并将其 4 等分，在 CA 的延长线上取其 2 等分定出 D 点。

C 点即为放大 4 档规格样板的前领中心点，D 点为缩小 2 档规格样板的前领中心点。这样整套样板（共 7 个规格）的前领中心点就全部定出。

图中肩颈点（E）的推档方法与前领中心点（A）相同，只是档差不同。

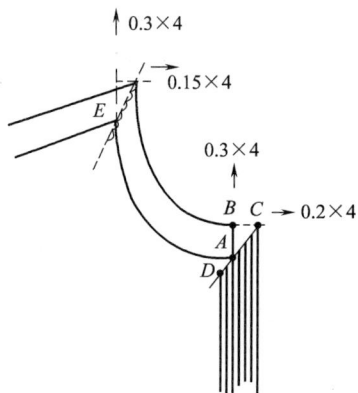

图 3-104　作图法推出全套领窝样板示意图

作图法的关键是定出样板关键点及其纵横向缩放的档差量，有了这些就很容易求出所需规格的样板来。有关样板关键点及纵横向缩放级差量的确定（可参考李世波、金惠琴编著的《针织缝纫工艺学》相关章节）。

2. 计算机缩放　即计算机自动推档排料系统。通过将基本纸样信息输入，并将样板上所有"关键点"的规格级差量编制成缩放规则软件，用服装 CAD 系统自动缩放全套样板资料，并由输出机械（自动绘图仪或自动样板裁剪机）直接输出，这种方法速度快，精度高，并可与其他 CAD 系统联机作业，自动排料、自动裁剪，非常适合小批量多品种生产。

计算机缩放目前已在我国服装行业中逐渐得到推广。

四、工业生产用样板

经过样品试制、纸样修正、放缝纷，并按用户规格配套要求缩放出整套可供实际生产用的样板，这就是工业生产用样板制作的全部过程。

工业用样板投产使用中还要注意以下事项：

（1）生产出第一批产品（50~100 件）后，应再次核对服装规格是否合格，如有问题及时修正，其方法同样品试制纸样修正。

（2）样板主部件、零部件应配套齐全，每块样板需标清用料纱向、打出对位剪口及印戳标记（表 3-32）。

表 3-32　样板标记

厂　名	××××针织厂	投产日期		年　　月　　日	
品　名			产品代号		
规格（cm）	适用坯布名称	样板编目	设计者		审核者

（3）每组样板要标明样板总块数，并串套起来存放，以免丢失。

（4）生产车间应设专人验收和管理样板，新款式样板连同样品需在生产技术部门备案存档。

☞ 思考题

1. 什么是服装规格？服装规格的依据有几种？

2. 号型制中"号"与"型"的含义，号型制中将人体体型分为几类？分类依据是什么？简述号型系列的含义。

3. 简述领围制、胸围制和代号制的适用范围及其示明规格的含义。

4. 运用服装号型设计针织外衣时应遵循什么原则？

5. 简述服装结构制图中衣片各主要部位的名称。

6. 简述针织服装结构设计规格演算法和原型构成法的适用范围。

7. 熟悉针织内衣的测量部位和测量方法；从你的衣橱中找出两款针织内衣（上、下装）实测它们有关部位的尺寸，并列表表示。

8. 请用规格演算法进行一款典型针织服装产品的样板设计。

9. 从原型展开成纸样有哪几种方法？请列举具体实例。

10. 请用原型构成法进行一款裙装的样板设计。

11. 请用原型构成法进行一款女装的结构图设计。

12. 请用基型法进行一款男裤的样板设计。

13. 熟悉人体测量的部位与方法，并实测你的（或同学的）相关制部位尺寸，根据款式特点，设计出细部规格尺寸，用基型法设计一款款式衫衣。

14. 针织服装围度放松量的加减应考虑哪些因素？

15. 简述小样试制和中样试制的目的与步骤。

16. 简述样板规格缩放的几种方法。

第四章　针织服装生产工艺基础

<table>
<tr><td colspan="2" align="center">**本章知识点**</td></tr>
</table>

本章知识点

1. 针织服装裁剪前的准备工作有哪些？
2. 用料计算方法及相关概念。
3. 排料的形式及各自特点。
4. 常用裁剪设备的功能与工作原理。
5. 黏合衬的作用、分类和工艺参数确定。
6. 针织服装缝制工艺。
7. 针织服装的整理工艺。

第一节　针织服装生产准备

针织服装设计和样衣、样板制作完成后，缝制前还有大量的准备工作，主要包括服装材料的准备、验布、测试和预处理。服装生产准备工作是否充分、周密，将直接影响成品质量、生产效率和生产成本以及生产能否顺利实施，因此应给以高度的重视。

一、服装材料准备

针织服装由于品种多样性（如产品款式、坯布类别、色彩图案、成品规格等不同）及针织面料自身特性对裁剪缝纫工序的要求，所以针织面料在裁剪前必须经过一定的技术准备和技术设计，包括坯布品种、数量、平方米克重、门幅的确定及各类辅料的准备等。

（一）面料品种的确定

不同的服装品种有不同的穿着功能，应根据服装穿着要求来选择面料品种。如前所述，针织内衣、T恤、运动衣等大类产品都有其通用的针织面料类别，如针织内衣和T恤衫一般选用纯棉汗布、棉毛布、纯纺和混纺罗纹弹性布、双纱布、网眼布、复合组织织物等，运动衣一般选用纯棉、涤棉混纺的棉毛布、绒布及涤盖棉复合组织织物等。

需要注意的是面料的色泽和图案必须与设计相符或相近。如果是两种以上不同颜色镶拼，则要考虑染色牢度；当选用两种或两种以上面料组合成衣时，要考虑面料的厚薄、质感是否协调，面料的弹性、延伸性、缩水率是否一致，耐热度、坚牢度的合理配伍。如果是来料来样加工生产，面料的选择要严格按照客户的要求，如有变更，必须取得客户同意。

（二）面料克重和门幅的确定

1. 面料克重确定 在确定面料种类的同时，应根据产品销售地区、用途和目标消费者的穿着喜好确定面料的平方米克重，即每平方米干燥重量。一些通用的面料类别，都有通用的克重数值，可参考相关资料，也可根据生产经验和来样确定。内衣用的汗布、棉毛布要求柔软、贴体、轻薄，其克重控制在 $100 \sim 220 \mathrm{g/m^2}$；外衣要求有一定的质感，尺寸稳定性较好，其平方米克重在 $220 \sim 570 \mathrm{g/m^2}$。一些新原料、新品种织物的克重数可由企业根据市场和客户要求来确定，同时考虑企业自身的织造、炼染和后处理设备的加工条件。

2. 面料的门幅确定 同一品种、不同规格的服装对面料幅宽要求不同，同一规格服装的缝制裁剪方法不同对面料的门幅要求也不同。如 90cm 圆领衫，合侧缝时用 47.5cm 的门幅，合肩缝时用 45cm 的门幅（面料为圆筒形状）。不同规格的服装套排方式不同，对面料幅宽要求也不同。如某产品生产任务为 105cm 100 件，100cm 200 件，95cm 300 件，90cm 100 件，既可以 4 种规格分别铺料裁剪，也可以相互套排铺料裁剪，还可以前、后片分开排料或大身与袖片分开排料，不同的排料方案，所要求的面料幅宽不同。选择出合适的排料方案后，即可决定面料的门幅，以及各种门幅面料的搭配。选择排料方案时还应考虑本企业织机的实际情况，能生产多大门幅的光坯布，还要考虑各种规格配搭排料时衣片数量的平衡，以便均衡生产，不产生积压和脱节，提高生产效率。

（三）用料计算

针织面料往往以称重的方法备料，以 10 件成衣耗用面料的公斤数为单位，根据生产任务总件数，计算出总的光坯用料量。

1. 用料计算的方法

（1）主料、辅料分类计算：产品用料中，主料包括衣身、袖子、裤身、裆；辅料包括领口、袖口、裤口、下摆罗纹、滚边布等，都应一一计算，不可遗漏。

（2）不同规格、幅宽要分别计算：不同规格的产品，选用不同幅宽的面料，应分别计算其用料，然后再相加。

（3）不同组织的面料分别计算：产品用料中，采用不同组织的面料时要分别计算，如袖片与衣身采用不同组织的面料，要分别计算各种组织的面料的用量。

（4）不同原料分别计算：在主、辅料构成中，当采用不同原料或不同混纺比时，应分别计算。

2. 用料计算中的有关概念

（1）段耗与段耗率：段耗是指排料过程中断料所产生的损耗。段耗的多少用段耗率来表示，计算式为：

$$段耗率 = \frac{断料重量}{投料重量} \times 100\%$$

段耗产生的原因：

①机头布；

②无法躲避的残疵断料；

③不够铺料长度，又不能裁制单件产品的余料；

④落料不齐而使用料增加的部分。

可以看出，段耗率的大小与针织面料的质量和工人的操作技术水平有关。常用针织面料的裁剪段耗率参考值见表4-1。

表4-1　常用针织面料的裁剪段耗率　　　　　　　　　　　　　　单位：%

成衣品种大类	棉汗布类		棉毛类		绒布类		化纤布交织布
	平汗布	色织布	棉毛布	毛巾布	薄绒	厚绒	
文化衫（短袖无领无袋）	0.5~0.85	0.8~1.1	0.8~0.9	1.2~1.3			1~1.2
T恤（短袖有领有袋）	0.5~0.8	0.8~1	0.7~0.9	1.1~1.2			0.9~1.2
运动衫裤（长袖长裤）			0.9~1.1	1.2~1.4	0.8~1	1.2~1.6	1~1.3
短裤类	0.5~0.8	0.7~0.9	0.8~0.9	1~1.2			0.8~1.1
背心类	0.8~1.2	1~1.3	1.1~1.2	1.5~1.6			1.2~1.5

（2）裁耗与裁耗率：裁耗是指排料、裁剪过程中所产生的损耗，是反映排料是否合理紧凑的一项指标。裁耗的多少用裁耗率来表示，计算式为：

$$裁耗率 = \frac{裁耗重量}{断料重量} \times 100\% = \frac{裁耗重量}{衣片重量 + 裁耗重量} \times 100\%$$

$$= \frac{裁耗重量}{投料重量 - 段耗重量} \times 100\%$$

（3）成衣制成率：成衣制成率是指被制成衣服的面料重量与投料总重量之比。计算公式为：

$$成衣制成率 = \frac{成衣坯布重量}{投料总重量} \times 100\%$$

$$= \frac{投料重量 - 段耗重量}{投料重量} \times \frac{断料重量 - 裁耗重量}{断料重量} \times 100\%$$

$$= （1 - 段耗率） \times （1 - 裁耗率）$$

成衣制成率是反映面料利用程度的重要指标，利用率越高说明面料损耗率越小，产品成本也越低。从公式中可以看出，提高面料制成率的有效办法是降低段耗率和裁耗率。

（4）面料的回潮率：面料的回潮率是指坯布的含水量与干重之比。计算式为：

$$坯布的回潮率 = \frac{坯布湿重 - 坯布干重}{坯布干重} \times 100\%$$

在计算面料用料时，面料的回潮率用于面料干重与湿重之间的换算。

3. 用料计算

（1）主料计算：

①10件产品用料面积：

$$10\,\text{件产品用料面积}\,(\text{m}^2) = \sum \frac{\text{段长} \times \text{幅宽} \times 2 \times \text{段数}}{1 - \text{段耗率}}$$

注　筒状坯布幅宽应考虑双层，故乘以2；段数是指10件产品所需的段长数。

②10件产品用料重量：

$$10\,\text{件产品光坯用料重量}\,(\text{kg}) = \frac{10\,\text{件产品用料面积}\,(\text{m}^2) \times \text{干重}\,(\text{g/m}^2) \times (1-\text{回潮率})}{1000}$$

（2）辅料计算：针织服装的辅料主要包括衣裤中各种边口罗纹、领子、门襟、口袋、滚边、贴边用料及里料、衬料等辅料用布。与主料使用布料相同的，或者可以通过样板套料的方法计算出用料面积的，计算方法与主料计算方法相同，这里主要介绍罗纹用料和滚边用料的计算。

①罗纹用料计算：罗纹用料一般以罗纹针筒针数、所用原料、用纱规格为依据，确定其每厘米长度的干燥重量，然后根据每件产品耗用罗纹的长度，计算出其重量。计算式为：

每件产品领口或下摆罗纹重量（g）
= 每件产品罗纹样板长度（cm）×干重（g/cm）×（1+坯布回潮率）

每件产品袖口或裤口罗纹重量（g）
= 每件产品袖口或裤口罗纹样板长度（cm）×2×
干重（g/cm）×（1+坯布回潮率）

其中：罗纹布每厘米干重可以参考相关资料。

②滚边用料：滚边用料一般使用横料，也就是说滚边料长度方向是针织面料的幅宽方向（横向），滚边料的宽度或段长方向是针织布的长度方向（直向）；滚边部位一般是领口、袖口、裤口、下摆。滚边用料的计算仍然是先求出一件产品的用料面积，然后换算成重量的方法。

滚边用料长度的计算：

每件产品滚边用料的长度（cm）
= （滚边部位规格+缝耗0.75cm）×（1-拉伸率）+（1~1.5）cm

其中：滚边布的拉伸率，一般坯布为5%~10%，罗纹坯布为15%；1~1.5cm为两件产品部位之间的间隙。

滚边用料宽度计算：滚边方式分双面滚边和单面滚边两种。计算时应考虑滚边折边量

（一般为 0.5~0.75cm）和拉伸扩张损耗，即由于横向的拉伸会使滚边料宽度变窄，一般预放拉伸扩张损耗 0.5cm。

每件产品（双面）滚边用料的宽度（cm）
= 滚边宽成品规格×2+滚边折边 0.75cm×2+扩张损耗 0.5cm

每件产品（单面）滚边用料的宽度（cm）
= 滚边宽成品规格+滚边折边 0.75cm×2+扩张损耗 0.5cm

每件产品滚边用料面积计算：

$$每件产品滚边用料面积（m^2）= \frac{滚边用料长度×滚边用料的宽度}{10000}$$

每件产品滚边用料重量的计算

每件产品滚边用料重量（kg）

$$= \frac{每件产品滚边用料的面积（m^2）×干重（g/m^2）×（1+回潮率）}{1000}$$

每件产品的辅料用料重量计算出来后，再根据生产任务总件数计算出各类辅料的光坯总用量。

二、验布

成衣生产前，首先要对面料进行数量、品种复核和对色检验。

1. 品种、数量的复核　对材料进行品种、规格、数量的复核是成衣裁剪前的一项重要准备工作，主要内容有以下几个方面。

（1）主料复核：按配布单检查（出厂）标签上的品名、色泽、数量及两头印章、标记是否完整，并按单子逐一核对，做好记录。

针织面料一般按重量备料，以 1 件产品的重量公斤数为基数计算，应该过秤复核。

核对门幅规格：在复核每匹布料长度时，也要复核门幅，并列出清单，提供给下道工序。以便合理使用，节约用料。

（2）辅料的复核：如罗纹辅料、纽扣、商标等，也要核对其规格、色泽和数量，以使主料与辅料配套。如有短缺、差错，可以及时纠正。罗纹辅料也是以每 10 件产品的干燥重量为基数进行复核，对纽扣、裤钩等小物件，可按小包装计数，并拆包抽验其数量与质量是否符合要求。

2. 对色检验　针织面料在染整加工中，由于工艺条件和操作上的差异，往往会出现面料匹与匹，批与批之间色泽上的差异，即色差。因此，在裁剪前应将主料（大身料）与辅料（领口、袖口、裤口、口袋、罗纹等）进行对色配料和数量核对，以使产品各部位色泽一致，数量配套。对色配料由专职人员按照与标样的色差对比来完成。为了减少色差，生产中往往将一批产品所需的主、辅料在染色前配好，采用一锅染色处理，以避免主料和辅料不同锅染色所带来的色差。为此生产计划部门事先要根据品种定出每套布的筒径、重量、纱支粗细。一般一套布为 10 匹，包括各种筒径（由它决定面料的门幅）的主、辅料等，同锅染色的套数根据染锅的容量而定。

第二节 裁剪工艺

一、排料划样

（一）排料的种类

针织服装的排料按照所用针织面料生产时采用的针筒筒径大小不同，一般分为两种类型。

一种是采用针织大圆机生产的圆筒形坯布，卷布时或在染整阶段被剖开成平幅状的针织面料，排料是在已知的单层布幅宽度上进行。这种排料的方式较为简单，类似于机织面料的排料方法，通常排料只需确定面料的裁剪长度即段长。

另一种主要用于针织内衣服装的生产，为了尽量减少针织服装中的连接缝，最大限度地保持了针织物原有的弹性和延伸性，采用直接在双层筒状面料上排料裁剪的方式。这种方式需要通过对服装样板的排列组合来决定筒状双层针织面料的幅宽和段长。通常针织面料生产企业拥有各种不同直径针筒的针织机，具有生产不同幅宽的坯布的能力。这种排料方式既要考虑幅宽也要确定段长，相对比较麻烦，针织内衣服装生产常采用。

（二）排料的基本原则

1. 保证成衣规格的准确 排料实际是一个解决材料如何使用的问题，而材料的使用方法在服装制作中是非常重要的。排料中必须根据设计规格要求和制作工艺，决定每片样板的排列位置。不过对于既不影响成衣规格和穿着效果，又能明显提高面料使用率的部位，也可对样板的相应部位作适当的修整。排料时应注意以下几个方面。

（1）面料的正反面：针织面料既有工艺正反面，也有使用正反面。针织服装排料划样应根据服装款式设计中的标识选择在针织面料的使用反面进行，并且缝制过程中的熨烫也应使用反面操作。

（2）对称样板的方向性：服装上许多衣片具有对称性，如上衣的衣袖，裤子的前后片，都是左右对称的。因此，排料时应注意保持面料正反一致以及样板衣片的对称性。图 4-1 中衣袖的三种排法，图 4-1（b）、图 4-1（c）是错误的，因为要保证两袖左右对称，就必须将其中一片袖子翻转 180°，使两袖的面料一正一反，图 4-1（a）是正确的。图 4-1 中裤片的排法，图 4-1（e）是错误的，图 4-1（d）是正确的。

（3）面料的经纬方向性：针织面料的经纬向在服装制作中表现出不同的性能。针织面料的经向是指沿线圈纵方向，也称为直料。纬向是指沿线圈横方向，也称为横料。斜向是指与经纬向成 45°夹角的方向，也称斜料。一般针织面料的经向以线圈的圈柱为主，表现为纹路清晰，织物挺拔，伸长变形较小，大约为纬向的 1/2；纬向以圈弧为主，受力后伸长变形较大；斜向针织物受力后分解为经纬两个方向的变形，故伸长变形最大。因此，不同衣片在用

(a)　　　　　　(b)　　　　　　(c)

(d)　　　　　　　　(e)

图 4-1　衣片的正反面与对称性

料上有直料、横料与斜料之分。为了排料时准确确定方向，样板上一般都标出经向。在排料时首先确定面料的经纬向，应根据针织服装的制作要求，以针织面料的线圈纵向为基准，同时还要保证相同的编织方向。排料时必须严格按照样板要求的经向、纬向、斜向排料，否则会因面料各方向抵抗外力的能力不同，造成服装变形。

针织面料中的衣片、袖片、裤片以及防止变形的牵条，一般应取直料；作为防边缘脱散的滚边料，一般沿纬向取横料；若采用机织面料做滚边料则应沿斜向取斜料。机织斜料的取用斜度应注意两点：其一，应以面料经、纬向交叉的45°取料，其性能最佳；其二，若面料为斜纹织物组织时，应顺斜纹方向的经、纬向交叉的45°取料。

针织服装中的领窝曲线、袖窿弧线、裤裆料多为曲线，样板设计时应考虑其变形因素，缝制时应注意采用适当的张力，防止这些部位的不正常变形，而影响针织服装的质量。图 4-2 为针织面料的经纬斜方向示意图。

（4）面料的绒毛方向性：面料的绒毛方向性是指对于表面起绒或有明显绒毛的面料，绒毛的毛根、毛梢排列具有规则的方向性。顺毛是指沿毛根向毛梢方向，其光泽柔和，手感平滑；倒毛是沿毛梢向毛根方向，光线呈漫射状，手感阻力大。顺毛的色泽比倒毛的色泽偏浅。生产中可以选择两种不同的裁剪法。采用倒毛裁剪，成衣的颜色华丽，显得优雅、绮丽，但穿着寿命短，易倒毛、起球等；采用顺毛裁剪，成衣的颜色较逆毛颜色浅，且毛感毛向不会产生太大的逆向效果，穿着寿命长。若无特殊要求，一般采

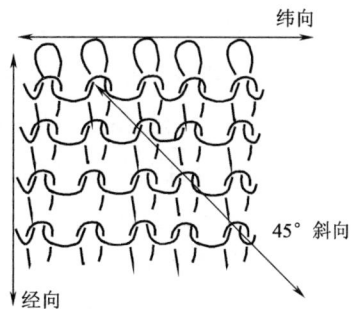

图 4-2　针织面料的经纬斜方向示意图

用顺毛裁剪。无论顺毛裁剪还是逆毛裁剪，整件服装裁剪必须保持排料方向一致，保证从同一方向观察色光一致。

（5）花纹图案的方向性：对带有方向性的花纹图案或条格的面料，在排料时也必须注意其方向。首先注意符合人的正常视觉和心理的感受，其次对与单独纹样或大型图案有部位要求的，应在衣片样板上标明纹样、大型图案的所在位置（如前胸、后背、肩部等处）。

（6）条格面料的方向性：为保证条格面料成衣后的完整性，需要注意条格在特定部位的对位要求，保证在领子、衣身、袖子、口袋处的条格对接的准确性，如图4-3所示。其次当需要利用条格面料作款式变化时，应在样板上标明条格方向的标号，如横断的过肩或腰带用直料或斜料；领子、口袋拼"人"字形条格等。

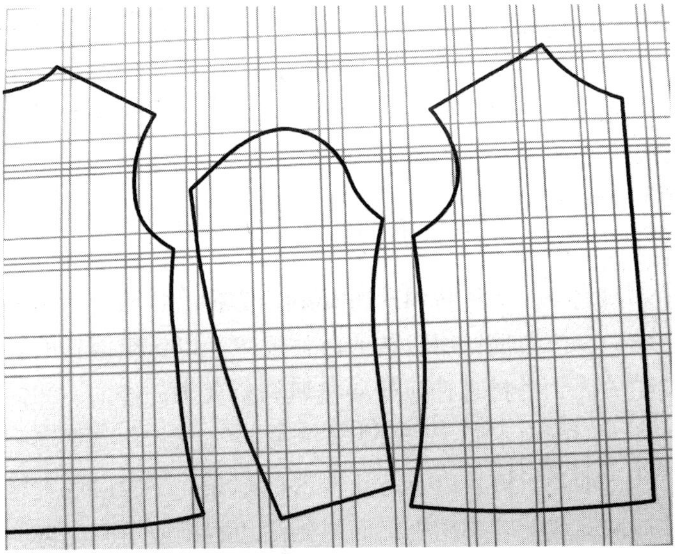

图4-3　格料的对位示意图

2. 节约用料　服装成本中70%是面料的成本，如果能在保证质量的基础上节约用料，将会给企业带来更大的利润空间，因此企业特别重视这项工作。

（1）排料的宽度与面料幅宽相一致：同一幅宽的面料，幅宽往往有偏差，为保证排料画样与面料幅宽一致，一般选用最窄幅宽作为基准来统一排料画样。工厂称为辟条。实际生产中应通过合理搭配尽量减少辟条。

（2）减少空余面积：尽量做到大料大用，小料小用，物尽其用。如图4-4所示，图4-4（a）长裤的裤口直边对直边排列，留出的面积正好可套裁大裆料；图4-4（b）袖斜边相对排列，可使段料长度减少；图4-4（c）样板曲线凹凸互补可以减少幅宽和段长；图4-4（d）袖窿弧线形成的缺口，可以套裁相应的小料。

（三）排料的方法与技巧

排料方法决定面料的利用率，直接影响产品成本。排料的方式按所排衣料的件数可分为单件排料和多件套排。单件排料适用于样衣生产以及来料定做或小批量的生产情况。多件套

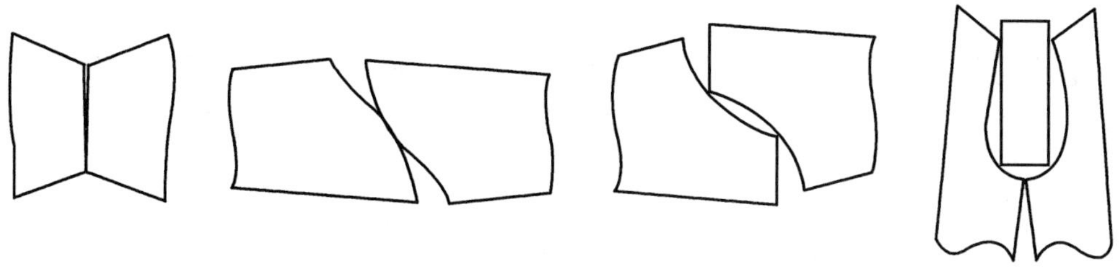

图 4-4　节约排料示意图

排是指两件或两件以上制品所有样板混合排列的方式。多件套排适合批量生产的情况，比单件排料节省用料 10% 左右。套排件数增多，排料的长度随之增加，所以在确定套排件数时应该根据裁床的长度、人员的配备情况而合理确定。另外，套排件数过多，会使同一件制品的样片相距较远，容易出现松紧误差和色差。一般多件套排采用 2~4 件套排的方案。

在保证质量的前提下，尽量采用生产中已总结出的各种省料的方法。根据服装裁片主、辅件及配件的构成特点，排料可概括为"正反分清，经纬准确；先大后小，布满在巧"。其中，先大后小是指先排面积较大的裁片，后排面积较小的裁片。这里的面积大小主要指裁片的大小；布满在巧是指排料中根据服装裁片主、辅件、配件的结构特征和各样板边缘形状呈现的特点，进行设计排料，通过"齐边平靠，斜边颠倒，凹凸互套，弯弧相交"来实现幅宽缩减、段长减少的节约用料方案。

1. 排料方法

（1）提缝套料法：该方法用于既有对称关系又有形状互补关系的样板，通过展开和叠合两种状态间的组合以及形状互补的形式排料。裁剪时先裁好展开部分，然后将边缘的折缝提转到中部后再剪裁，如图 4-5 所示。这种排料方法有利于减少用料长度，但要求双层面料的边缘折痕印迹较浅。

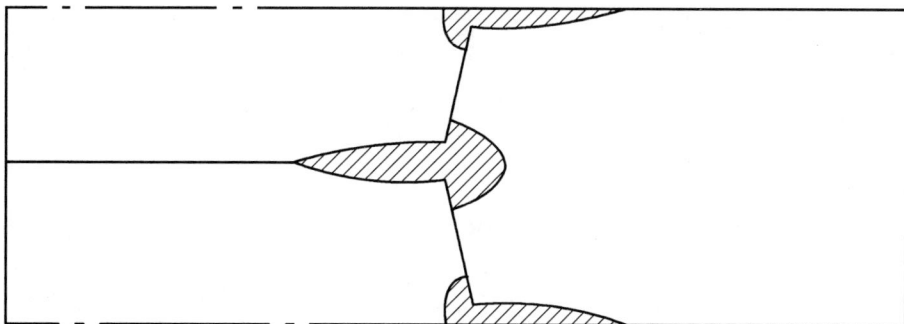

图 4-5　提缝套料法

（2）镶套法：该方法利用样板间形成的较大的空间，将具有类似形状的小件样板嵌入其内，节省了小件样板的用料，可以减小段长，如图 4-6 所示。该方法也可以用于同一产品的两样板之间形状具有互补关系的排料。

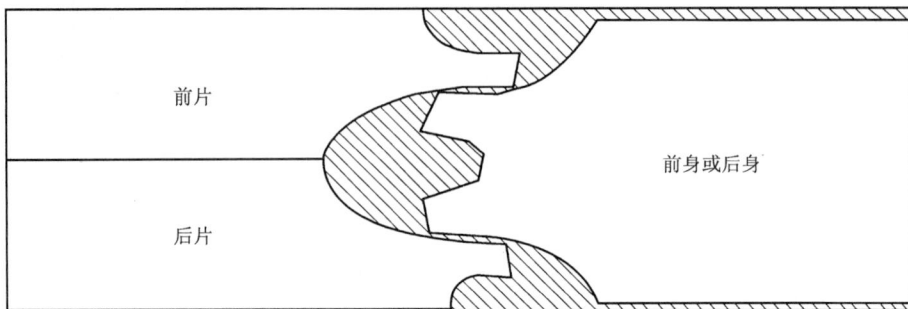

图 4-6　镶套法

（3）平套法：该方法利用样板具有形似长方形的特点，可将其并列排放，裁耗量少，坯布利用率高，如图 4-7 所示。

图 4-7　平套法

（4）互套法：该方法利用同一产品两个样板之间具有同方向的对称性以及形状在相互垂直方向上具有互补性的特点，将两个样板相互套进，减少用料幅宽，如图 4-8 所示。

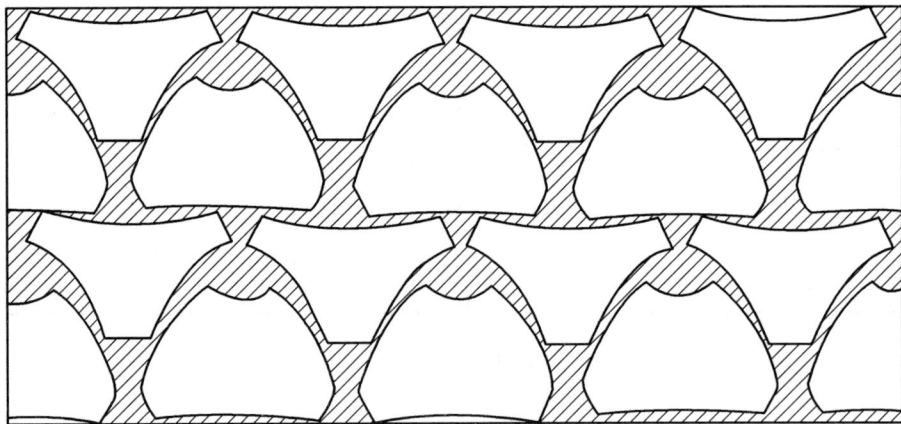

图 4-8　互套法

（5）交叉法：该方法利用样板自身具有直边与斜边之间的配置关系，通过样板方向倒置、直边与面料边缘平齐、斜边互插从而减少用料幅宽，如图4-9所示。

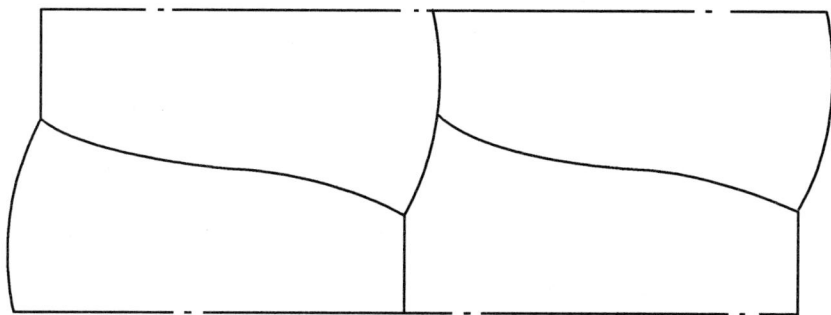

图4-9　交叉法

（6）混合法：实际生产中，除了以上的单一裁剪形式外，还可以根据套装要求无色差、针织坯布规格不全的实际情况，采用混合套排的方式排料。图4-10所示为在一种幅宽的坯布上进行运动衫和运动裤的混合套排。

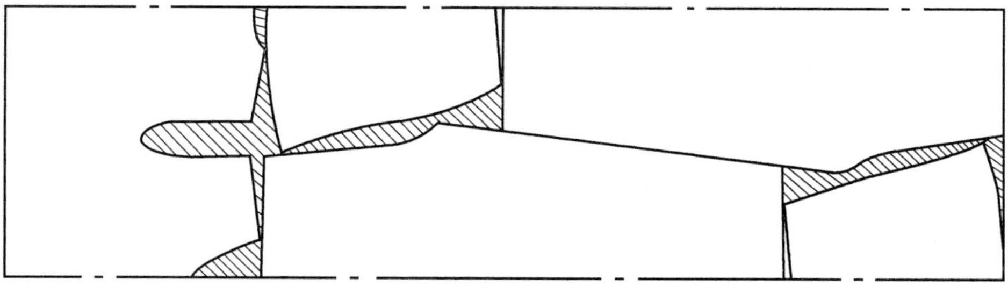

图4-10　混合排料

2. 排料技巧　针织面料由于纱线的捻度和编织时采用多路进线的方式，容易产生纹路歪斜的现象，生产实践中可采用排料技巧来解决。

针织面料纹路歪斜示意如图4-11（a）所示，线圈纵行由于多种原因而出现了从左下至右上的歪斜状态，若不采取相应的措施，制成的服装前衣片会在右侧肩部和左侧身缝发生向前扭曲现象，而后衣片的左肩部和右侧身缝发生向后扭曲的现象，其部位和方向如图4-11（b）所示。

纵向线圈　　　　　布边

（a）　　　　　　前片　　　　后片　　　　（b）

图4-11　纹路歪斜示意图

排料时，首先采用人工开幅定型，使筒状的坯布展开。按布面正面全部向上（或全部向下）放置成两摞，其编织方向相反，如图 4-12 （a）所示。

划样有两种形式，第一种是将前片与后片样板同时放在一摞坯布上按照同一方向分别放置划样裁剪，如图 4-12 （b）所示。第二种是前片与后片的样板按照同一方向分别划样裁剪，如图 4-12 （c）、（d）所示。

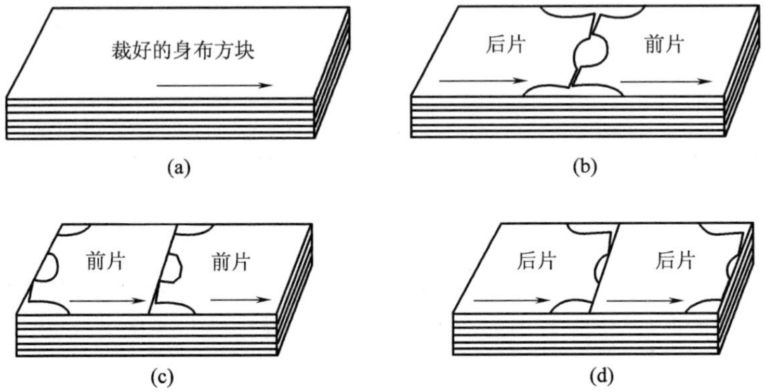

图 4-12　解决纹路歪斜的裁剪方法

裁好的裁片配对缝制，因前后片的编织方向相反，缝合后相互抵消了扭转力，消除了肩缝和侧缝的扭转现象。尽管此项操作会增加工时，使制成率下降，但是，从合理使用已存在纹路歪斜面料的角度来说，是一个行之有效的好办法。

（四）排料图绘制方法

排料结果要通过划样绘制出裁剪图，作为裁剪工序的依据。实际生产中划样的方式主要有以下四种。

1. 纸皮划样　在一张与面料幅宽相同的普通薄纸上，按已确定好的排料方案配置衣片样板，用铅笔沿衣片边缘将排料图描画下来得到划样纸皮，然后将纸皮铺在面料上，裁刀沿纸皮上的轮廓线与面料一起裁剪。该方法划样方便，排料纸皮一次性使用，多用于薄料服装或时装。在大批量生产中，可用专门的复写纸，同时绘制多张纸皮样（一般最多不超过 5 张）。

2. 漏板划样　漏板划样方法主要解决需要多次使用排料图的排料问题。首先在一张与面料幅宽相同的光滑耐用、不抽缩变形的纸板上排料，并用铅笔画出排料图，然后用直针或激光沿轮廓线扎出密的小孔，这张由小孔组成的排料图形称为漏板。把漏板铺在面料上，沿着孔眼喷粉或用刷子扫粉，取掉漏板后，面料表面出现样板形状，按此粉印便可进行裁剪。漏板可以多次使用，适合生产大批量的服装，可大大减轻排料划样的工作量。

3. 面料划样　将样板直接放在面料上，按排料方案用画粉在面料上画出样板的形状，对于需要对条、对格的面料必须采用这种方式。采用在面料上直接划样的方法，注意画笔的颜色要明显但又不能污染面料，线条要准确、清晰、纤细。由于在面料上划线改动不易，划样时应特别小心。

4. 计算机划样　将衣片样板形状输入计算机内，由操作人员利用计算机软件进行排料。衣片的形状可以通过数字化仪直接输入计算机，也可将服装各号型尺寸输入计算机内，直接绘制基型样板，经推板得到系列样板后再排料。利用计算机进行制板、排料的速度快、效率高。排料方案一旦确定后，需要用计算机输出，排料图可由绘图仪自动绘制成 1∶1 的裁剪图，作为纸皮划样、漏板划样、面料划样的基准图，以供裁剪工按图排样裁剪。也可以与自动裁床直接相连接，控制裁刀直接自动裁剪。

二、辅料

铺料的任务是按照裁剪方案所确定的层数和排料划样所确定的长度，将面料按三齐一平即头齐、尾齐、一边齐、表面平的要求重叠铺覆在裁剪台上，以备裁剪。

1. 铺料的工艺要求

（1）保证面料一边对齐：铺料时无论是单件铺料还是批量铺料，都必须做到每层材料的布边、起始端一定要整齐，不可有错层或扭曲的现象。面料在加工过程中受各种外力影响，其幅宽总会产生一定的误差，若两边对齐困难，可保证一边对齐。此外，铺料后下层与上层的幅宽误差分别控制为：下层比排料图的总宽多出 1cm，上层为 1.5~2cm。

（2）保证各层面料平整：铺料时，材料的摆放要平整，不能有褶皱，不能用力拽拉面料，以免裁片纹路扭曲变形。人工铺料时，一般使用细棍，边铺料边撑平布料。若面料褶皱严重，需先用熨斗熨平再铺料。

（3）防止面料的过度拉伸：铺布时应该特别注意弹性面料的铺覆，不能过度拉伸。因面料的弹性不稳定，最好是先抖散放置 24h，再重新以低张力卷起来，这样可防止裁片以后的缩短，一般情况下，当成品规格缩短 2cm 时，定级为次品。在机器自动铺料过程中是以速度慢和低张力来控制弹性面料的伸长。

（4）保证条格准确对位：有对条、对格要求的面料铺料时，一般可采用准确定位法来保证上下层面料条格的对位。准确定位法是在铺料时，先在最底层按照排料图找到工艺特别要求的部位扎上格针，以后每铺一层都在该部位找到与下层面料相同的条格，并扎在格针上。这种铺料的方式效率低，面料利用率低，成本较高，主要用于高档服装。图 4-13（a）为直条料格针的对位示意图，图 4-13（b）为横条料格针的对位示意图，图 4-13（c）为格子料格针的对位示意图。

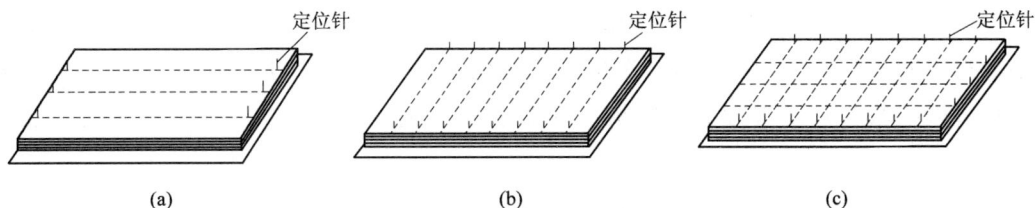

(a)　　　(b)　　　(c)

图 4-13　格针对位示意图

2. 铺料的方法 生产中的铺料方法依据排料图、面料的性能、服装的工艺要求等因素有多种铺料方法。

（1）单程铺料法：单程铺料法又分为单程单向铺料法和单程反向铺料法。

①单程单向铺料法：单程单向铺料法是将各层面料的正面都朝一个方向铺放，每层面料之间按规定段长剪断，如图4-14（a）所示。铺料的起点和终点不变，其特点是面料向一个方向展开，正面全部朝上或朝下。

此方法的优点是：各层面料方向一致，适用于各种面料，特别是有方向性的绒毛织物、花纹图案织物和条格织物，必须采用这种铺料方式，才能保证产品达到设计要求。利用这种铺料方式铺料，裁剪出的衣片，因各层面料方向一致，打号时也方便准确。

此方法的缺点是：铺料时，每层布料均需断开，费工费时；操作工人和设备均需走空程，生产效率低。

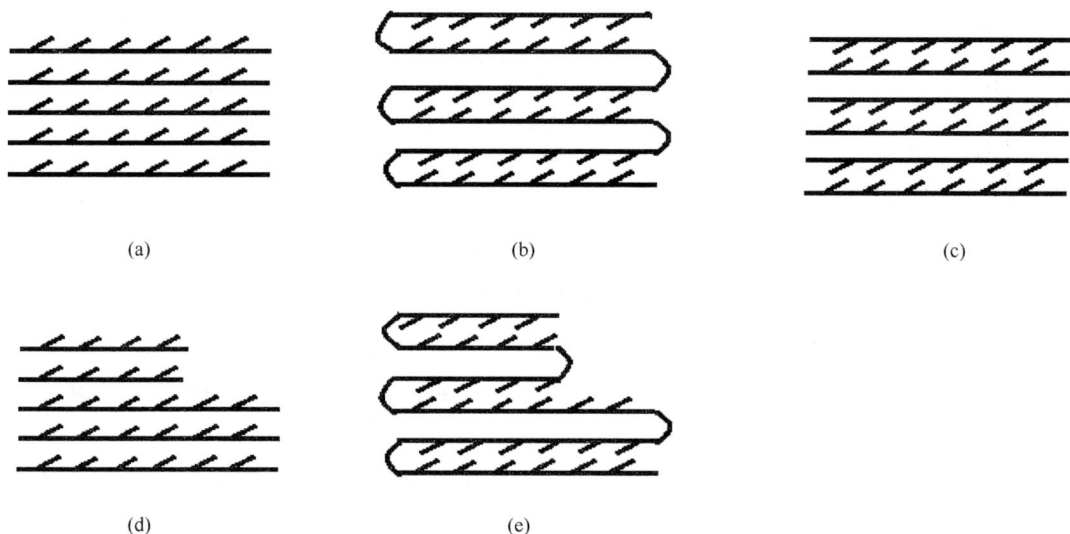

(a)   (b)   (c)

(d)   (e)

图4-14 铺料的方式

②单程反向铺料法：单程反向铺料法是每层面料按规定段长剪断后，需将面料翻转180°，这样的铺料可使面料的正面对正面、反面对反面，而且上下层面料的方向是一致的。如图4-14（b）所示。若服装的各衣片均为对称片，排料时各衣片样板只需排一次，另一对称衣片可从相邻层面料中找出，且衣片的方向能保持一致。此方法适合有方向性的面料。如果采用铺料机铺布，则必须附有回转布架，每铺放一层，布卷要自动翻转180°。制样板时，对称衣片可以只裁一片，省时又省纸板；裁剪后衣片是成对出现的，缝制时不容易正反面搞错。

此方法的缺点是：排料时，每层铺完断开后，要反转180°，操作麻烦，人工铺料时易出错。

（2）双程双向铺料（又称折叠铺料）法：双程双向铺料法是将面料一正一反交替展开，

各层之间形成正面与正面、反面与反面相对叠放，段与段之间不剪开如图4-14（d）所示。其优点是面料可以沿两个方向连续展开，每层之间也不必剪开，设备和操作人员不走空趟，因此工作效率比单向铺料高；适用于无方向性要求的面料、里料，如素色平纹织物等；由于两层面料是相对的，自然形成两片衣片的左右对称，排料时可以不考虑左右衣片的对称问题，使排料更为灵活，有利于提高面料的利用率。但由于两端的折叠处布料不平复，铺料长度上需要留出余量，浪费布料；且铺料长度受到限制，因此，目前成衣生产中大多用于价格便宜的非织造衬衬料的铺料裁剪。

（3）阶梯铺料法：当生产任务中某种规格数量很少，或经过单面铺料、往返铺实后，某规格只剩下较少数量，可将这些衣片与其他规格的衣片合并，形成阶梯状的铺料层。图4-14（c）所示为单程铺料的阶梯形，图4-14（e）所示为双程铺料的阶梯形。

3. 布匹的衔接 铺料中一匹布的尾部长度不够规定段长，或布匹中段有严重的残次需要裁除时，裁剪后布边缘必需衔接。这种衔接影响该层面料上衣片的完整性和面料的用量。布匹衔接一般只能适用于薄型布料。布匹衔接的关键是在铺料前确定衔接部位和衔接长度。其工作的步骤如下。

（1）观察排料图中各衣片的分布情况，找出衣片之间在纬向上交错较少的部位，如图4-15中虚线部分，将其标记为布匹的衔接部位。

（2）量出衔接部位两条虚线之间的长度即为铺料时布匹的衔接长度。

（3）在裁床的边缘画好衔接部位和衔接长度的标记。

（4）铺料时，各匹布之间的衔接必须在标记处。如边缘布料超过了前一个标记，但不够下一个标记的长度，则需要在前一个标记处将面料剪掉。另接一匹布按规定的衔接长度与前一匹布重叠后继续铺料。铺料的长度越长，衔接部位应选得越多。一般情况下平均每1m左右应确定一个衔接部位。衔接长度根据在衔接部位衣片的交错长度确定，如图4-15所示。

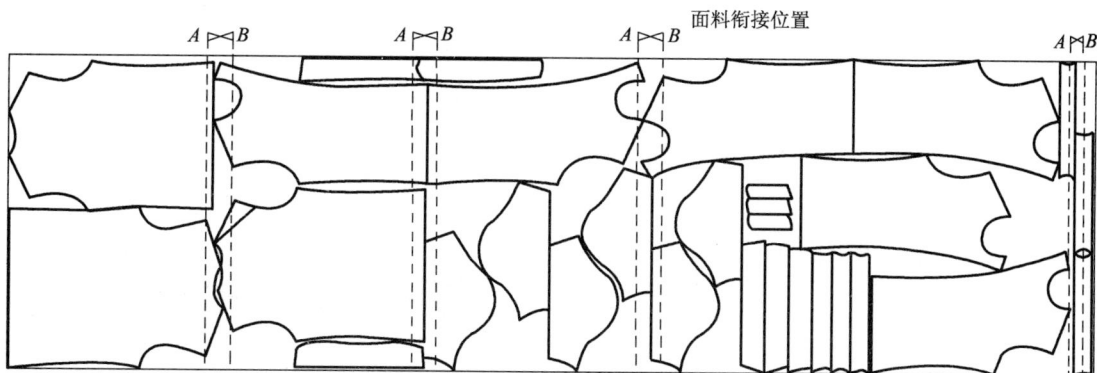

图4-15 布匹的衔接

铺料可采用人工、简易机械铺布机和自动辅布机等形式。

三、裁剪工艺与设备

裁剪就是将铺好的多层面料,按排料图上的样板形状及排列位置裁成各种裁片的工艺过程。

(一) 裁剪工艺技术要求

裁剪工序中最主要的工艺技术指标是裁剪精度。裁剪精度包括裁出的衣片与样板之间的误差;各层衣片之间的误差;剪口、钉眼等位置的准确度等。为保证裁剪精度,需要按照一定的操作技术规程工作。

①应先裁小片后裁大片,因为先裁大片会使剩下的小片自身的稳定性降低,增加裁剪难度。

②应保持裁刀线路圆顺,对于裁片的拐角,应从两个方向分别进刀,切出尖角,如图4-16 (a)所示。

③应保持裁刀与面料平面垂直,压扶面料用力要轻柔,用力过大面料产生内凹变形,用力不垂直造成上下面料错位,如图4-16 (b) 所示。

1. 按照裁剪图打准剪口及钉眼等位置 剪口大小为2~3mm,以保证缝制时的准确定位。如图4-16 (c) 所示前衣片中的符号为口袋的定位点,后衣片领边缘符号与领片下边缘符号为绱领的对位点,如图4-16 (d) 所示。

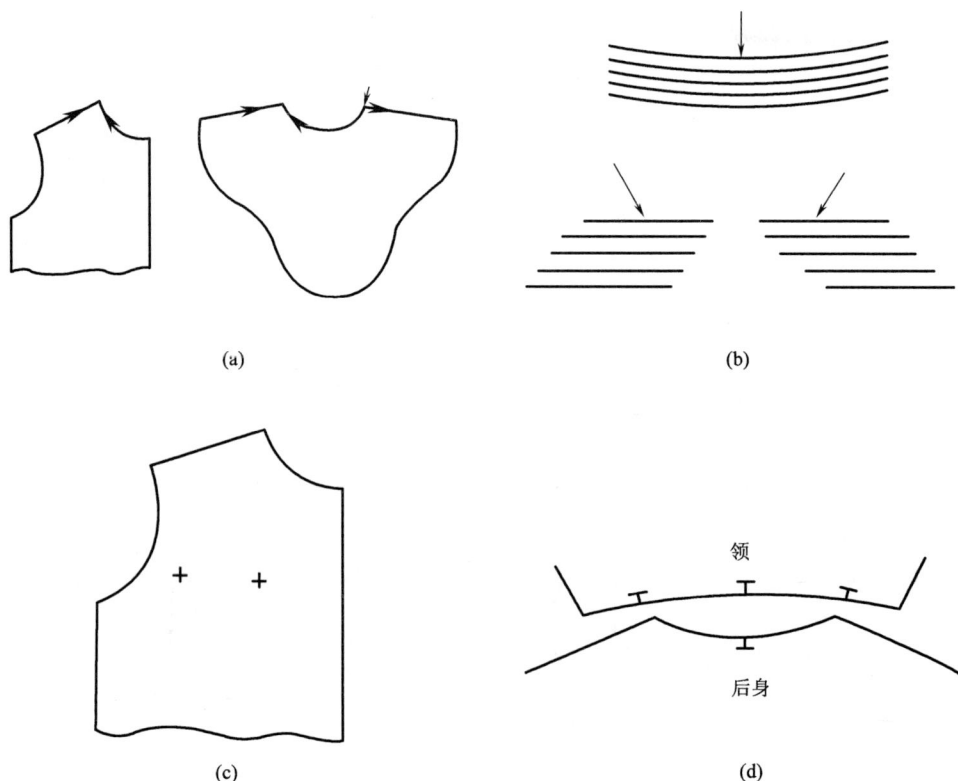

(a)

(b)

(c)

(d)

图4-16 裁剪操作示意图

2. 控制裁剪温度在面料允许的范围内　高速旋转的裁剪刀在多层面料中高速运动和剧烈摩擦会产生大量的热能,熔点较低的面料衣片边缘易出现熔融、粘连、变色、焦黑等现象,故应根据面料的性能控制裁剪刀发热温度。一般从减少铺料层数、降低裁刀速度、间歇操作等方面协调配合,使裁剪温度得到有效的控制。

(二) 裁剪设备

1. 直刀型裁布机　直刀型裁布机如图4-17(a)所示,电动机带动直刀片作纵向上下运动而切割面料。针织服装常用的裁刀长度13~33cm,可裁布的厚度为9~29cm,由于裁剪中转弯时阻力较大,所以该机适合裁制较大的或形状较简单的裁片。根据布料的不同要求可以选择不同的刀刃。如图4-17所示,图4-17(b)为垂直刀刃,图4-17(c)为锯齿刀刃,图4-17(d)为细齿刀刃,图4-17(e)为波形刀刃。其中垂直刀刃为普通刀刃,其他三种刀刃为专用刀刃,主要适用于化纤面料,可减少刀刃的发热,防止面料熔融。

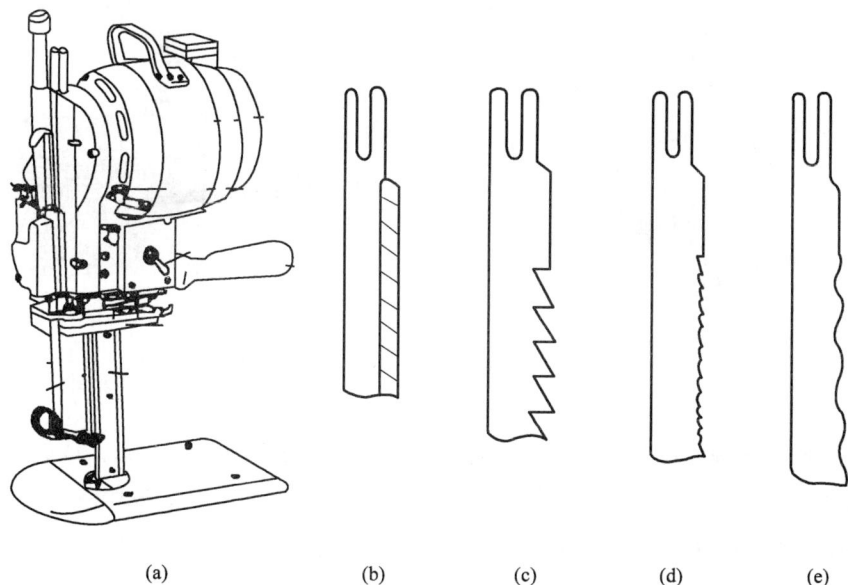

(a)　　　　(b)　　　　(c)　　　　(d)　　　　(e)

图4-17　直刀型裁布机

2. 圆刀型裁布机　圆刀型裁布机如图4-18所示,单向旋转的圆刀刀刃旋向面料进行裁剪。圆刀的直径为6~25cm,切布的厚度不能超过刀片的半径。圆型裁布机裁直线时比直刀速度快,效果好。但受圆刀刀片宽度的限制,裁刀不易转弯,较尖锐的拐角和曲线无法裁剪,该机适合棉针织品或小批量服装衣片的裁剪。

3. 带刀型裁布机　带刀型裁布机如图4-19所示,裁刀为厚度0.5mm,宽度10~13mm,长3240~4745mm的钢带,由电动机带动做单向循环运动。该机裁剪精度高,切口平整美观,可切最厚的布层高度为30cm,多用于切割形状复杂、曲线多的小片。

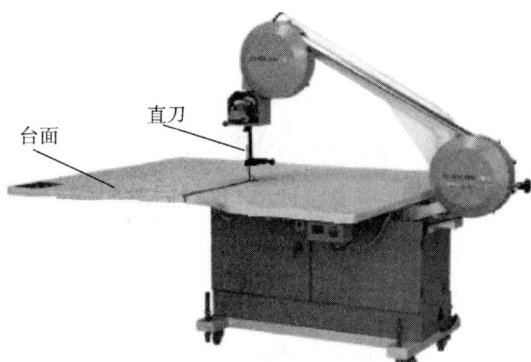

图 4-18　电动圆裁刀

4. 臂式直刀裁剪机　该机是在直刀型裁剪机基础上发展起来的新型裁剪机，如图 4-20 所示。臂式直刀裁剪机具有以下特点：

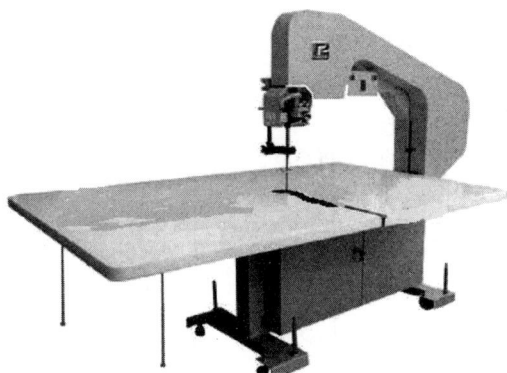

图 4-19　带刀型裁布机

图 4-20　臂式直刀裁剪机

直刀①与台面②保持垂直，提高了裁剪精度。具有灵活省力的工作状态，裁剪时只需轻推手柄沿排料图裁剪即可进行。直刀工作阻力小，可使大小裁片和形状复杂的裁片在一台机上完成。

5. 自动化裁剪生产线　图 4-21 所示为自动化裁剪生产线，该生产线由布卷供给系统（包括①—布卷预储架、②—自动扬布卷机）、③—自动拖布机、④—气浮式或真空抽气式台面、⑤—摇臂式直刀裁剪机和⑥—带式裁剪机组成了自动化高效裁剪生产线。

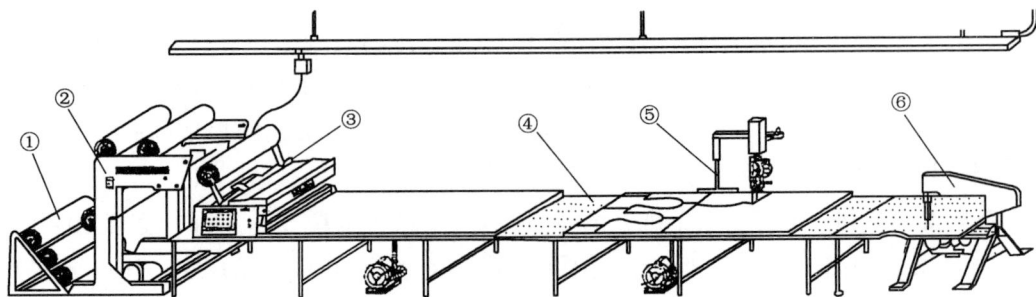

图 4-21　自动化裁剪生产线

6. 激光裁剪机　激光式自动裁剪设备利用激光束融化纤维材料而达到切割要求，适宜切割单层面料，突出优点是可切割任意复杂的形状，裁剪速度可达46m/min。

7. 单件连续裁剪系统　由意大利 BIERREBI 公司推出的全自动针织专业裁剪系统 LTE，采用连续镶套的排板方式，对坯布进行即喂即裁。通过连续三道积极式送布罗拉，将坯布送达放松区域，最后由一组可调罗拉将坯布送入裁剪区。坯布每次推放张力是均匀的，以消除裁片由于张力不匀产生的尺寸偏差。坯布在运送过程中可进行自动提缝、扩幅喂布，并根据坯布门幅变化自动调整坯布横向位置。

该系统由专业 CAD 排板系统、自动刀板打印机以及制刀台板组成。由排板系统进行最优化排板，然后直接打印到刀板上，直接做成刀模。人工将刀模安装到刀板上即可。采用独特的单层压断式连续裁剪方法，刀与坯布在裁剪平面没有直接的接触，但又确保坯布的准确裁断。该系统可自动记数、叠片、送出。

裁剪后的衣片被自动按要求高度叠好送出。同时，计算机自动计算所裁坯布长度、配套衣片数量，并将产品款号和操作工号等信息自动打印，以方便生产流水线管理。

该系统与传统方式相比经济效益高。可节省坯布5%，节省厂房空间约75%，节省人工约75%，综合裁剪成本降低65%以上。裁剪尺寸精确可保持极高的统一性。传统裁剪中有走刀工艺缝隙，该系统中采用压断式裁剪方法，刀与坯布为零距离裁剪。

8. 立式自动切横条机　在缝制针织内衣时需滚领、滚边等，常要用不同宽度的横向或纵向罗纹或棉毛布条。该机切条速度最高可达到500m/min，切布条的宽度15~120mm，可同时切2条，适用坯料筒径300~1000mm。

9. 布料钻孔机　对于在缝制时有定位要求的衣片，还需要给出缝制定位标记。一般采用钻孔机（图4-22）钻孔定位。钻孔时根据布料的特性选择温控器的温度以确定钻针的温度，经加热后的钻针在钻孔时，能将其周围面料熔融，形成一个永久的空洞。如果不加热，则可以作冷钻孔。打孔直径为2~3mm，最大布层厚度为200mm。

10. 热切口机　对于裁片边缘需要给出对位合缝标记的可采用热切口机，该机用于多层裁片边缘的特定位置烙出 V 型切口，以示缝合定位。该机有三级加热温度控制，可适用于不同的面料，如图4-23所示。

11. 标签粘贴机　将衣片信息如货单号、款式号、裁床号、规格、件数、生产日期、裁剪工号等按某种规律编码先加印在标签上，然后经带有粘性牵条的标签粘贴机，通过一定的温度和压力，自动将标签粘贴在相应的裁片上，标签在加工过程中不会脱落。标签粘贴机的温度可调，以适用不同材质的面料。该机贴附标签的工作速度为150个/min。

（三）验片、打号、分包

1. 验片　验片的目的是检验裁片的质量。主要检验内容如下。

（1）裁片的裁剪精度包括裁片与样板、最上层与最底层裁片的偏差；剪口、定位孔位置是否正确、清晰，有无打错、漏打等现象。

（2）条/格裁片的对位是否符合要求。

（3）裁片边缘是否圆顺，是否有毛边、破损现象。

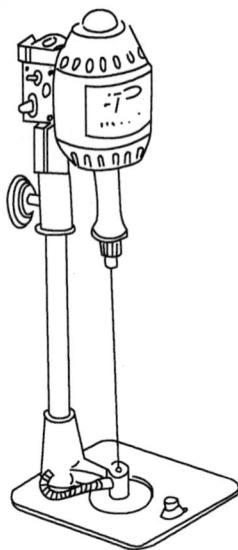

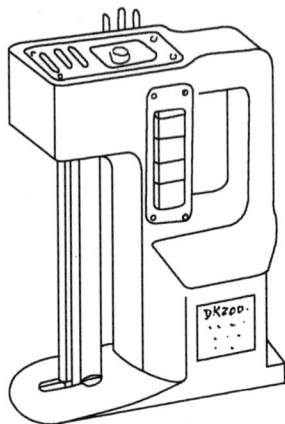

图 4-22　钻孔机　　　　　　　　　　图 4-23　热切口机

（4）裁片中是否有超过规定的疵点。

对不符合质量要求的裁片，可修补的及时修补，不可修补的须重新换片。

2. 打号　打号的目的是为了避免裁片产生色差或裁片组合发生混乱。裁片上打上号后，便于缝制时按同一号的各裁片组合成一件服装。打号可采用号码机或标签粘贴机。

3. 分包　分包的目的是按照缝制生产工序进行裁片分组和捆扎，防止散乱，便于统计，也为缝制流水线做准备。在分包前，需将要黏合的衣片拣出，进行黏衬，然后将同批产品的裁片根据生产需要合理分包，通常采用 10 件、12 件、20 件或 30 件为一包进行捆扎，每包的外面应系上标有产品名称、床号、规格、件数等内容的标签，分送到各缝制车间。

四、黏合工序

对于一些需要进行黏合的裁片，在缝制之前应该完成黏合。

（一）黏合衬的作用

黏合衬使衣片容易形成与人体相吻合的形状；使衣领、袖口、腰头等处具有适当的硬挺度和弹性；增加纽扣、纽孔等处的强度，提高服装的可缝性（这里主要指衣片在缝纫时，其纱线不易滑脱，衣片加工时不易走形）。

（二）黏合衬的种类

1. 按基布组织分　按基布组织可分为非织造衬、机织衬、针织衬。

2. 按基布材料分　按基布材料可分为锦纶、涤纶、黏胶纤维。

3. 按热熔胶种类分　按热熔胶种类可分为高密度聚乙烯衬（HDPE）、低密度聚乙烯衬（LDPE）、聚酰胺类衬（PA）、聚酯类衬（PET）、乙烯-醋酸乙烯树脂类衬（EVA）、EVA 的皂化物类衬（EVA-L）、聚氯乙烯类衬（PVC）等。

4. 按涂胶工艺分　按涂胶工艺可分为热熔转移法、撒粉法、粉点法、浆点法、网点法、网膜法、薄膜法、双点法等不同工艺制成的黏合衬。

5. 按黏合衬与面料的黏合形式分

（1）完全黏合型：衬与面料全面接触，牢固地黏合在一起。一般以涤纶非织造布为基布，采用 PA 热熔胶，按撒粉法、粉点法、网点法工艺制成。适合低温黏合，黏合后可耐水洗和干洗，手感轻柔。

（2）部分黏合型：衬与面料之间呈点状轻度黏合，起补强或假黏合作用。

（3）硬化黏合型：衬与面料（或里料）经热压后形成硬化黏合，具有挺括防皱、保形性好的特点，可作裤子或裙子腰衬等。

（4）两面黏合型：这种衬无基布，采用树脂制成薄膜带，使用时，将其放在面料与里料之间，经热压后，可同时将面、里料黏合在一起，可作服装中的牵条。

（三）黏合工艺参数

1. 黏合温度　黏合温度应根据面料的特性、热熔胶的性能及黏合机种类等因素通过生产前的多次实验来确定。黏合温度过高，会产生渗胶现象或面料、衬料发生脆化。黏合温度过低会降低黏合衬的剥离强度。一般黏合温度控制在 140～160℃，不要超过 170℃。服装厂中的黏合工序大多在黏合机上进行，黏合温度是指黏合机温度表的读数。

2. 黏合压力　黏合压力在黏合时的作用是使面料与衬料紧密贴合，有利于热熔胶渗入并扩散，提高黏合强度。对于不同面料、衬料及热熔胶，黏合压力的大小不一，应通过小样实验来确定。一般黏合压力控制在 0.1～0.4kg/cm²。

3. 黏合时间　黏合时间是指从热熔胶开始受热到其热量及压力去除这一段时间间隔。黏合时间过短影响剥离强度，过长影响生产效率或可能出现面料、衬料脆化现象。黏合时间大小主要与黏合机的压板温度、压板压力、织物的种类、热熔胶种类等因素有关，一般黏合时间控制在 5～15s。对于连续式黏合机，黏合时间通过黏合机输送带的速度来控制。

刚经过黏合处理的衬料和面料，应使其在平整、松弛的状态下逐步冷却至室温才能使用。

（四）黏合衬的选用

选用黏合衬时，应根据面料的性能、服装的种类、应用的部位等实际条件，综合考虑黏合衬的基布、热熔胶、涂胶工艺来选择合适的黏合衬。表 4-2 给出了黏合衬的应用范围。

表 4-2　黏合衬应用范围

项　目	衬　衫	外　衣	皮　革	鞋帽及装饰
基布	机织布	机织布	机织布、非织造布	机织布、非织造布
热熔胶	PE、PET	PA、PET、PVC	PA	PE、PVC
涂胶工艺	粉点法 撒粉法 网膜法	粉点法 撒粉法 浆点法	撒粉法 网膜法 浆点法	撒粉法 浆点法

（五）黏合设备

1. 黏合设备的分类　按工作方式分为间断式和连续式；按加压方式分为板式加压和辊筒式加压；按热源分为电热、蒸汽、高频波以及红外线；按冷却方式分为自然冷却式、风冷却式、水冷却式。

2. 黏合工具及设备工作原理

（1）熨斗：熨斗简单方便，但黏合强度低，效率低。适合小面积、低熔点的黏合衬布，适合家庭使用，温度、时间、压力由操作者凭经验掌握。

（2）平板式黏合机：平板式黏合机分为气动台式和液压立式黏合机。衬布和面料置于两层压板之间，压板用电热丝加热，利用压缩空气或液压使压板压紧加压。属于间隙式加工。

（3）连续式黏合机：连续式黏合机分为直线式、回转式、迷你式及旋转式黏合机。衬布和面料经烘房加热，经轧辊加压黏合，通过输送带传送，是一种连续加工。

（4）间歇式黏合机：它具有预黏合区和主黏合区，可分段进行压力和温度的调节。对于难加热难黏合的材料，可在初始阶段迅速升温；对于热敏面料可缓慢加热，以防止面料和衬布收缩。温度预先设定后在加工过程中自动控制。

（5）高频黏合机：利用微波辐射，对面料和衬布进行加热。胶液不会渗透，黏合后手感良好。可进行多层压烫，生产效率高。

五、黏合质量要求

（1）剥离强度：这是黏合衬的主要指标。测试试样为 20cm×5cm，剥离速度为 10~15cm/min，在剥离曲线上连续取 5 个极大值与极小值，其平均值即为剥离强度，要求应大于 9.8N。

（2）附着面积：要求面料和衬黏合必须有 95% 以上的附着面积。

（3）耐洗性能：要求外衣黏合衬干洗、水洗 5 次以上，不脱胶、不起泡。衬衣黏合衬水洗10~20次以上不脱胶、不起泡。水洗缩率分别为机织衬：经向<1.5%，纬向<1.5%~2.0%；非织造衬：经向<1.3%，纬向<1%。

（4）外观及手感：不应过分硬化，渗胶量少，有良好的手感和悬垂性。

（5）加工要求：具有良好的可缝性和剪切性。

第三节　缝制工艺

一、缝针与缝线

1. 缝纫机针

缝针是用缝线连接缝料的工具。按针的形状分为直针和弯针两个大类，直针垂直插入面料穿引面线，所以对直针的要求较高。

直针的结构如图 4-24（a）所示，机针是由针柄①、针杆②、针尖③组成。针尖上的针孔可使缝线穿过，并将线带过面料；针杆上的深针槽可以减少缝线与面料的摩擦，浅针槽可以防止缝线随缝针上升时回退。图4-24（b）所示为双针机针，图4-24（c）所示为三针机针。每枚直针在面料的表面形成一条明线。图4-24（d）为弯针的形状，图4-24（e）为弯针与顶针的配合，作弧线运动的弯针在面料的表面仅带过少量的纱线，形成暗线。

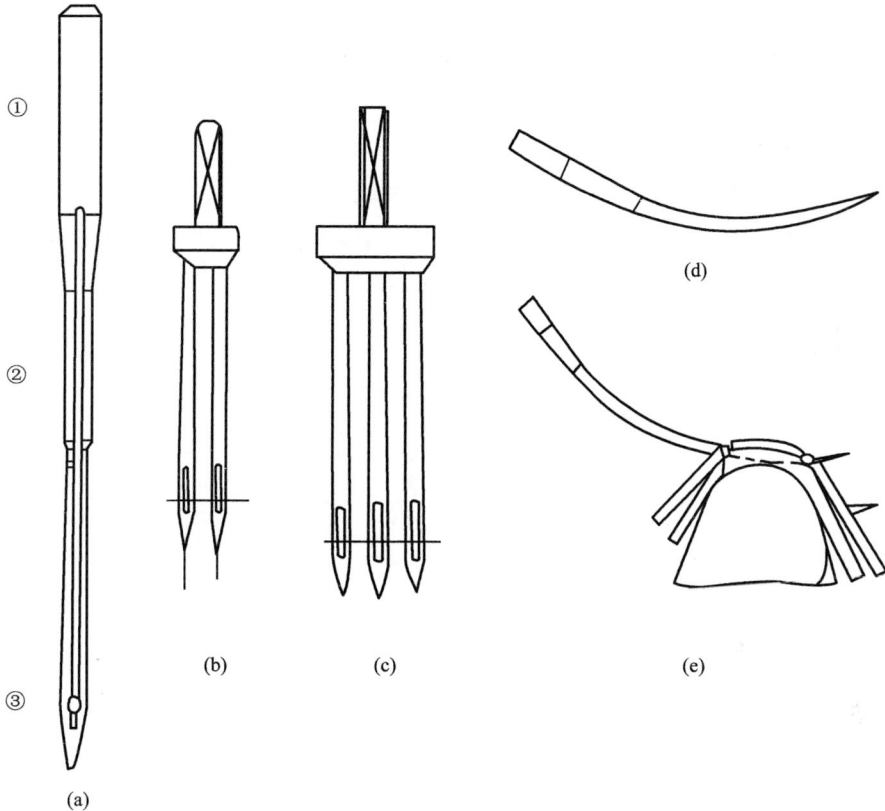

图4-24　机针的结构

2. 机针的型号

缝纫机针型号繁多，使用时应根据不同种类的缝纫机选用相应型号的机针。

机针的粗细用针号表示，它反映针杆直径的大小。一般根据面料的软硬厚薄选用。常用针号表示方法有三种：公制、英制和号制。公制是以百分之一毫米作为基本单位量度针杆的直径，如公制中75表示针杆直径$D=75/100=0.75$（mm）；英制是以千分之一英寸作为基本单位表示针杆直径，如英制中029号表示针杆直径$D=29/1000=0.029$（英寸）。这两种表示方法具有直观明确的优点。号制是机针的一个代号，对机针的直径仅为粗略概念表达，即号数越大，针杆直径越粗。这三种表示方法的对应见表4-3。

表4-3　三种针号对应关系

公制	55	60	65	70	75	80	85	90	100	105	110	120	125
英制	022	023	025	027	029	032	034	036	040	042	044	047	049
号制	7	8	9	10	11	12	13	14	16	17	18	19	20

一般根据面料的厚度和硬度来选择机针的粗细。超薄型丝绸或仿真丝面料宜选用针杆直径在0.67mm以下的7号或8号机针；薄型面料可以选用针杆直径在0.72~0.82mm之间的9~11号机针；中薄型面料可选用10~12号机针；中厚型面料可选用12~14号机针；厚型面料可选用14~18号机针。

缝纫车速的快慢对机针也有不同要求。较高的车速容易使机针发热，缝线和面料熔化的残余可能会黏着针槽，所以应该选择表面镀铬的机针。中低车速可以选择表面镀镍的机针。

（一）直针针头形状

普通型机针针尖锐利，缝制针织面料时容易切割或擦伤面料，使面料产生纱线断裂、线圈脱散的现象，严重影响针织服装的质量。圆头型机针在运动时，可以顺畅地将面料纱线推开，从纱线之间穿过，避免面料在缝制中出现破损、起洞现象。圆头型机针在缝制中的状况如图4-25所示。

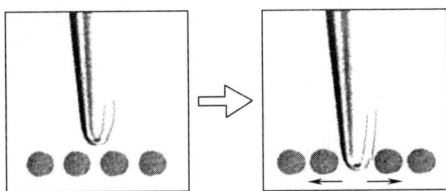

图4-25　圆头型机针在缝料中的状况

日本"风琴"牌圆头型机针中的几种型号很适合缝制针织面料，其圆头型针尖如图4-26所示。

型　号	记　号	针头形状	尖端形状
纤细针头	S		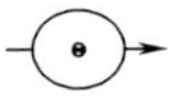
J圆头	J		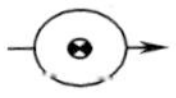
B圆头	B		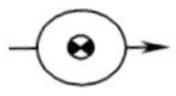
U圆头	U		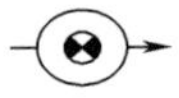
Y圆头	Y		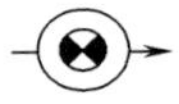

图4-26　圆头型针尖

S型为纤细圆头形针尖，从针孔到针尖的形状比普通型（J型）要细长一些，用于极细薄的针织面料缝制。

J 型为小圆头形针尖,是最常用的一种针尖,适用于一般针织面料的缝制。

B 型为轻型圆头型针尖,针尖的尖端直径约为针杆直径的1/4,适用于伸缩性较大的针织物或厚型化纤织物的缝制。

U 型为中型圆头型针尖,针尖的尖端直径约为针杆直径的1/3,穿透能力较 S 型、J 型、B 型强,适用于弹力针织物特别是女士内衣的缝制。

Y 型为特大圆头型针尖,此类型针尖在圆头形针尖中最为坚固,针尖的尖端直径约为针杆直径的1/2,穿透能力最强,适用于网眼较粗、组织稀松和伸缩性大的针织物的缝制。

此外,还有 Q 型(特小圆头)针尖,针尖尖端处斜形的设计使缝针在运作时,可以减小旋梭等部位与针尖接触时对针尖的磨损,同时可防止面料纱线断裂及折针等现象的发生,而且即使针尖与缝纫线相接触也不会将其切断,特别对针织物的锁缝以及刺绣缝制效果更佳。

选择机针针尖的大小应是在面料纱线直径 0.7~1.4 倍之间最为合适。

(二)缝纫线

缝纫线是缝料的连接物,它的理化性能对针织服装的外观质量和内在质量有重要的影响,在选配缝纫线时应予以重视。

1. 缝纫线的基本质量要求

实用的缝纫线必须具备缝合性、耐用性和良好的外观。

缝纫线的缝合性是指缝线在特定的缝料上进行高速缝纫能否形成均匀一致的线迹。

缝纫线的耐用性从工艺上要求,面线强力不应低于 5N,底线强力不低于 3N,强力不匀率控制在±10%以下。缝纫线的断裂伸长率控制在 12%~16%为宜。缝纫线大多由几根单纱合并,生产中多采用双股或三股线(一般三股线较双股线成形好,强力高),再经练染、烧毛、丝光及柔软处理,使之具有光滑、柔软的特点。缝纫线的细度不匀率小于 10%。细度不匀会影响强力,增加缝纫线与针孔的摩擦而断线。为提高缝纫线的强度、条干均匀度及光泽,在缝纫线的生产过程中还要对缝纫线进行加捻,以单位长度内缝纫线的捻回数表示捻度。缝纫线的捻度应适中均匀,捻度不匀率不超过±8.5%,捻度过大,成缝过程中线圈易产生扭曲变形而跳针。缝纫线的捻向是指纱线的捻回旋转方向,分为 S 捻和 Z 捻。缝纫线在合股数相同时,S 捻比 Z 捻粗,但 S 捻线的耐磨性要比 Z 捻好。缝纫线多数采用 Z 捻,若成缝器钩头自针的左侧向右穿入直针线圈的缝纫机最好用 S 捻,有利于减少跳针和断线,如三线包缝机、筒式双针绷缝机。缝纫线的缩水率应与缝料相适应,使服装洗涤后缝迹不起皱。

缝纫线的外观主要是指缝纫线与织物的配合效果,要求达到线迹整洁和色彩协调。一般在缝制深色面料时,缝纫线的颜色应稍深于面料。缝纫线的耐洗、耐晒色牢度要好。在缝制多色面料时,还可以采用透明缝纫线,效果更好。

2. 缝纫线的主要品种及特点

(1)棉线:棉线分为普梳线、精梳线、丝光线、拉光线等。其缝纫强力好,伸长率低,耐热性好,有较好的防静电性,可缝性好。棉线的缩水率较高,色牢度较差。

(2)涤纶线:涤纶线分为涤纶短纤维线和涤纶长丝线两大品种。涤纶线具有强力大、回弹性强、洗涤后缩率小、耐磨及耐腐蚀性好等特点,经过硅油或硅蜡乳液整理后,涤纶线具有滑爽、柔软、手感丰满等优点，耐热性也能适应高速缝制的要求。

涤纶短纤维缝纫线手感、外观类似棉线，色牢度、强度、尺寸稳定性方面均优于棉线，价格较低廉，被广泛用于棉、化纤和其他纤维制成的针织服装。

涤纶长丝缝纫线的光泽宜人，多用于缝制高档丝和毛针织品。由喷气变形涤纶长丝纺制的涤纶长丝高弹缝纫线，有很好的拉伸性，用于缝制长筒袜和连裤袜等高弹针织品。

（3）锦纶线：锦纶线主要用于缝制弹性针织服装。由锦纶6或锦纶66为原料经纺丝、两级拉伸和添加透明剂而形成的单丝缝纫线为无色透明，适用于任何颜色的面料。

（4）混纺线：混纺线有涤棉线、包芯线等。混纺线综合了纯棉线与化纤线的性能，具有强力好，吸湿、收缩率低的特点，在针织内衣缝制中应用广泛。其中涤棉线一般由65%的涤纶和35%的优质棉制成，线的强度、耐磨性、柔韧性、弹性和缩水率等指标比较好，可用于缝制各类服装。包芯线一般芯线为涤纶，表线为棉，主要用于高级棉针织外衣的缝制。

（5）绣花线：绣花线在服装缝制中主要起装饰作用。黏胶丝绣花线色泽艳丽，色牢度好。由腈纶短纤维纱合股而成的腈纶绣花线，耐晒、耐腐蚀、色泽艳丽。

（三）缝纫线、缝针号数与面料的选配

根据面料选配缝线、缝针号数时，一般将面料按厚度分为中厚和轻薄大类，缝线的规格一般为（7.4tex×3）～（14tex×3），对应的针号为7#～14#，其规律是面料越薄缝纫线越细、针号越小。精梳棉线常用于轻薄面料或高档针织物的面线；锦纶线用于化纤织物、弹性织物。

二、针织服装常用线迹与缝型

线迹是缝制物上两个相邻针眼之间所配置的缝线形式。缝型是一定数量的布片和线迹在缝制过程中的配置状态。根据样板裁片的要求选择相应的线迹和缝型使其缝合成服装。

（一）常用线迹的结构与用途

线迹在服装生产中的主要功能是按一定结构规律连接裁片，其他功能还包括加固作用、保护作用、辅助作用和装饰作用。国际标准化组织（ISO）拟定了线迹类型标准ISO 4915—1991《纺织品—线迹分类和术语》，将服装加工中较常用的线迹分为六大类、共计88种不同类型。线迹种类繁多，关键要掌握线迹中的线数、结构缝纫线在服装面料上形成的状态。下面简单介绍几种针织服装中常用的线迹结构和用途。

1. 锁式线迹（300类）

（1）线迹特点。如图4-27所示。锁式线迹由两根或多根缝线交叉连接于缝料中，其特点如下。

①有穿入直针的面线1和由旋梭引导的底线a。

②线与线以交结的方式形成线迹。

③交结点位于面料的中部或底部。

④交结点在面料中部的线迹在面料正反面形状相同，均为虚线，交结点在面料底部的线迹在面料正面为虚线，底面为直线。

（2）线迹类型。根据锁式线迹在面料表面的几何形态可分为以下几种类型。

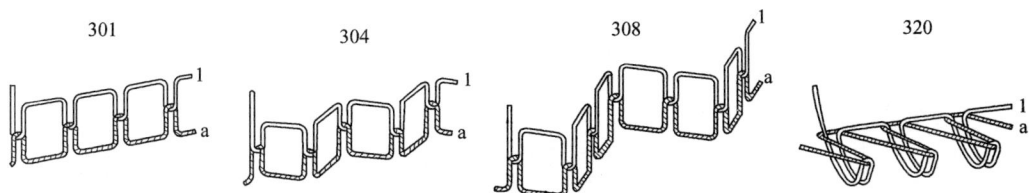

图 4-27　锁式线迹

①直线形锁式线迹（301 号）：其外形为直线形虚线。根据直针的数量可分为单针和双针。从结构中可以看出，它的用线量较少，线迹的拉伸性较差，只适合缝制针织品中不易受拉伸的部位，如衣服的领子、口袋、钉商标、滚带等。缝制这种线迹的缝纫机称为平车。

②曲折形锁式线迹（304 号、308 号）：其外形为曲折形虚线。可以有两种方法形成：

a. 直针除做上下运动外，还作垂直于线迹方向的摆动。

b. 直针做上下运动，缝料被控制做垂直于送料方向的横向摆动。

304 号线迹为两点人字线迹，308 号线迹为三点人字线迹。由于缝线用量相对较多，其拉伸性也明显提高，可防止织物脱散，有简单的包边作用。曲折的虚线美化了服装的外观。该类线迹较多用于有弹性要求的女式内衣、胸罩、袖口、裤口的缝制加工以及打结、锁眼、装接花边等。

③撬边线迹（320 号）：其外形在缝料的反面为直线形虚线和三角形线迹，在缝料的正面看不见线迹。该线迹又称为暗线迹。机针在缝料的同一面穿入穿出，而不对穿缝料，其交结点在缝料的表面，由于用线量较多，它具有一定的拉伸性。该线迹专门用于缝制大衣、上衣、裤口的底边缲边，是针织外衣生产中常用的线迹结构，缝制这种线迹的缝纫机称为撬边机。

2. 链式线迹（100 类、400 类）

（1）链式线迹的特点：

①可由一根或多根线构成线迹。

②缝线以自链或互链的方式形成线迹。

③套结点位于缝料表面。

④缝迹外观不同，一面为虚线状直线，另一面为新旧线环依次相互串套的锁链状。

图 4-28（a）为单针单线链式线迹，图 4-28（b）为单针双线链式线迹。

（2）线迹类型：

①直线形单线链式线迹（101 号）：只有一根面线，在表面形成虚线，在另一面为新线环穿入旧线环，并将旧线环套住固定，线迹呈链状。单线链式线迹当缝线断裂时会发生连锁脱散，在缝制针织服装时一般与其他线迹联合使用。

②曲折形单线链式线迹（107 号）：其外形呈曲折形，主要用于简单的锁扣眼、装饰内衣的接缝等。

③单线链式暗线迹（103 号）：其外形呈横向锁链状，面料正面看不见线迹。用于衣片下

101　　　　　　　　　103　　　　　　　　　107

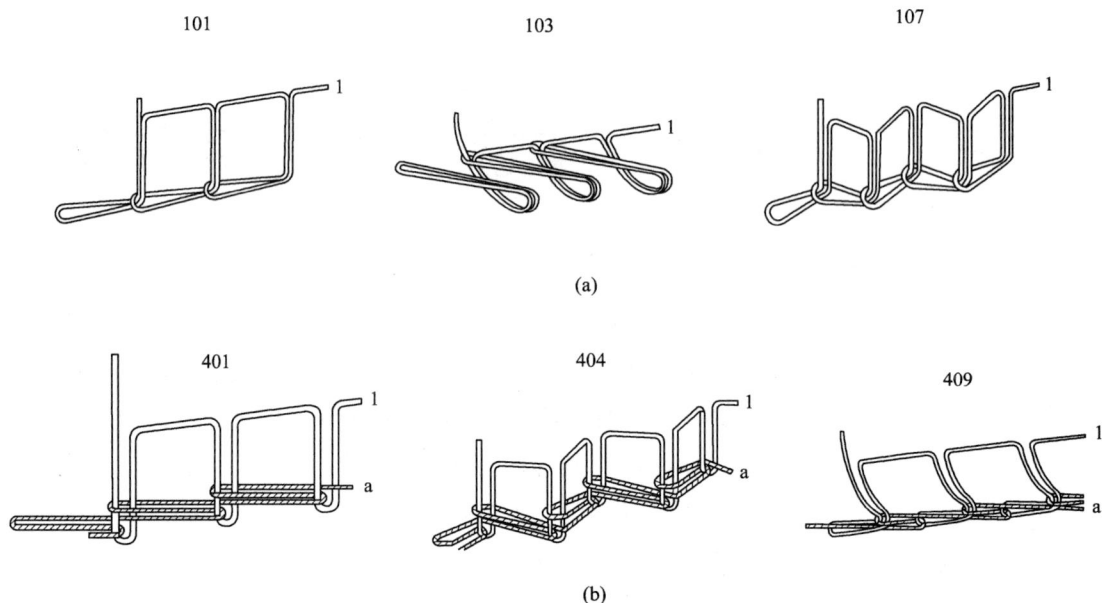

(a)

401　　　　　　　　　404　　　　　　　　　409

(b)

图 4-28　链式线迹

摆的绷边缝制。

（3）双线链式线迹 ［图 4-28（b）］：直线型双链式线迹（401 号），由上线环与下线环相互穿套形成，下线环穿入上线环，新的上线环又穿入已穿过上线环的下线环之中，由此上、下线环相互被制约固定。与锁式线迹相比较，这种线迹的弹性和强度较好，而且脱散性较小。因此，在针织服装缝制中得到广泛的应用。例如，延伸性要求较多的滚领、绱松紧带、袖的下缝、裤裆等部位的缝合。缝制 401 号线迹的缝纫机一般以其直针数量和用途来命名，如单针滚领机、双针滚领机、四针扒条机、四针松紧带机等。

曲折形双线链式线迹（404 号），一面为人字形虚线，另一面为人字形锁链。通常用于服装的饰边。

双线链式暗线迹（409 号），其线迹外观与单线链式暗线迹相似，只是横向锁链的线数多了一条，线迹更为可靠，多用于外衣、裤子的底边的缲缝。

3. 绷缝线迹（400 类、600 类）

绷缝线迹（图 4-29）包括绷缝线迹和覆盖线迹。绷缝线迹的结构是两针或两针以上直针穿越缝料形成面线线环，仅有一根下线 a 的线环依次穿入所有面线的线环，继而面线的线环再分别穿入下线线环。在缝料的一面形成虚线，虚线的条数就是直针的根数，缝料的另一面为网状的线圈套串。根据直针数和组成线迹的缝线数，分别有双针三线绷缝线迹（406 号），三针四线绷缝线迹（407 号）。绷缝线迹的特点是强力大，拉伸性好，同时还能使缝迹平整，在拼接处还可防止针织物的边缘线圈脱散。绷缝线迹主要用于衣片的拼接及装饰，如针织服装的装袖、滚领、滚边、拼边等。缝制绷缝线迹的缝纫机为绷缝机。

覆盖线迹是在绷缝线迹的表面上线环以穿套的形式加入能覆盖线迹的装饰线。603 为双

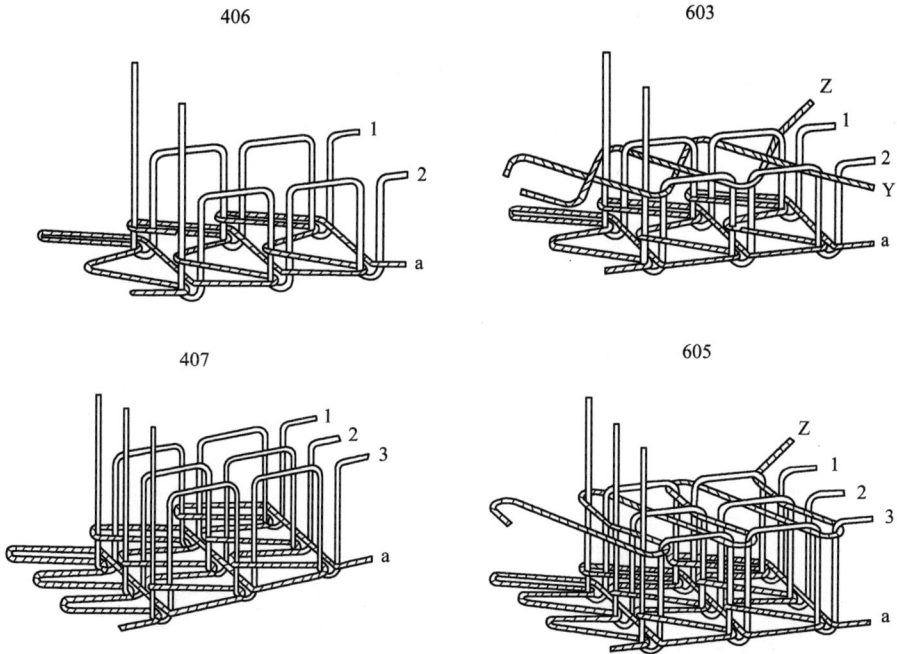

图 4-29　绷缝线迹

针五线覆盖线迹，605 为三针五线覆盖线迹。其中 Y 和 Z 是装饰线，一般采用光泽好的粘胶丝线或彩色线，缝迹外观非常漂亮，如图 4-30 所示。

　　覆盖线迹既有绷缝线迹的优点，又有很强的装饰性，故多用于服装的滚领、滚边、肩

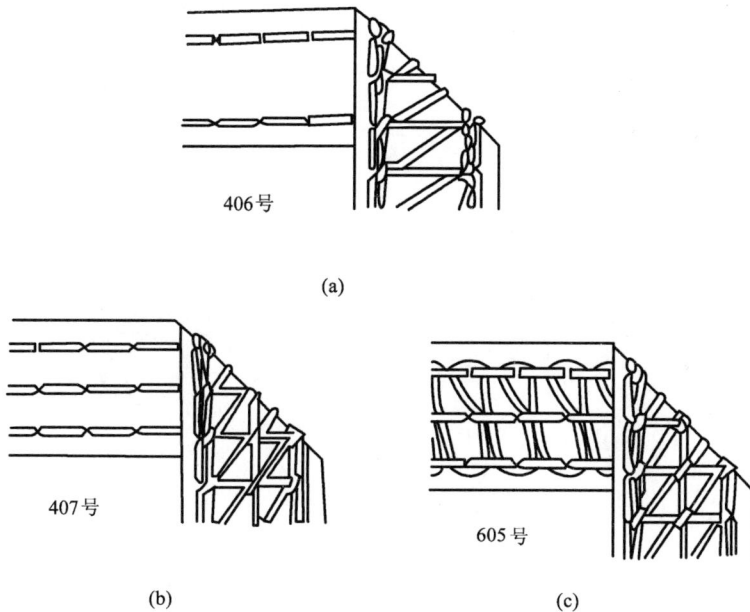

图 4-30　绷缝线迹和覆盖线迹的外观

缝、侧缝的拼接等。

4. 包缝线迹 （500 类）

（1）线迹特点：如图 4-31 所示。包缝线迹配置在缝料的边缘故又称为锁边缝线迹，其缝线可采用一根或数根，缝线呈空间配置，线迹外观为立体网状。

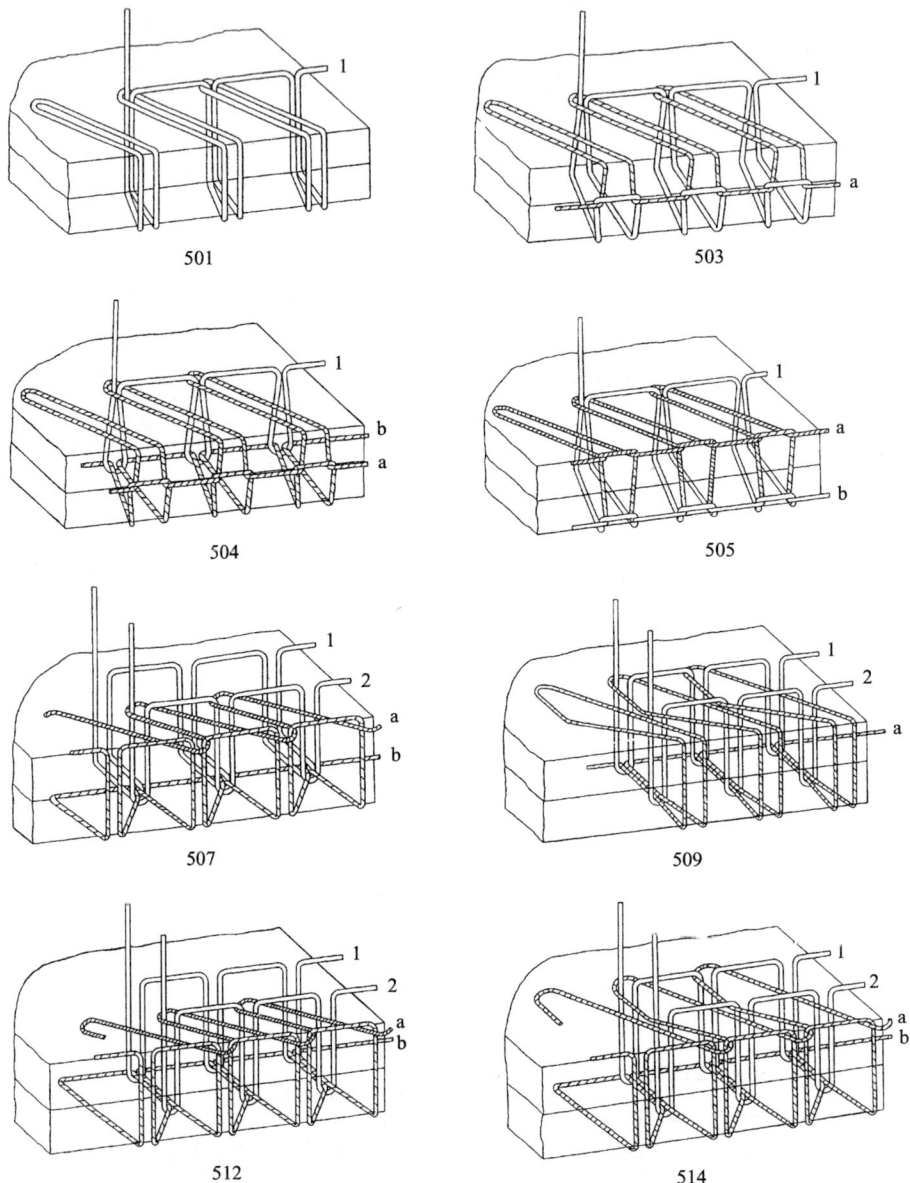

501 503 504 505 507 509 512 514

图 4-31　包缝线迹

（2）线迹类型：

①单线包缝线迹（501 号）：这种线迹只有一根上线，直针带上线 1 穿过缝料形成线环，该线环被下成缝器叉勾叉住绕过衣片裁边并送到进针处，从而被新的上线环穿入，由于是自

链成环，线迹不牢靠，一般用于毯子边缘的包缝或裘皮服装的缝接等。

②双线包缝线迹（503 号）：下线 a 的线环穿入上线 1 的每一个线环，而上线的线环需穿入已穿过自身线环的下线环 。上、下线环的套结点在衣片的边缘，起保护作用。两线包缝适合于缝制弹性大的部位，如弹力罗纹衫的底边常用这种线迹缝制。

③三线包缝线迹：504 号下线 b 的线环穿入所有上线 1 的线环内，另一个下线 a 穿入所有的下线 b 的线环内，而上线的线环需穿入所有已穿过 b 线环的 a 线线环中。其中 1 线起缝合作用，b 线起包边的作用，a 线起覆盖缝型的作用；505 号线环间的穿套方式相同，仅是上线 1 被拉长，与 b 的套结点在缝料的边缘，b 与 a 的套结点在缝料上部的边缘；509 号有两根上线（1、2），它们分别平行地穿过缝料起缝合的作用，下线环 b 从缝料的下部由后到前依次穿入上线线环，绕过缝料的边缘后，再由前到后从上线上部的下一线环中依次穿入。b 线既有包边的作用又有覆盖的作用。

504 号线迹的面线较紧；505 号线迹的拉伸性好，在缝合受拉伸较强烈的部位时常用 505 号线迹；509 号线迹为安全线迹。它们的共同特点是使缝制物的边缘被包裹，防止针织物边缘脱散。当受到拉伸时，三根线之间可以有一定程度的互相转移，因此缝迹的弹性较好，被广泛地应用于针织服装的缝制中。

④四线包缝机线迹：512 号由两根上线和两根下线互相穿套形成线迹。下线 b 的线环依次穿过上线 1 和 2 的所有线环，另一下线 a 的线环穿过 b 线的所有线环，而 2 的线环需穿入已穿过 b 线环的 a 线环。其中 b 线起包边作用，a 线覆盖缝型，上线 1、2 起缝合作用。同时，2 线具有夹持 b、a 线的作用，能防止缝线脱散，比单线、双线、三线包缝线迹更可靠。507 号和 514 号与 512 号线迹的区别在于，下线在表面只与上线 2 串套。

四线包缝线迹常用于针织外衣的缝合加工，如内衣、T 恤的肩缝、袖缝等处的缝合，起加强作用。

⑤复合线迹：由包缝和双线链式线迹这两种独立线迹组合而成，该复合线迹弹性好、强度高、缝型稳定、缝制生产效率高。按组成线迹的线数分，有五线包缝（401 号+505 号）和六线包缝（401 号+512 号），多用于针织外衣以及补整内衣的缝制。图 4-32 所示为五线包缝线迹正反面外观。

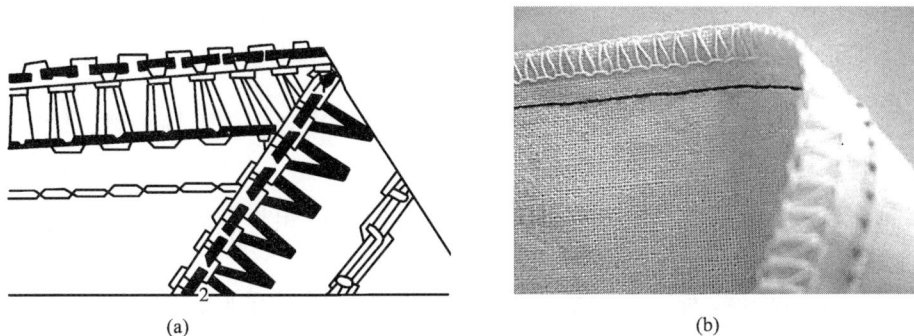

(a)　　(b)

图 4-32　五线包缝线迹的外观与布样

（二）缝型的分类及应用

缝型是指一定数量的布片和线迹在缝制过程中的配置。缝型的结构形态对于缝制品的品质（外观和强度）具有决定的意义。由于在缝制时，衣片的数量和配置方式及缝针穿刺形式的不同，使缝型变化相对于线迹更为复杂，为有利于开展服装生产和进出口贸易，国际标准化组织拟订了缝型标号的国际标准 ISO 4916—1991，作为简便的工程语言指导生产和贸易。

1. 缝型的分类　缝型分类按照缝料的边缘形态、缝料的数量、缝料间的配置关系分为 8 大类，如图 4-33 所示。其中缝料的边缘形态又分为一边为有限边缘（用直线表示），一边为无限边缘（用波浪线表示），两边为无限边缘以及两边为有限边缘四类；缝料的数量可以是 1、2，或者更多；缝料间的配置关系有重叠、搭接、拼接、包卷、叠加、夹芯等形式。

缝片	分　　类							
	1	2	3	4	5	6	7	8
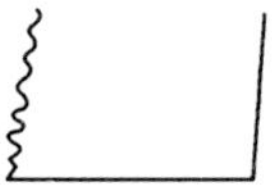	≥2	≥1	≥1	≥1 同一水平位置	≥0	1	1	—
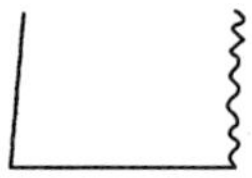	≥2	≥1	—					
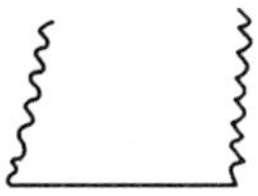	—	—	—	—	≥1	—	—	—
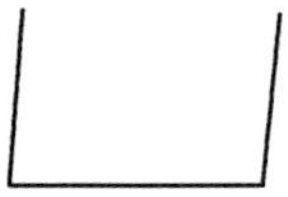	≥0	≥0	≥1	≥0	≥0	—	≥1	≥1
最小缝片数	≥2	≥2	≥2	≥2	≥1	1	≥2	≥1
基本缝片的配置	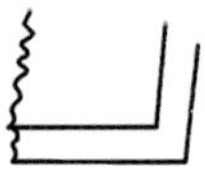	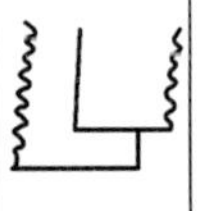	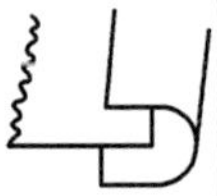		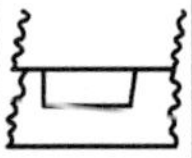		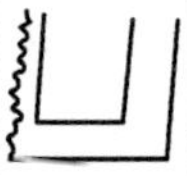	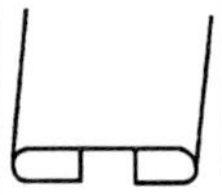

图 4-33　缝型分类示意图

1 类缝型——由两片或两片以上缝料组成，其有限布边全部位于同一侧，缝料呈重叠关系，如平缝。

2 类缝型——由两片或两片以上缝料组成，其有限布边相互对接搭叠，无限布边分置两侧，如里料拼接。

3 类缝型——由两片或两片以上缝料组成，其中一片缝料有两个有限布边，并将第一片缝料的有限布边夹裹住，如滚边。

4 类缝型——由两片或两片以上缝料组成，其有限布边在同一平面内有间隙或无间隙地对接，无限布边分置两侧，如拼缝。

5 类缝型——由一片或一片以上缝料组成，如加入橡筋。

6 类缝型——只有一片缝料，其中一侧为有限布边，如边缘自卷。

7 类缝型——由两片或两片以上缝料组成，其中一片缝料的一侧为有限布边，其余的为两侧有限布边，如钉商标。

8 类缝型——由一片或一片以上缝料组成，所有布片两侧都为有限布边，如嵌条。

2. 缝型的标号　国际标准 ISO 4916 中，缝型标号由斜线前五位数字和斜线后的线迹代号组成：

$$×.××.××/线迹代号$$

第一位数字从 1 到 8 表示缝型的类别，第二、第三位数字从 01 到 99 表示缝料布边的配置形态，第四、第五位数字从 01 到 99 表示缝针穿刺衣片的部位和形式。

如 1.01.01/504 或 505 表示采用三线包缝线迹将两片重叠配置缝料的有限边缘合缝。

3. 针织生产常用缝型　在缝型的国际标准（ISO/DIS 4916）中，根据缝针的穿刺形式共标出 543 种缝型标号，现将针织品缝制中较为常用的缝型列于表 4-4 中，以供参考。

表 4-4　针织品缝制常用缝型标号

缝型类型	缝型名称	缝型构成示意图	缝型类型	缝型名称	缝型构成示意图
链缝类	双链缝合缝（1.01.01/401）		锁缝类	合缝（1.01.01/301）	
	双针双链缝双包边（2.04.04/401+401）			来去缝（1.06.02/301）	
	双针双链缝犬牙边（3.03.08/401+404）			育克缝（2.02.03/301）	
	双针扒条（5.06.01/401+401）			滚边（小带）（3.01.01/301）	
	双链缝缲边（6.03.03/409）			绱拉链（4.07.02/301）	
	双针四线链缝松紧腰（7.25.01/401）			钉口袋（5.31.02/301）	
包缝类	三线包缝合缝（1.01.01/504 或 505）			折边（6.03.04/301 或 304）	
	四线包缝合缝（1.01.03/507 或 514）			钉商标（7.02.01/301）	
	五线包缝合缝（1.01.03/401+504）			滚边（3.03.01/602 或 605）	

缝型类型	缝型名称	缝型构成示意图	缝型类型	缝型名称	缝型构成示意图
包缝类	四线包缝合肩（加肩条） （1.23.03/512 或 514）		绷缝类	双针绷缝 （4.04.01/406）	
	三线包缝包边 （6.01.01/504）			折边（腰边） （6.02.01/406 或 407）	
	三线包缝折边 （6.06.01/505）			松紧带腰 （7.15.02/406）	

4. 缝型设计举例 缝型设计是依据服装款式、面料质地、缝口部位设计相适应的缝型。例：针织圆领 T 恤（图 4-34 中序号与表 4-16 中一一对应）。

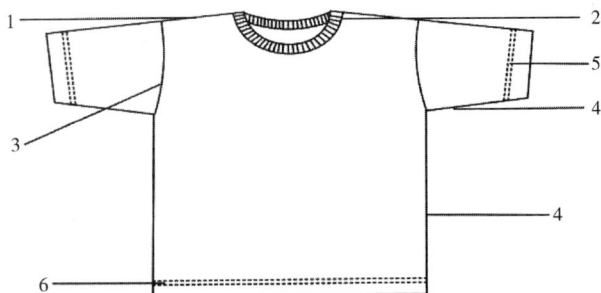

图 4-34 针织圆领 T 恤

（1）缝制工艺流程：领罗纹拼接（四线包缝）→合肩缝（四线包缝）→绱领罗纹（四线包缝，接头位于左肩缝后 3cm）→绱袖（四线包缝）→合大身（四线包缝）→袖口折边（两针三线绷缝）→下摆折边（两针三线绷缝，重针位于左侧缝后 2~3cm 处）。

（2）各部位缝型代号：针织圆领 T 恤各部位缝型代号见表 4-5。

表 4-5　针织圆领 T 恤各部位缝型代号

1. 合肩缝 1.23.03	2. 绱领罗纹 1.01.03	3. 绱袖 1.01.03
4. 合大身 1.01.03	5. 袖口折边 6.02.01	6. 下摆挽边 6.02.01

（三）缝口质量要求

服装外观质量很大程度上是由缝口质量决定的，缝纫加工时，对缝口质量应严格要求和控制。一般缝口应符合以下几方面的要求。

1. 牢度　缝口应具有一定的牢度，能承受一定的拉力，以保证服装缝口在穿用过程中不出现破裂、脱纱等现象。缝口牢度的考核指标为：

（1）缝口强度：指垂直于线迹方向拉伸，缝口破裂时所承受的最大负荷。影响因素主要有缝线强度、缝口的种类、面料的性能、线迹种类、线迹收紧程度及线迹密度等。

（2）缝口延伸度：指沿缝口长度方向拉伸，缝口破坏时的最大伸长量。影响因素主要有缝线的延伸度和线迹的延伸度。

（3）缝口耐受牢度：服装在穿着时，会受到反复拉伸的力，因此需测定缝口被反复拉伸时的耐受牢度，包括在限定拉伸幅度（3%左右）的情况下，缝口在拉伸过程中出现无剩余变形时的最大负荷或最多拉伸次数；在限定拉伸幅度为5%~7%的情况下，平行或垂直于线迹方向反复拉伸，缝口破损时的拉伸次数。一般可通过耐受牢度实验来确定合适的线迹密度，以确保服装穿着时缝口的可靠性。

（4）缝线的耐磨性：缝口开裂往往是因为缝线被磨断而发生线迹脱散，所以需要选用耐磨性较高的缝线。

2. 舒适性　要求缝口在人体穿着时，应比较柔软、自然、舒适。特别是内衣和夏季服装的缝口一定要保证舒适，不能太厚、太硬。对于不同场合与用途的服装，应选择合适的缝口，如来去缝只能用于软薄面料；较厚面料应在保证缝口牢度的前提下，尽量减少对布边的折叠。

3. 对位　对于一些有图案或条格的服装，缝合时应注意裁片间的对格、对条、对花。

4. 美观　缝口应该具有良好的外观，不能出现皱缩、歪扭、不齐、露止口等现象。

5. 线迹收紧程度　用手拉法检测。垂直于缝口方向施加适当的拉力，应看不到线迹的内线；沿缝口纵向拉紧，线迹不能断裂。

三、常用针织缝纫机性能与选用

在针织品缝制加工中，由于面料具有独特的性能和成衣品种款式的多样化，需要用多种缝纫机才能满足服装缝制的要求。

（一）平缝机（图4-35）

平缝机用于缝制301号锁式线迹，缝料正反面具有相似的虚线状直线外观。其特点是用线量较少，线迹不易拆解或脱散，换梭芯所占时间较多。一般缝制拉伸性较小的部位，如领子、口袋、门襟、缝钉商标等。

平缝机的机型除按机速分为中速（每分钟3000针/min以下）和高速（最高可达5500针/min）外，还有以下功能。

1. 差动送布平缝机　如果两层面料需要吃纵归拢或缝制弹性面料时，为防止面料伸展拉长，均可采用差动送布平缝机，送布牙条有两个，牙条的送布速度可以单独调节，如图4-35（a）所示。差动比率一般是：最大伸展缝制1:0.5,最大紧缩缝制1:3。有的机种可在缝制中随时改变差动比。

2. 自动剪线、侧切刀平缝机　在缝制过程中有侧刀自动切布边，切缝宽度可以调节。缝制结束后可自动切断底、面线，省时省力且缝制品整洁美观，如图4-35（b）所示。

(a)

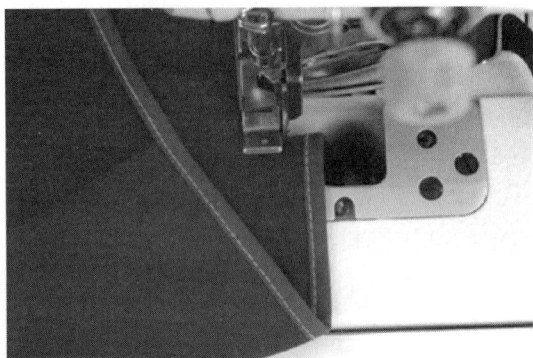

(b)

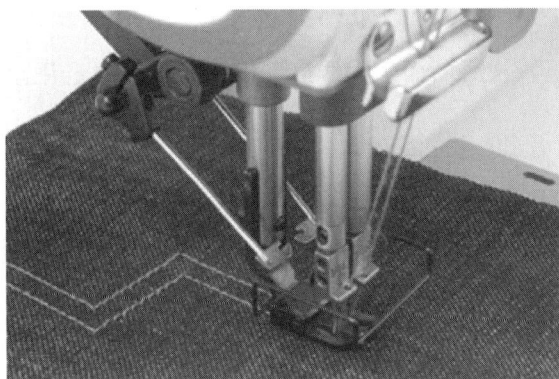

(c)

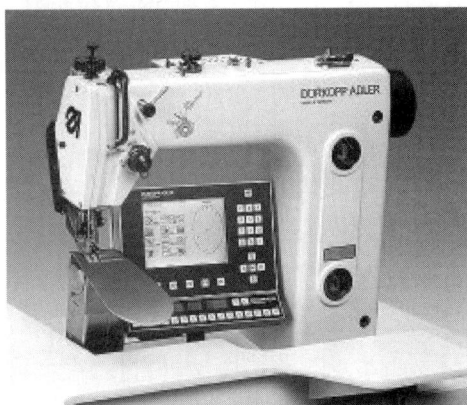

(d)

图 4-35　平缝机

3. 针送式平缝机　缝制多层面料或厚料时，针送式平缝机在针刺入缝料后，可使针与送布牙一起做送布运动，防止各层面料间产生滑移或起皱。

4. 双针平缝机　可同时缝出两道相互平行的线迹，左右两针可以分离，在转角处其中一针可以停止运动自动转角，使转角处缝制非常灵便且线迹漂亮。针间距离有 3.2~12mm 多种规格选择，如图 4-35（c）所示。

5. 电脑程控平缝机　可任意设定缝钉针数、自动倒缝、缝针自动定位、红外检测传感器检测缝料厚度，当缝制结束或缝料厚度发生变化时，就会自动停机，如图 4-35（d）所示。

为提高平缝机的生产效率和产品的实用性，还可以选择一些特殊的平缝机或附件：

（1）粗针码装饰平缝机，针迹可以调到 5~10mm，可以缝制粗犷的装饰缝线。

（2）回转压脚，在经常需要变换压脚的场合，如缝拉链或装饰针迹时，有三种压脚可以任意选用，省略拆装更换压脚的时间。

（二）链式缝纫机（图 4-36）

根据直针及缝线的数量链式缝纫机可分为单针双线［图 4-36（a）］、双针四线［图 4-36（b）］、三针六线等多针链式缝纫机，各线迹的形成是由成对的直针与弯针分组、同步运动实现的。

(a)　　　　　　　　　　　　　　　　(b)

图 4-36　链式缝纫机

双针四线链式缝纫机的机针有横向排列和纵向排列两种，前者主要用于裤子侧缝、袖缝、领子、绱拉链等双道线迹的加工，后者主要用于裤子后裆缝的加固缝合。

（三）包缝机

包缝机是用于切齐并缝合裁片边缘、包覆布边，防止衣片边缘脱散的设备。所形成的线迹为立体网状，弹性较好。除包覆布边外，也广泛用于针织服装的下摆、袖口、领口及裤边等处的折边缝以及针织服装衣片的缝合。

包缝机按直针数量及组成线迹的线数分为以下三大类。

1. 三线包缝机　三线包缝机是由一根直针和大小弯针形成三线包缝线迹的缝纫机，其用线量适中，线迹可靠，是最为常用的包缝机种，如图 4-37（a）所示。

2. 四线包缝机　四线包缝机是由两根直针和大小弯针形成四线包缝线迹的包缝机，如图 4-37（b）所示。所形成的线迹较为牢固，大多用于针织服装肩缝、女式连裤袜等处的缝合及包边加工。

3. 五线包缝机　五线包缝机是由两根直针和三根弯针形成五线包缝线迹的缝纫机，所形成的线迹由三线包缝线迹和双线链缝线迹呈平行独立配置而成，如图 4-37（c）所示。五线包缝机效率高、线迹可靠，广泛使用于衬衣侧缝、袖缝的缝合、牛仔裤侧缝的缝合等。

（四）绷缝机

绷缝机是由两根及以上直针与一个带线弯针相互配合形成部分 400 级多针链式线迹和 600 级覆盖线迹的缝纫机。

绷缝机机体形式有平台式和小方头式两种；按线迹类型选择针数（2~4 针）和线数（3~7 线），同时也要选择针间距。双针机的间距有 3.2~6.4mm 多种规格；三针机的间距有 2~6.4mm 等多种规格。图 4-38（a）为常见的平台式三针五线绷缝机，图 4-38（b）为小方头式三针五线绷缝机，图 4-38（c）为多针绷缝机。

绷缝机也有一些特殊功能机种。

1. 带刀挽边用绷缝机　带刀挽边用绷缝机装有左刀机构，在作挽边缝时可同时修剪布边，使缝边平整漂亮。

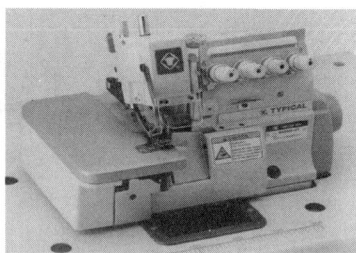

(a)   (b)

(c)

图 4-37　包缝机

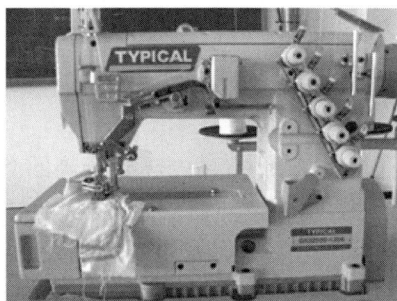

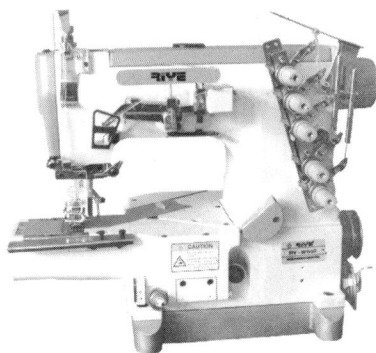

(a)   (b)

(c)

图 4-38　绷缝机

2. 缝花边松紧带专用绷缝机　缝花边松紧带专用绷缝机可调节松紧带的送出量，并自动计量花边松紧带长度是缝制内衣、连裤袜、紧身衣等专用缝纫机。

3. 复合缝绷缝机　复合缝绷缝机带有 5 针 9 线，由 3 条双线链缝与 1 条双针绷缝复合而成。六针橡筋机专门用于宽松紧带腰的缝制，如图 4-39 所示。

图 4-39　六针橡筋机

绷缝机在针织品缝制中用途较广，如绷缝、挽边、滚领、滚带、缝松紧带、饰边、拼接等。如图 4-40 所示，图（a）为采用双针三线 406 号绷缝线迹滚领；（b）为采用三针五线 605 绷缝线迹加固装饰。

(a)

(b)

图 4-40　绷缝线迹应用实例

（五）锁眼机

锁眼机按所开纽孔形状分为平头锁眼机和圆头锁眼机。图 4-41（a）为高速电子平头锁眼机，图 4-41（b）为电子圆头锁眼机。

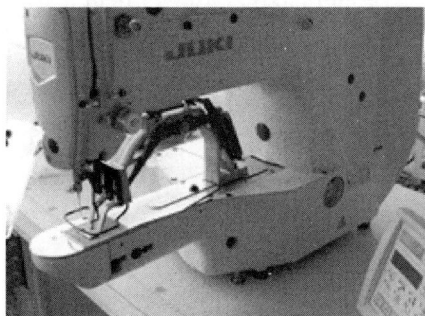

(a)

(b)

图 4-41　锁眼机

1. 平头锁眼机 平头锁眼机一般采用锁式线迹或链式线迹，休闲服等薄型面料服装(图 4-42)。

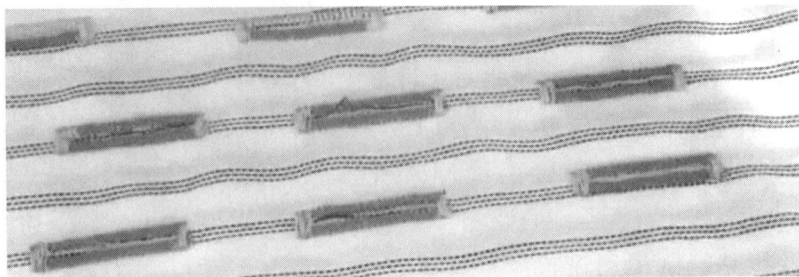

图 4-42 平头锁眼机扣眼结构与实样

2. 圆头锁眼机 圆头锁眼机多用于西服、外衣等较厚型服装，加工出的扣眼外形美观，空间大、易于纽扣通过（图 4-43）。

图 4-43 圆头锁眼机扣眼外观

（六）钉扣机

钉扣机是用于缝钉各种纽扣的专用缝纫机。一般采用单线链式线迹或锁式线迹。钉扣机可缝钉平纽扣，也可缝钉各种金属带柄纽扣、带柄塑料扣、子母扣等。只要变换各种附件，就可以变换缝钉形式和缝钉针数及各种钉扣缝型。图 4-44 所示为平缝钉扣机，图 4-45 所示为常见钉扣缝型。

图 4-44 钉扣机

图 4-45 常见钉扣缝型

（七）打结机

打结机又称套结机或加固缝机，如图 4-46 所示，用于防止线迹末端脱散、加固线迹，或服装某些部位的固定。按套结尺寸和形状，有大套结、小套结、扣眼套结、针织套结以及花样打结等种类。服装生产中，套结加工是服装加工质量档次的基本标志之一。

因套结机线迹密度较大，使用中，容易将面料的纱线刺断。对于稀薄面料，应在其套结部位的反面粘衬，提高面料强度。

（八）花针机

花针机属于装饰用缝纫机。在针织成衣生产中，采用装饰缝纫机可以缝制各种漂亮的装饰线迹，增加了服装的装饰效果。

图 4-46 套结机

花针机通过针杆左右摆动，在服装上形成曲折形线迹。根据所形成的线迹外观，花针机又分为人字机和月牙机。

1. 人字机 人字机通常有一针、两针或三针，多用于女式内衣，泳装对接加工。图 4-47（a）所示为人字机线迹。

2. 月牙机（曲牙机） 月牙机是在针织物的边缘缝出等距或不等距曲牙的缝纫机，常用于童装及女装的饰边。图 4-47（b）所示为月牙缝饰边。

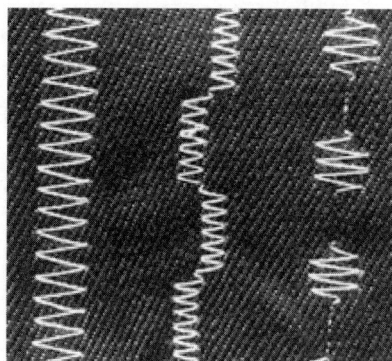

(a)

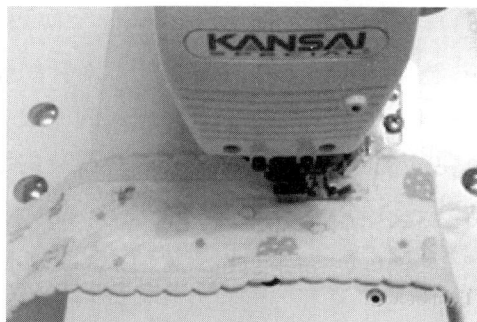

(b)

图 4-47 花针机缝制实例

（九）暗缝机

暗缝机是使加工的服装在其正面看不见线迹的缝纫设备，如图4-48（a）所示。与其他缝纫机最大的不同，在于它所用的上成缝器不是直针而是弯针。缝纫时，弯针从面料的同一面穿入穿出，在服装的正面看不到线迹或只能看到一些"线点"。主要用于上衣、裙子下摆、袖口、裤脚等处的缲边。

暗缝机多数采用单线链式线迹，针距长度最大可达8mm。其缝型一般有两种，如图4-48（b）所示。

（a） 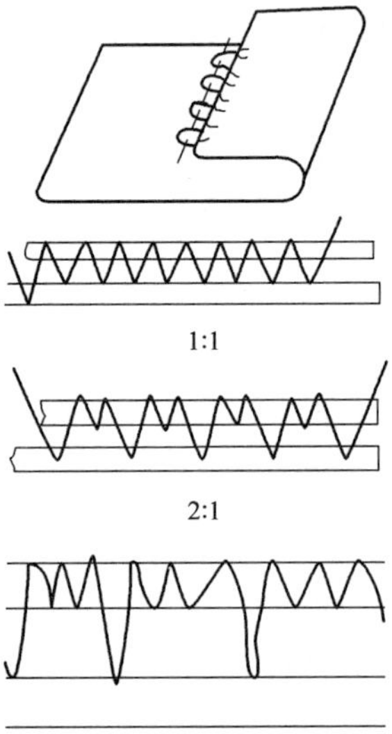　　　　　　　　　　　　（b）

图4-48　暗缝机和其线迹示意图

1：1缝型，每个针迹都缝住缝料正面一次；2：1缝型，每2针缝住缝料正面一次，用于中薄衣料；对于特薄面料还可以选用3：1缝型，每三针缝住缝料正面一次，反面三次。

四、缝制工艺流程分析

缝制工序的主要任务是把裁剪好的服装裁片及其他辅助料，使用缝制设备缝合成服装。它是针织服装生产中最重要的工序之一，对针织服装的最终质量有着直接的影响。由于针织服装面料品种繁多，针织服装款式多变，缝制设备的结构及性能各异，品种不断增多，人们对服装缝制质量要求不断提高，使得针织服装的缝制加工工艺日趋复杂。如何科学合理地组织针织服装的缝制工序就变得越来越重要。

针织服装缝制工序的主要内容包括缝制工艺流程的设计、线迹和缝型的选择、缝迹密度的确定、缝针号型的选择、缝线及其他辅料的品种及规格的选择、缝制设备的选用、生产线设计、车间设备及场地配置等。缝制工序的设计和安排是否科学合理将直接影响针织服装的生产效率及产品的质量。

缝制工艺流程是指从衣片到成衣的缝制加工全过程。由于服装生产是以流水作业方式传递，所以又称为生产流水线。缝制工艺流程编制包括根据产品品种确定生产方式、对产品进行工序分析和工序编制、设备的排列及位置的设计、对半成品数量和传送方式的设定。合理的缝制工艺流程有利于新产品的开发、企业资源的合理利用、缩短生产周期，提高生产效率，降低企业的生产总成本。

1. 工序流程法

（1）按加工的顺序列出工序名，并在其后用括号表明配之相应的缝制设备。

（2）工序之间用箭头表示流向。

例如，男圆领衫的工序流程法表示为：

合肩（四线包缝机）→滚领（滚领机）→滚领布接头（平缝机）→绱袖（四线包缝机）→合袖合侧缝（四线包缝机）→缝袖边及底摆折边（三线折边包缝机）

这种表达方式的优点是工序明确、表达简单，但需要熟练掌握缝制有关规定。对生产大批量的传统产品的车间适用。

2. 设备配置法

（1）对产品需要的设备全部列出。

（2）在每种设备之后列出需要实现的工序。

（3）注明缝制要求（凡符合统一规定的缝制要求，就不必详细说明）。

上例可以表示为：

四线包缝机：合肩（加缝肩条）、绱袖、合袖合侧缝（挂肩下角线前后缝对齐）。

滚领机：滚领（从左肩线后2cm处起缝）。

平缝机：接缝（滚领布接缝在肩缝线后1~3cm处，重针不得超过3cm）。

这种表达方法的优点是对所用设备一目了然，可以比较直观地判断各种设备的大致负荷。缺点是工序顺序不明确，对于工序复杂产品不适合。

五、针织品缝制的规定

（一）一般规定

（1）主料之间及主辅料之间是同色的色差不得超过三级。

（2）线迹要清晰，线迹成型正确，松紧适度，不得发生针洞和跳针。

（3）卷边起头在缝处（圆筒产品在合肋处），接头要齐，会针在2~3cm以内。

（4）如断线或返修，需拆清旧线头后再重新缝制。

（5）厚绒合缝应先用单线切边机或三线包缝机缝合后再用双针绷缝，儿童品种的领、袖、裤脚罗纹只用三线包缝，不需要用绷缝加固。

（6）棉毛、细薄绒合缝用三线包缝，只在罗口或裤裆缝处用绷缝机加固，运动衫裤后领及肩缝处要用双针绷缝机加固。

（7）平缝、包缝明针落车处必须打回针或用打结机加固。

（8）挽边裤腰及下摆，中厚料要用双针绷缝机，轻薄料用三线或双线包缝缝制。

（9）合肩处应加肩条（纱带或直丝本料布）或用双针三针机缝制。

（10）背心"三圈"（领圈和两个挂肩圈），汗布男背心用平缝机折边，网眼布用双针机折边，女式用三针机折边（两面饰）；滚边用双针机滚边，加边用三线包缝，合缝后再用双针绷缝；背心肩带用五线包缝或三线包缝后再用平缝机加固。

（11）里襟布、绒类、汗布类产品用平细布；棉毛类用本身料或平细布。

（12）松紧带裤腰，一般用松紧带机缝制，也可用包缝机包边后，再用平车折边缝制，或者用双针绷缝机折边缝制。

（13）打边处衬平细布或双面布。

（二）有关机种的缝制统一规定

1. 包缝切边合缝　缝边宽（包缝线迹总宽度）三线为 0.3~0.4cm；四线为 0.4~0.6cm，五线（复合线迹）0.6~0.8cm；起落处打回针时线迹重合不留线辫；短线或跳针后重缝不得再行切布边，切缝后衣片要保持原来形状；大身侧缝与袖底缝连续缝合时，挂肩接头处错缝不超过 0.3cm。

2. 包缝挽底边　挽边宽窄均匀一致，不均程度不超过 0.3cm；绒布正面一般不允许露明针，中薄坯布明针长度不超过 0.2cm；绒布不允许漏缝，中薄坯布在骑缝处允许漏缝 1~2 针。

3. 双边挽底边　挽边宽窄一致，里面不许露毛。

4. 双针绷缝　不得出轨跑偏，不得大拐弯；重线不超过 3cm，不少于 1.5cm；起缝在接缝处或隐蔽处。

5. 平缝　订口袋或折边眼皮宽窄一致，钉商标针脚不得出边 1~2 针，凡是未注明眼皮规格均为 0.1cm。

6. 三针绷缝　挽边宽窄一致，不得搭空和毛露；挽领圈起头在右肩缝后 2~3cm 处，终点不得过肩缝；背心挂肩圈起头在侧缝处偏后；滚边要做到松紧均匀一致。

7. 滚边（双线链缝）　滚领松紧一致，要滚实、丰满、端正；领圈正面眼皮为 0.1cm，接头在右肩缝后 1~2cm 处。

8. 曲牙边　牙子大小均匀一致，起头在缝处，领圈起头在右肩缝后 2~3cm 处。

9. 锁眼　眼子端正，眼孔大小与纽扣规格相配，眼孔两端各打 3~4 针套结或专用打结机打结。

10. 钉扣　扣子要钉牢，位置对准扣眼；每个扣眼缝 4~8 针。

第四节　整烫工艺

针织服装的整烫工序包括整烫、检验、折叠和包装四个工序。缝制完成的针织服装通过整理使外观更加平整美观，以达到运输，销售和消费的各种要求。

一、针织服装整烫工艺与设备

针织坯布在裁剪工序之前，一般都经过定型和轧光整理，坯布外形和针织面料线圈结构已经比较稳定，但是经过裁剪提缝和缝制、搬运等，使成品产生皱褶或褶痕，不仅影响美观而且也不能顺利进行质量检验与包装，因此必须加以整烫。

（一）整烫的工艺要求

1. 严格控制熨斗温度和重量　针织服装在整烫时要严格控制熨斗的温度，切忌使成品烫黄变色变质或使印花渗色模糊不清。熨斗的温度和重量应根据坯布种类和纤维原料的构成来确定，尤其是使用机械整烫时，应准确控制温度、压力、时间及蒸汽量。熨烫温度视织物原料种类而定，表4-6中列出了部分织物熨烫温度参考值。

表4-6　部分织物熨烫温度参考值　　　　　　　　单位：℃

织 物 种 类	熨 烫 温 度	织 物 种 类	熨 烫 温 度
全棉织物	180~200	腈纶织物	130~140
黏胶纤维织物	120~160	维纶织物	120~130
涤纶织物	140~160	丙纶织物	90~100
锦纶织物	120~140	氯纶织物	50~60（不宜熨烫）

2. 熨烫平整　缝子要烫直烫平，衣服的轮廓要烫出烫正，衣领等重要部位不得变形。

3. 熨烫时注意成品规格尺寸　手工烫衣时要用力自然，严防拉拽而影响成品的规格尺寸。有弹力的产品应保持原有的弹性，例如有下摆罗纹的，罗纹部位应在抽出撑板后再烫。

4. 熨烫面数　一般针织服装要烫两面（先烫衣服后面再烫前面），高级产品要烫三面，即烫板抽出后正面再烫一次。

（二）整烫工具设备

1. 熨斗　目前国内外大多数工厂还是用手工整烫。手工整烫对纤维原料、成衣品种的适应性好，熨烫质量高，但生产效率较低。手工整烫的工具按加热或给湿的方式可以分为电熨斗、滴液式蒸汽电熨斗、喷气调温电熨斗和蒸汽熨斗四种。

2. 蒸汽压烫机　蒸汽压烫机也是通过温度、湿度、压力和作用时间，对服装进行热加工整理的一种设备。但是在热源、加工方式以及性能等方面，它与电熨斗却有很大不同。可以这样说，蒸汽压烫机是电熨斗功能的延伸和发展。

图4-49　蒸汽压烫机

如图4-49所示为蒸汽压烫机外形图，适用于整烫外衣和毛衣，近来广泛使用这种压烫机整烫合成纤维针织品及高级棉针织品。

3. 汽蒸定型机　毛衣或腈纶衫、涤纶弹力衫的专用汽蒸定型机，将成品置于特制的金属框架（样模）上进行汽蒸，由于没有加压，成品手感较好。在汽蒸同时工人可以做其他辅助工作，因此生产率较高，平均每人每班（8h）可定型500~800件。

4. 压烫机　主要有平板往复式和滚动式两种，加热方法又有电热和汽热两种，有的还设有自动退烫板机构和折衣机构等。这种设备主要用于针织内衣的熨烫。

使用压烫机应特别注意：

（1）热压易变形的辅料，如有机纽扣等，应在熨烫后再钉上。

（2）翻领产品不宜用机器熨烫，因为烫板起不到熨领的作用，烫不出应有的风格。

5. 烫板　无论是手工整烫或机械整烫，除绒衣和弹力产品外，针织内衣一般先要套在烫衣板上，使产品绷紧保持一定的成品外形和规格尺寸。

烫衣板是用耐热压和不易变形的厚度为1.5mm的绝缘弹性纸板制成，其外形是根据品种和成衣规格而设计的。烫衣板的长度应长于成品规格长度（衣长或裤长）5~8cm，使抽退烫衣板时握持比较方便；烫衣板的宽度应大出成品腰宽1~2cm，使成品在绷紧状态下熨烫，这样不仅烫得平，而且抽出烫衣板后成品有一定回缩，使其保持产品规格的准确和一致。

二、针织服装检验

（一）成品检验

针织品在包装之前，要对成品进行全面的质量检验和分等，同时将其折叠成规定的形状和大小。由于折叠往往与成品检验同时进行，可以将这两个工序统称为针织品的"折验"。

针织品的检验有半成品抽验和成品检验两种，半成品抽验是在缝制过程中进行，由专职的抽验员在缝制工序间巡回抽查，发现不合规定的操作和缝纫疵点及时加以纠正，这是质量控制的重要措施。如果能认真开展半成品抽验，工厂中就基本上可以杜绝大批返工的现象。

成品检验是产品出厂前质量的全面评定，以保证产品的高质量。

成品检验包括以下五个方面内容：

1. 面料的物理指标评等　主要是针织面料的密度（横密和纵密）、每平方米的干燥重量、顶破强力（适用于棉毛、罗纹等弹性好的面料）和断裂强力、缩水率、色牢度等，也可称作"内在质量指标评等"。按照规定（表4-7）评为一等、二等、三等。应用专门的仪器在试验室进行物理指标的检验，以面料的锅号或批号为单位进行评等。各项指标以最低一项为评等指标。

表4-7　针织品内在质量指标评等规定

项　目	优等品	一等品	二等品	三等品
每平方米干燥重量	符合标准公差		超出一等品标准公差至7%者	超出二等品标准公差至10%者

续表

项　目	优等品	一等品	二等品	三等品
强　力	符合标准公差		超出一等品标准公差至16%者	超出二等品标准公差至20%者
缩水率	符合标准		缩水率超过标准时，按缩水率大小由供需双方协商评等	
染色牢度	允许两项低半级		允许三项低半级或2项低一级	低于二等品允许偏差

一件成品发生不同品等的外观疵点时，应以最低一项品等评定；超过两个同等的外观疵点时应降低一等评定；如果成品上有漏缝或跳针现象时必须退修。

2. 成品尺寸规格公差和本身尺寸差异的评等　成品的实际规格与标准规格之差（表4-8和表4-9）叫作成品尺寸规格公差（以 cm 为单位），凡是主要部位超出允许公差范围的就要降等，但是公差超出二等品允许范围者必须及时退修或降档处理，裤子直裆超出二等品公差，不能出厂，因为直裆不足无法穿用，而直裆太大会严重影响穿着的美观。

表4-8　针织成品尺寸规格公差评等标准　　　　　　　　单位：cm

项　目		儿童中童			成人		
		优等品	一等品	二等品	优等品	一等品	二等品
身　长		-1		-2	-1	-1.5	-2.5
胸（腰）宽		-1		-2	-1	-1.5	-2
挂肩（背心）		-1		-2	-1.5	-1.5	-2.5
背心肩带宽		-0.5		-1	-0.5	-0.5	-1
袖长	长袖	-1		-2	-1.5	-1.5	-2.5
	短袖	-1		-1.5	-1	-1	-1.5
裤长	长裤	-1.5		-2.5	-1.5	-2	-3
	短裤	-1		-1.5	-1	-1.5	-2
裤直裆		±1.5		±2	±2	±2	±3
裤横裆		-1.5		-2	-2	-2	-3

表4-9　针织成品本身尺寸允许差异评等标准　　　　　　　　单位：cm

项　目		优等品	一等品	二等品	超出二等品者
身长不一	门襟	0.5	1	1.5	退修
	前后身或左右腰缝	1	1.5	2	退修

项 目		优等品	一等品	二等品	超出二等品者
袖长不一	长袖	1	1	1.5	退修
	短袖	0.5	1	1.5	退修
袖肥不一		0.5	1	1.5	退修
挂肩不一		0.5	1	1.5	退修
背心肩带宽不一		0.5	0.5	0.8	退修
背心胸背宽不一		1	1.5	2.5	退修
裤腿宽不一		1	1	1.5	退修
腰胸宽	上下不一（宝塔形）	1.5	2	3	退修
	前、后片宽度不一	0.5	1	1.5	退修
裤长不一	长裤	1	1.5	2	退修
	短裤	0.5	1	1.5	退修

成品本身对称部位尺寸不一叫作本身尺寸差异，如身长不一（前、后身及左右衣片长短不一）、袖长不一、裤长不一、袖肥不一、挂肩不一、背心胸背宽不一、肩带宽不一、裤腿宽不一等，按规定加以评等，同样超过二等品公差，不能出厂。

3. 成品的综合评等　根据针织品内在质量、外观疵点及尺寸公差所评定的等级进行综合评定成品的最后等级，定等的办法见表4-10。

表4-10　针织成品综合定等规定

内在质量评等	外观质量评等			
	优等品	一等品	二等品	三等品
优等品	优等品	一等品	二等品	三等品
一等品	一等品	一等品	二等品	三等品
二等品	二等品	二等品	三等品	等外品
三等品	三等品	三等品	等外品	等外品

4. 核查规格　检查商标示明规格与产品实际规格是否相符，并随手整理产品外观，去掉容易清除的线头、尘土和油污等。

（二）服装检验必要设备——检针器

服装缝纫中缝针被折断的情况时有发生，使带针尖的断针残留于服装中，如果没有及时清除掉，将可能伤害到使用者，对婴幼儿的伤害危险尤其严重。为此，有些国家明文规定，服装产品出厂前必须经检针器检查，未经检查的产品不能销售，并规定一旦消费者受到断针伤害，生产商要负法律及赔偿责任。要确保服装中没有断针，完全依靠检验员的眼睛和手检查是不可能的，必须借助有效的检验设备——检针器。

检针器主要有手持式检针器（手提机）、台式检针器（平板机）、输送带式检针器及隧道式检针器四类。各类型机种分别在不同场合使用。各类型检针器的性能比较见表4-11。

表4-11　各类型检针器的性能比较

项目	手持式检针器	台式检针器	输送带式或隧道式检针器
探测范围	小	中等	大
操作方法	人工移动检测器	人工移动被检测物	自动传送被检测物
敏感度	距探测面4cm可检出直径1mm铁球	距探测面4cm可检出直径1mm铁球	所有位置均能检出直径1mm铁球
每小时探测件数	约20	500~800	1500~2000
体　积	小	中等	大
使用电源	干电池	交流电	交流电
价　格	低	中等	高

三、针织服装折叠与包装

服装成品包装的目的，一是确保服装呈良好的状态运送到指定的地点，二是为激发消费者的购买欲。因此，包装是一门综合美学、力学、制造、化学等多项技术的学科。

为了使包装后的成品在运输过程中仍能保持良好的外观且没有折痕和损伤，应选用适宜的折叠方法、包装形式及材料，使包装具有牢固、抗压等特点，提高产品的附加值。

有些针织服装用衣架支撑进行吊挂储运，就不必进行折叠。

（一）服装折叠要求

产品经过检验评等后，就要按规定要求折叠起来，以便进行包装。折叠的基本要求是：

（1）按包装袋、盒、箱的规格折叠成规定尺寸（长×宽）的长方形。

（2）衣服的领子要叠在前面正中，领形左右对称，领子上的商标要便于观察。

（3）折叠好以后，四周厚薄要尽可能均匀，这样不仅美观，而且便于码放。

折叠时可以用衬板比折，这样容易做到大小统一，提高折叠速度和质量。

成品折叠的规格视成品本身的规格和品种来定，为了便于使用统一的箱号，我国针织内衣品种有统一的折叠要求，见表4-12。

表4-12　针织内衣折叠规格（长×宽）　　　　　　　　　　单位：cm

成衣品种	儿 童			少 年			成 人						
	50	55	60	65	70	75	80	85	90	95	100	105	110
厚绒衣	30×18.5		33×22		37×25								
厚绒裤	30×18.5				33×22			37×25					
细薄绒衣	30×18.5		33×22		30×22		37×25						

成衣品种	儿 童			少 年			成 人						
	50	55	60	65	70	75	80	85	90	95	100	105	110
细薄绒裤	30×18.5						33×22		37×25				
双面衣裤	30×18.5						33×22						
汗衫背心	30×18.5												
平汗布背心	22×15.5						30×18.5						
各类短裤	30×18.5												

（二）包装形式

在服装成品包装中，经常使用的有袋、盒、箱等形式，每种包装形式各有利弊，需根据产品的种类、档次、销售地点等因素合理选用。

1. 袋　包装袋通常由纸或塑料薄膜材料制成，具有保护服装成品、防灰尘、防脏污、占用空间小、便于运输流通等优点，而且品种多、可选择范围大、价格较低，在服装企业中使用最为广泛。不同品种的服装，可选择与之相匹配的包装袋形状和尺寸。

包装袋的通用性和方便性是其他包装材料难以相比的，但其缺点也十分明显，如自撑性差、易使成品产生褶皱，影响服装外观。

2. 盒　包装盒大多采用薄纸板材料制成，也有用塑料制作，属于硬包装形式，其优点是具有良好的强度，盒内的成衣不易被压变形，在货架上可保持完好的外观。盒的形式分折叠盒及成形盒。折叠盒为扁平状，运输时所占空间小；成形盒是按使用时的形式制成立体盒，运输时不能压平，占用空间大。

3. 箱　包装箱多是瓦楞纸箱或木箱，主要用于外包装。将独立包装后的数件服装成品以组别形式放入箱中，便于存放和运输。使用机制纸板、双瓦楞结构纸箱，箱内外要保持干燥洁净，箱外按产品要求涂防潮油。纸板材料和技术要求应符合"GB/T 6544—2008 瓦楞纸板标准"中的有关规定，纸箱的技术要求可参考"GB/T 4856—1993 针棉织品包装标准"。

4. 挂装　挂装也称立体包装，服装成品以吊挂的形式运输、销售。经整烫的服装表面平整、美观，当以袋、盒的形式包装后，成品往往产生褶皱，影响服装外观。而挂装可使服装在整个运输过程中不被挤压、折叠，始终保持良好、平整的外观。但对于服装企业而言，投入较大，如挂衣架、大塑料袋等包装材料，运输空间增大，增加了运输成本。

（三）包装材料

1. 纸　根据不同的用途，服装包装所使用的纸有所区别。如厚度为 0.3mm 的硬板纸通常用作包装盒及男衬衫包装用衬板；波状纸板具有减振作用，可用作纸箱或纸盒，用于需减震的包装；防水纸可用于需运输的服装包装材料。各企业可依服装的品种、档次等选择合适的纸张种类，内包装材料技术要求可参考"GB/T 4856—1993 针棉织品包装标准"。

2. 塑料薄膜　塑料薄膜具有轻薄、透明度良好等优点，广泛用于服装的包装袋。

此外，塑料夹、衣架、大头针、别针、吊牌等材料也是服装上经常使用的包装材料。

（四）针织服装的包装要求

针织服装的包装有大包装（外包装）和小包装（内包装）之分。

1. 小包装 小包装要用坚固的80g牛皮纸，纸盒或塑料袋，漂白、浅色汗布类产品应在纸包内加中性白衬纸，下垫白色硬纸板，以防产品受污、变形。

小包装有时以件或套为单位装塑料袋，有的以五件或一打为单位打成纸包或装盒。

小包装内成品的品种、等级必须一致，颜色、花型和尺码规格应根据消费者或订货者的要求进行，有独色独码、独色混码、混色独码、混色混码等多种形式，在包装的明显部位应注明厂名（或国名）、品名、货号、规格（尺码）、色别、数量、品等、生产日期等，有的还要标明纤维原料名称、纱支及混纺交织比例、产品使用说明（穿用方法、洗涤说明、防火说明及熨烫说明）等，捆包要见棱见角，包装材料应无污、无破损。

2. 大包装 大包装一般用五层双瓦楞结构纸箱，运输路途较远的或运输途中几经装卸（变换运输工具或车船飞机班次）的应使用较坚固的木箱或打麻包。箱内装货要平整丰满，但也不能过满使包装变形。

大包装外面要印刷唛头标志，内容包括厂名（或国名）、品名、货号（或合同号）、箱号、数量（件或打）、尺码规格、色别、重量（毛重、净重）、体积（长×宽×高）以及品等、出厂日期等，并要打上注意防潮的图形标记。唛头标志一定要与箱内实物相符，做到准确无误，且端正清楚。

此外，针织品是纤维制品，很容易受潮，在运输和仓储中易发霉、风化、变质，因此包装需有防潮措施，如纸箱外应涂防潮油，在装木箱或打麻包时还应该内衬沥青纸防潮。

（五）包装数量及箱组规格标准

包装数量除了出口产品由用户提出要求外，一般内销针织产品（主要是内衣、运动衣）的包装数量和纸箱尺寸均有统一的规格标准。包装数量规定见表4-13。

表4-13 包装数量规定　　　　　　　　　　　　　　　　单位：件

产品类别	50~60cm		65~75cm		80~110cm	
	箱	包	箱	包	箱	包
绒衣裤	20~40	5~10	20	6	20	5
棉毛衣裤	100	10	50	6	50	5
汗衫、背心、裤	200	20	100	10	100	10
平汗布背心	200	20	200	10	100	10

外包装纸箱是长方形对口盖箱型，目前我国内销产品包装共分三个箱组规格：

第一组：箱子内径（长×宽）51cm×38cm

第二组：箱子内径（长×宽）45cm×34cm

第三组：箱子内径（长×宽）38cm×31cm

每组箱型按箱子的内径高度表示箱号，例如"3-36"即为第三组箱型，内径高36cm。

但是个别产品或新产品，上述箱组规格有时不适用，允许定做，可适当调整箱高的尺寸。

（六）封装捆扎

小包装一般用纸绳、纱绳或塑料绳进行"十"字捆扎。纸箱的封装一般用 5~6cm 宽的不干胶黏合，纸箱两头各下垂 5~8cm，箱外用扁型塑料带捆扎两道。木箱先用钉子封口钉牢，四周用铁皮条加固。麻布包在专门的压力打包机上进行，两端用线缝合，中间用扁型塑料带捆扎 2~3 道。

☞ 思考题

1. 针织面料幅宽有何特征？如果某规格的针织 T 恤胸宽排料尺寸为 40.5cm，应选用多大幅宽的面料？

2. 结合典型针织服装具体实例进行面料的门幅、段长、面积和 10 件总用料的计算。

3. 条/格服装对条、对格排料时有何技巧？

4. 铺料的形式有哪几种？实际生产中如何选用？

5. 选择黏合衬加工工艺参数的主要依据是什么？

6. 常用的整烫工具和设备有哪些？针织服装整烫的工艺要求是什么？

7. 针织服装在整烫时熨斗的温度和重量应根据什么因素来确定？

8. 整烫工序的基本内容是什么？

9. 成品检验包括哪些内容？

10. 针织服装成品包装中经常使用哪些包装形式？各种包装形式的利弊是什么？需要根据产品的什么因素合理利用？

第五章　缝制基础练习

1. 部分通用、专用及装饰用缝纫机的使用与调节方法。
2. 缝缩率的测定方法。
3. 插袋的缝制方法。
4. 滚领、圆领、V领、半开襟翻领的缝制方法。
5. 衩的缝制方法。

第一节　缝纫机应用练习

一、任务目的
（1）学会部分通用、专用及装饰用缝纫机的使用，并能较为熟练地操作。
（2）了解所使用缝纫机的线迹成缝过程。
（3）了解并掌握各机械主要工作构件的配合。

二、工具和设备
（1）部分通用、专用及装饰用缝纫机，如平缝机、包缝机、绷缝机、链缝机等。
（2）缝纫线、30cm×20cm 面料若干块。
（3）白纸、铅笔等。

三、任务内容
（1）操作各种不同类型的缝纫机，学习各类缝纫机的穿线方法。
（2）观察各类缝纫机的线迹成缝过程。
（3）分别在六块面料（锁式线迹、双针三线绷缝线迹，三针五线绷缝线迹，三线包缝线迹，四线包缝、单线链式线迹）上车缝一段距离（20cm 以上），包括两种以上线迹密度的线迹，并注明线迹种类。

四、报告内容

（1）简述平缝机、链缝机、包缝机、绷缝机等的穿线方法。

（2）上交六块带有不同线迹的面料，并标注出相应的机械名称和线迹种类。

（3）总结本练习的收获。

五、步骤和方法

（一）平缝机穿线方法及其线迹结构

1. 平缝机的装针、穿线方法

（1）装针：转动手轮，使钉杆上升到最高位置，旋松装针螺丝，将机针的长槽朝向操作者的左面，然后把针柄插入针杆下部的针孔内，使其碰到针杆孔的底部为止，再旋紧装针螺丝即可，如图 5-1 所示。

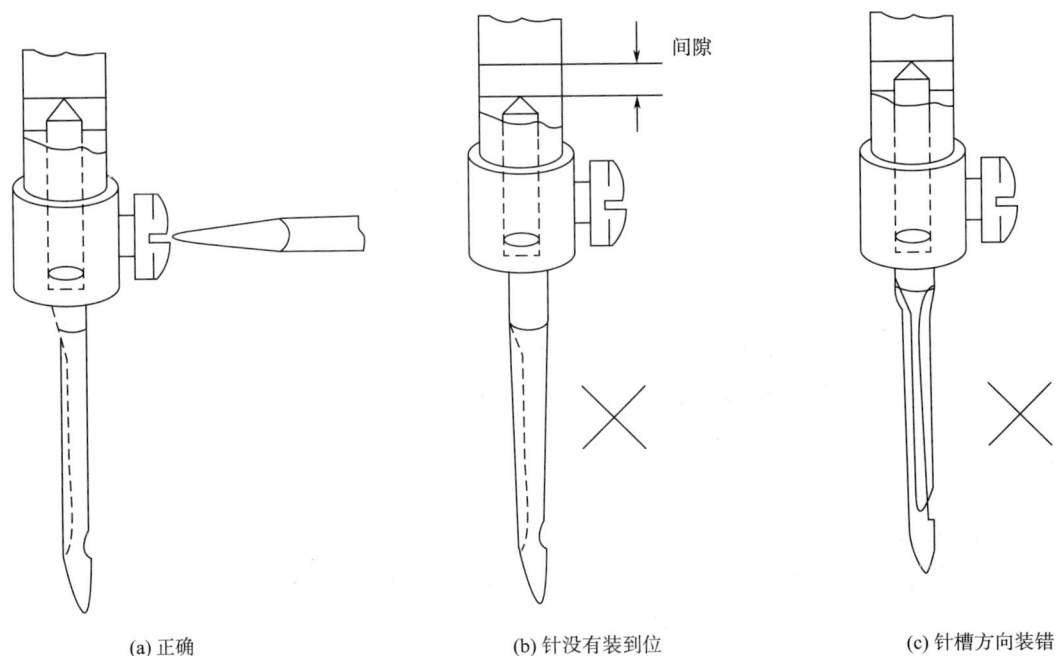

| (a) 正确 | (b) 针没有装到位 | (c) 针槽方向装错 |

图 5-1　平缝机装针示意图

（2）穿线：穿面线时针杆应在最高位置，然后由线架上引出线头，按图 5-2 所示顺序穿线。引底线时，先将面线捏住，转动手轮，使针杆向下，再回升到最高位置，然后拉起面线，底线即被牵引上来。

（3）绕梭芯线：绕线时抬起压脚，以防送布牙磨损。梭芯线应排列整齐而紧密。绕线图如图 5-3 所示。

图 5-2 平缝机穿面线示意图

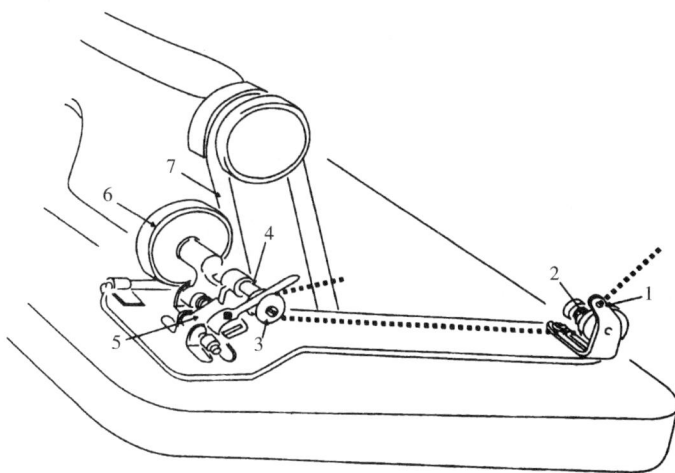

倒送扳手

图 5-3 平缝机绕梭芯线示意图

1—过线架 2—压线板 3—梭芯 4—绕线轴 5—满线跳板 6—绕线轮 7—皮带

（4）装梭芯：将绕满底线的梭芯放入梭壳内，再把线头拖进槽中，使线头滑入梭壳的下面，再将其拖进梭壳端部的导线孔内，最后引出 3cm 左右线备用。

2. 平缝机线迹的形成原理 工业平缝机完成的线迹大多是双线锁式线迹。双线锁式线迹是由面线和底线组成，其交织点位于缝料厚度中央。该线迹是由带面线的机针上下直线运动和带底线梭子的摆动或旋转准确的运动配合实现的。

3. 平缝机的操作练习

（1）空机操作练习：工业平缝机是由电动机提供动力，通过脚踏板控制离合器而达到控制平缝机的启动、制动及转速的大小。由于离合器的传动很灵敏，平缝机动、停及转速的大小完全与踏动踏板力的大小有关，踏动踏板的力越大，机器的转速越大，反之转速越小。因此，空机操作练习时，主要体会脚下用力的大小与机器转速大小间的关系，直到控制自如，然后练习控制缝纫走向。由于工业平缝机的转速较高，相对来说，缝纫走向较难控制，练习时可从慢至快，从直线到转角，逐步练习。

（2）缉直线、弯线及倒缝练习：空机练习达到一定时间，对机器的转速控制自如之后，应针对性地进行缝制练习。可以在废布片上画上一些不规则的直线与折角弯线等组合线条，然后按照画线缉压缝线，直到能使缝线完全吻合画线轨迹。其中还要有倒缝的练习，因为缝制成品时常要进行倒缝，以确保缝边牢度。工业平缝机一般都有倒向送料控制机构，需要倒向送料时，只要将倒送扳手向下按，即能进行倒送，如图5-2所示。放松后，倒缝扳手自动复位，这时又恢复顺向送料。倒缝时要能控制回针数在设定要求之内。

（二）包缝机的穿线方法及其线迹结构

根据形成线迹的类型，包缝机可分为单线包缝机、双线包缝机、三线包缝机、四线包缝机和五线包缝机等。其中单线包缝机、双线包缝机、三线包缝机都只有一根直针；四线包缝机、五线包缝机都有两根直针。针织服装缝制中应用最多的是四线包缝机。

1. 包缝机的穿线方法　三线包缝机、四线包缝机、五线包缝机的穿线方法分别如图5-4（a）、（b）、（c）所示。

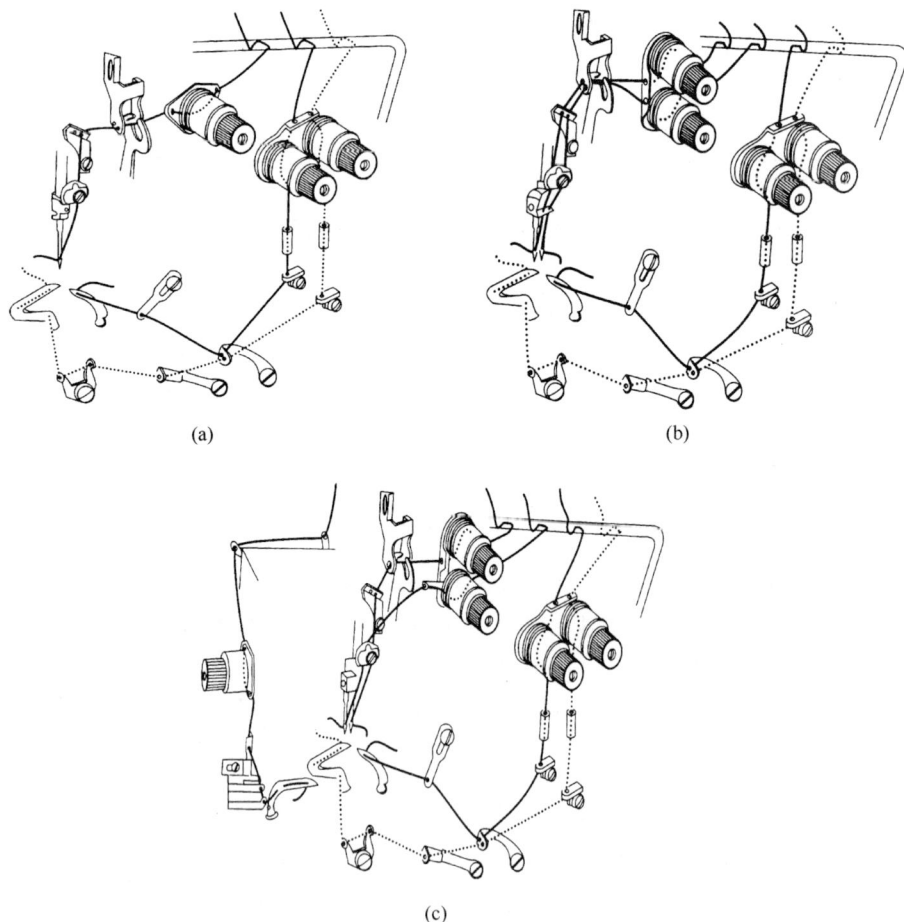

(a)　　　　　　　　　　　　　　(b)

(c)

图5-4　包缝机穿线图

2. 包缝机的线迹结构 三线包缝、四线包缝、五线包缝实物图及其线迹结构图如图5-5~图5-7所示。

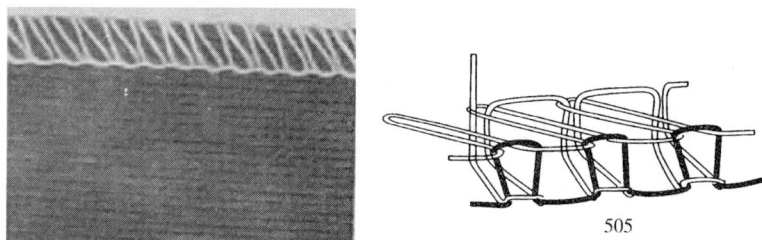

505

图5-5 三线包缝实物图及其线迹结构图

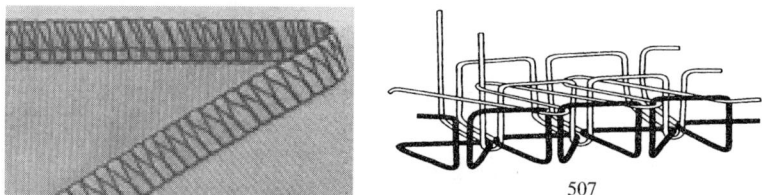

507

图5-6 四线包缝实物图及其线迹结构图

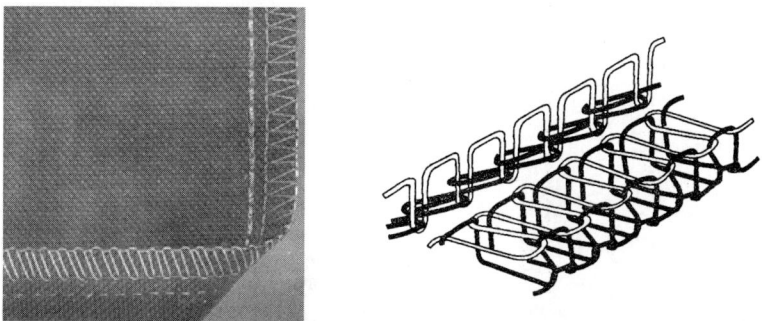

图5-7 五线包缝实物图及其线迹结构图

（三）绷缝机的穿线方法及其线迹结构

绷缝机是由两根及两根以上直针与一个带线弯针相互配合形成部分400级多针链式线迹和600级覆盖线迹的缝纫机。400级绷缝类线迹一般不带有装饰线，在线迹的正面看到的是几根相互平行的直线；而600级绷缝类线迹带有装饰线，并且由于装饰线数不同，所形成的线迹结构也不同，该线迹具极强的装饰性。

绷缝线迹的主要特点是线迹呈扁平网状，可以将缝料的边缘很好地覆盖起来，又能起到很好的装饰作用；同时绷缝线迹强力高、拉伸性好，因此在针织服装生产中绷缝机应用广泛，如拼接、滚领、滚边、折边、绷缝加固、绱松紧带、饰边等。

1. 绷缝机的穿线方法 绷缝机的穿线方法如图5-8所示。

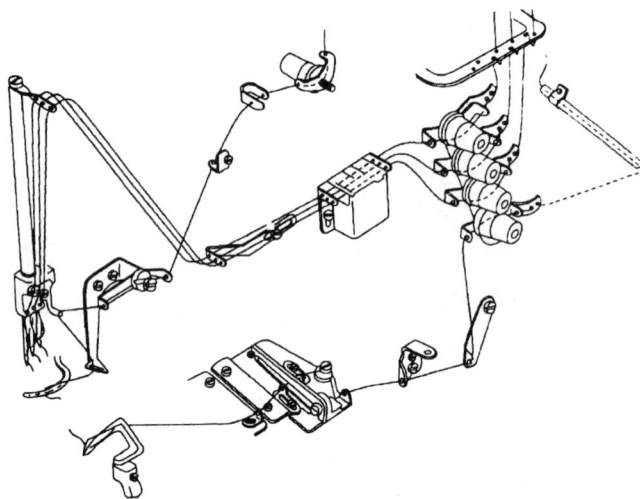

图5-8　绷缝机穿线图

2. 绷缝机的线迹结构　双针三线绷缝线迹实物图及其线迹结构图分别如图5-9（a）和（b）所示；三针四线绷缝线迹结构图及其线迹实物图分别如图5-10（a）和（b）所示；带饰线的双针四线绷缝线迹实物图及其线迹结构图分别如图5-11（a）和（b）所示；带饰线的三针五线绷缝实物图及其线迹结构图分别如图5-12（a）和（b）所示。

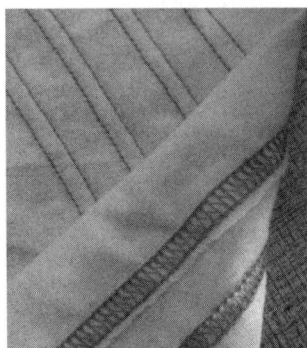

(a)

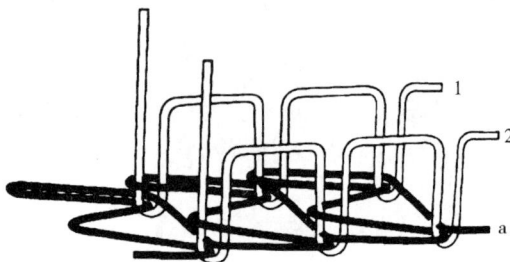

406

(b)

图5-9　双针三线绷缝实物图及其线迹结构图

(a)

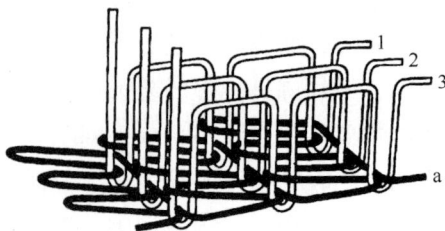

407

(b)

图5-10　三针四线绷缝实物图及其线迹结构图

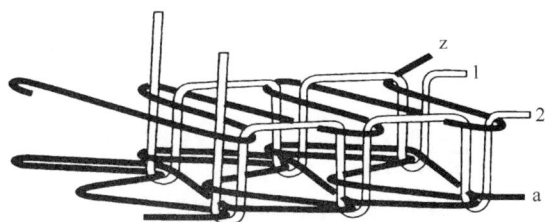

602

图 5-11　双针四线绷缝实物图及其线迹结构图

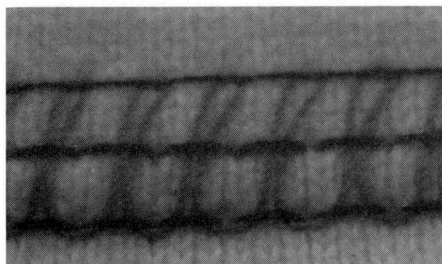

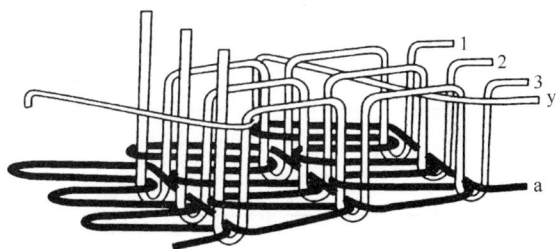

图 5-12　三针五线绷缝线迹实物图及其线迹结构图

3. 链缝机特点及其线迹结构　形成各种链式线迹的缝纫机统称为链缝机，它属于 GK 系列缝纫机。根据缝线数量不同，链缝机可分为单线链缝机和双线链缝机。其中双线链缝机由于线迹的弹性和强力都较锁式线迹好，且不易脱散，因此，在针织服装生产中被广泛使用，在很多场合替代平缝机。

根据直针个数和缝制需要，链缝机有单针双线链缝机、双针四线链缝机、三针六线链缝机等，以实现多种缝制目的。单针双线链式线迹实物图及其线迹结构图分别如图 5-13（a）和（b）所示。

(a)

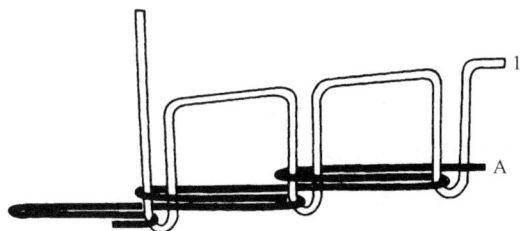

401

(b)

图 5-13　单针双线链式线迹实物图及其线迹结构图

第二节　缝缩率的测定

一、任务目的

（1）了解面料车缝后的缝缩情况，计算缝缩率。

（2）分析影响缝缩率的因素。

二、实验条件

将缝缩率测试条件填入表5-1中。

表 5-1　缝缩率测试条件

设备型号	缝线规格	线迹密度	缝针规格	面料品种

三、测试步骤

1. 试样准备　取纵、横向针织面料50cm×5cm各六块，并在试样上作出标记，如图5-14所示。

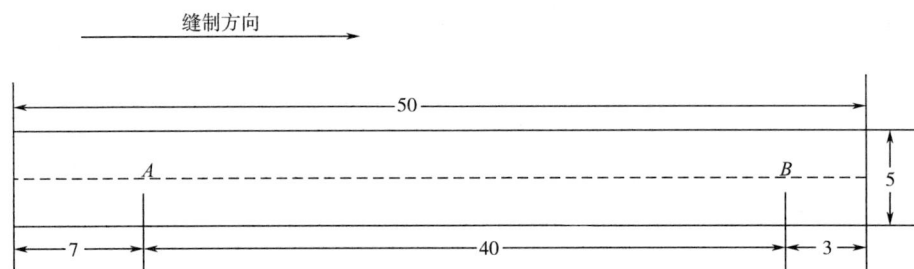

图 5-14　缝缩率实验样本

2. 缝制要求　将同向的两块面料试样重叠，按表5-1中的条件，在正常送料的情况下，缝合试样中间的直线。

3. 测量计算

$$缩缝率 = \frac{缝前尺寸 - 缝后尺寸}{缝前尺寸} \times 100\%$$

将缩缝率实验数据记录于表5-2中。

表 5-2　缩缝率实验数据

项目	试样	缝后尺寸	缩缝率	平均值
纵向	第一块试样			
	第二块试样			
	第三块试样			
横向	第一块试样			
	第二块试样			
	第三块试样			

4. 试样结果分析

（1）面料纵、横向缝缩率大小比较，并说明原因。

（2）面料缝缩率的影响因素有哪些，如何减小缝缩率？

第三节　针织服装常见领的缝制工艺

一、滚领的缝制

（一）任务目的

（1）学习滚领的缝制，并能较为熟练地操作。

（2）掌握滚领缝制的全过程。

（3）了解滚领在针织 T 恤中的应用。

（二）工具和设备

（1）包缝机、绷缝机、熨斗、烫台。

（2）缝纫线、面料。

（3）铅笔、直尺。

（三）任务内容

（1）从针织 T 恤中找出滚领，观察其外形结构特征。

（2）裁剪面、辅料零部件。

（3）按工艺要求缝制滚领。

（四）报告内容

（1）独立完成一个滚领的缝制。

（2）简述滚领的缝制注意事项。

（3）总结本任务的收获。

（五）步骤和方法

滚领指采用直条布将衣片领周边缘包住，包边的宽度即为滚边宽度。滚边分为光边滚和双光边滚，同时根据滚边布与衣片边缘接触的多少又有实滚与虚滚之分。滚边的宽根据面料的厚薄及款式特点来定。通常薄面料滚边窄，厚面料滚边宽。男装滚边宽，女装滚边相对窄一些。

滚领款式图如图 5-15 所示，成品规格见表 5-3。

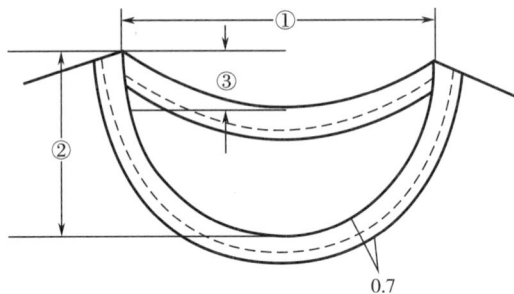

图 5-15　滚领款式图

表 5-3　滚领成品规格　　　　　　　　　　　　　　　　　　　单位：cm

代号	①	②	③
部位名称	领宽	前领深	后领深
规格尺寸	22	13.5	3

1. 零部件的制图及制板　按照款式图及成品规格绘制前后衣片样板，注意领圈一周滚边为实滚，所以放缝为 0。罗纹滚边条尺寸及丝缕方向如图 5-16 所示。

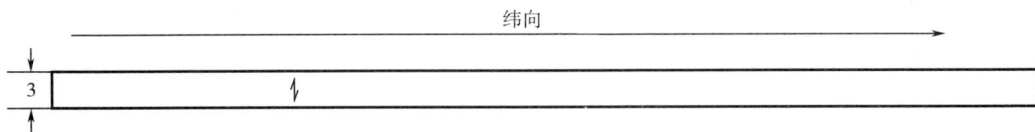

图 5-16　滚边条样板图

2. 滚领的缝制　合左肩（四线包缝机）→滚领（单针双线链式缝纫机或双针绷缝机）→合右肩（四线包缝机）→领圈加固（打结机或平缝机）

二、罗纹领的缝制
（一）任务目的
（1）学习罗纹领的缝制，并能较为熟练地操作。
（2）掌握罗纹领缝制的全过程。
（3）了解罗纹领在针织 T 恤中的应用。
（二）工具和设备
（1）包缝机、绷缝机、熨斗、烫台。
（2）缝纫线、面料。

（3）铅笔、直尺。

（三）任务内容

（1）从针织 T 恤中找出罗纹领，观察其外形结构特征。

（2）裁剪面、辅料零部件。

（3）按工艺要求缝制罗纹领。

（四）报告内容

（1）独立完成一个罗纹领的缝制。

（2）简述罗纹领的缝制注意事项。

（3）总结本任务的收获。

（五）步骤和方法

罗纹领款式图如图 5-17 所示，成品规格见表 5-4。

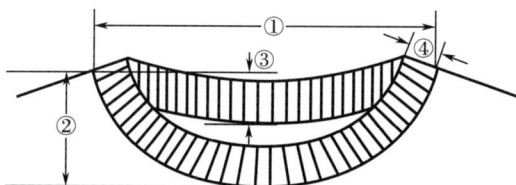

图 5-17　罗纹领款式图

表 5-4　罗纹领成品规格　　　　　　　　　　　　　　　　　单位：cm

代号	①	②	③	④
部位名称	领宽	前领深	后领深	领高
规格尺寸	22	13.5	3	1.5

1. 零部件的制图及制板　按照款式图及成品规格绘制前后衣片样板，领圈放缝 1cm。罗纹领条尺寸及丝缕方向如图 5-18 所示。领罗纹长度根据面料弹性来定，一般取领围周长尺寸×（0.8~0.85），并按比例在领罗纹条上作前中、后中、左肩缝点、右肩缝点四个对位记号。

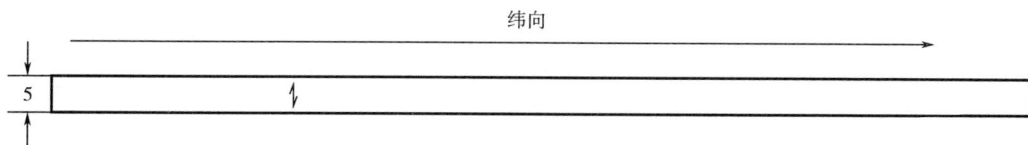

图 5-18　滚边条样板图

2. 罗纹领的缝制

合肩（四线包缝机）→领罗纹拼合（平缝机或三线包缝机）→绱领罗纹（四线包缝机）→领圈加固（双针绷缝机）

三、V 领的缝制

（一）任务目的

（1）学习 V 领的缝制，并能较为熟练地操作。

（2）掌握 V 领缝制的全过程。

（3）了解 V 领在针织 T 恤中的应用。

（二）工具和设备

（1）包缝机、平缝机、熨斗、烫台。

（2）缝纫线、面料。

（3）铅笔、直尺。

（三）任务内容

（1）从针织 T 恤中找出 V 领，观察其外形结构特征。

（2）裁剪面、辅料零部件。

（3）按工艺要求缝制滚领。

（四）报告内容

（1）独立完成一个 V 领的缝制。

（2）简述 V 领的缝制注意事项。

（3）总结本任务的收获。

（五）步骤和方法

V 领款式图如图 5-19 所示，成品规格见表 5-5。

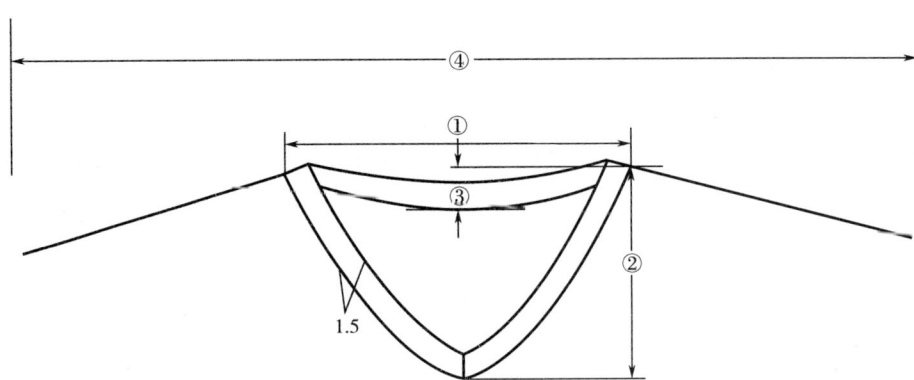

图 5-19　V 领款式图

表 5-5　V 领成品规格　　　　　　　　　　　　　单位：cm

代号	①	②	③	④
部位名称	领宽	前领深	后领深	肩宽
规格尺寸	22	15	2	40

1. 零部件的制图及制板 按照图 5-20 绘制前后衣片样板，领圈放缝 1cm。领条尺寸及丝缕方向如图 5-21 所示，领条长度取领围周长+2cm 放缝。

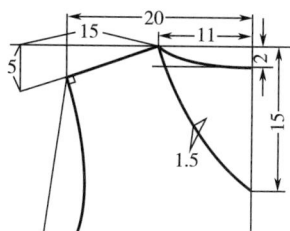

图 5-20　衣片制图

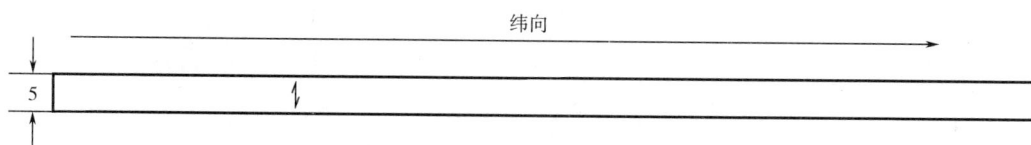

图 5-21　领条制图

2. V 领的缝制

（1）合肩缝（四线包缝机）。

（2）做领（平缝机）：将领条沿宽度方向正面对正面对折，如图 5-22 所示，剪出 V 领角度，展开后领条沿长度方向正面对正面对折，头端对齐，平车缝 V 领角度，如图 5-23 和图 5-24 所示。

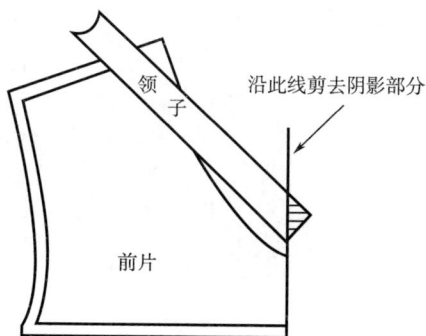

图 5-22　V 领角度展开图

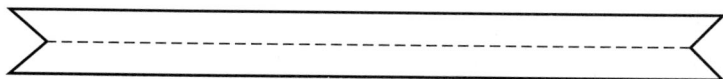

图 5-23　V 领条展开图

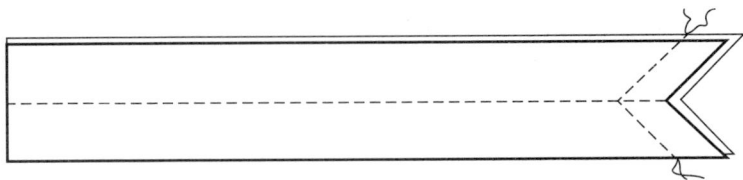

图 5-24　V 领缝合图

（3）绱领：V 领领条在上，衣片在下，正面相对领尖对齐，平车固定领尖左右各 2 ~ 3cm，如图 5-25 所示。再从领尖处沿领周四线包缝一圈，翻折出正面，熨烫平整，如图 5-26 所示。

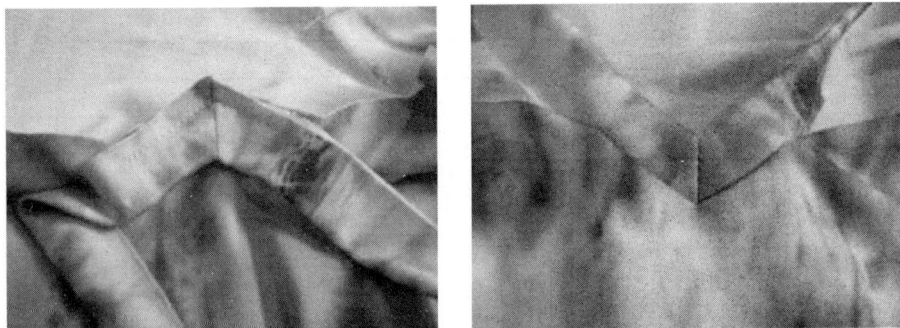

图 5-25　固定领尖

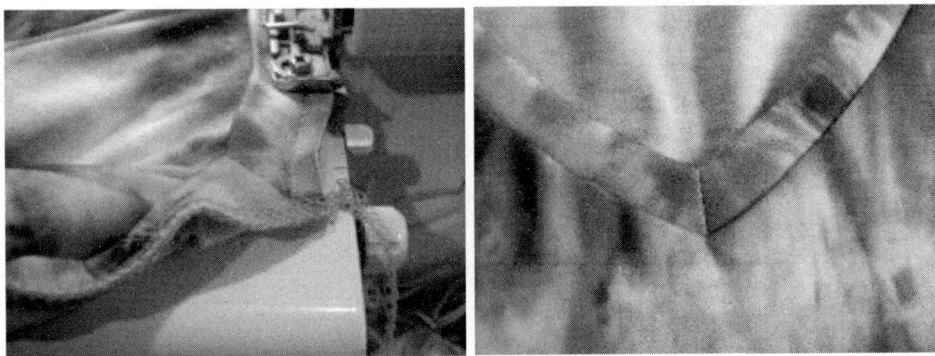

图 5-26　V 领成品

四、半开襟翻领的缝制

（一）任务目的

（1）学习半开襟翻领的缝制，并能较为熟练地操作。

（2）掌握半开襟翻领缝制的全过程。

（3）了解半开襟翻领在针织 T 恤中的应用。

（二）工具和设备

（1）平缝机、包缝机、熨斗、烫台。

（2）缝纫线、面料及非织造黏合衬。

（3）铅笔、直尺。

（三）任务内容

（1）从针织T恤中找出半开襟翻领，观察其外形结构特征。

（2）裁剪面、辅料零部件并制作门襟工艺板。

（3）按工艺要求缝制半开襟翻领。

（四）报告内容

（1）独立完成一个半开襟翻领的缝制。

（2）简述半开襟翻领的缝制注意事项。

（3）简述半开襟翻领的缝制质量要求。

（4）总结本任务的收获。

（五）步骤和方法

半开襟翻领的款式图如图5-27所示，成品规格见表5-6。

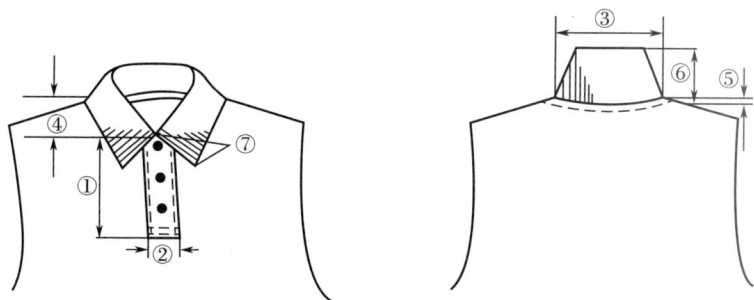

图5-27 半开襟翻领款式图

表5-6 半开襟翻领成品规格

单位：cm

代号	①	②	③	④	⑤	⑥	⑦
部位名称	门襟长	门襟宽	领宽	前领深	后领深	后中领高	前领尖长
规格尺寸	16	3	17	8	1.5	7	6

1. 零部件的制图及制板 分别如图5-28和图5-29所示。

2. 合肩缝 四线拷合左右肩，注意两肩长短一致。

3. 烫门襟 前门襟粘非织造黏合衬，注意黏合度，不烫黄；根据样板包烫，门襟净宽3cm，从净线处拉出0.1cm折烫；注意丝缕顺直（图5-30）。

4. 贴门、里襟 半成品长17cm，成品长16cm、宽3cm。注意丝缕顺直，不偏斜。同时开门襟，剪到线但不要剪断线（图5-31）。

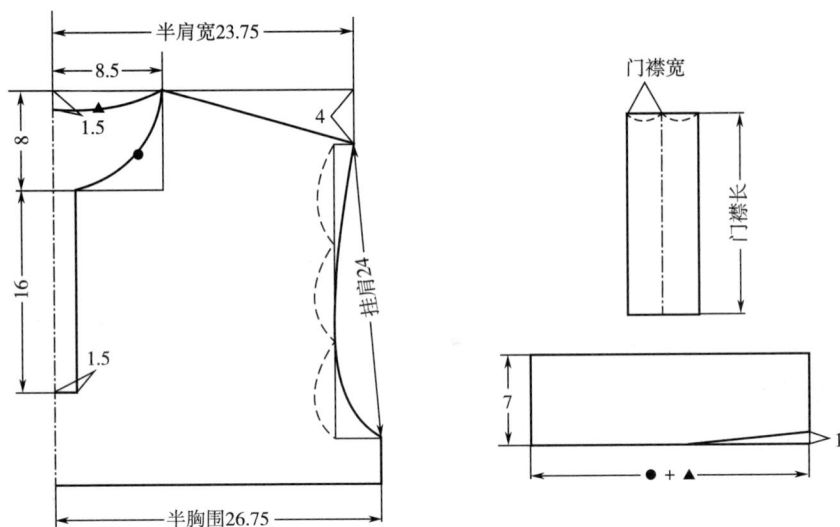

图 5-28　零部件制图

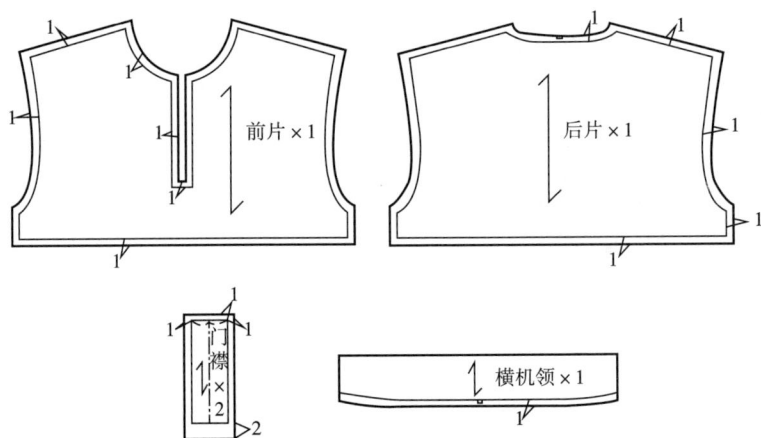

图 5-29　零部件样板

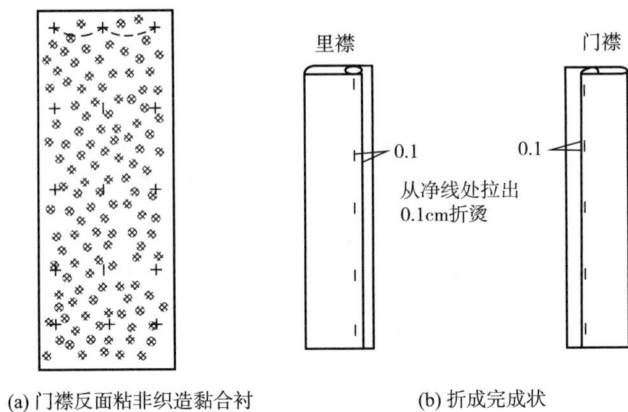

(a) 门襟反面粘非织造黏合衬　　　　(b) 折成完成状

图 5-30　门襟反面粘衬

5. 绱领 领子刀眼对准肩缝，缝份1cm，领子夹在门里襟与衣身之间，门里襟上面放1cm宽人字带，人字带前端和前领角平齐，平车绱领一周。后中领高7cm，领角高6cm，两领角翻后平服（图5-32）。

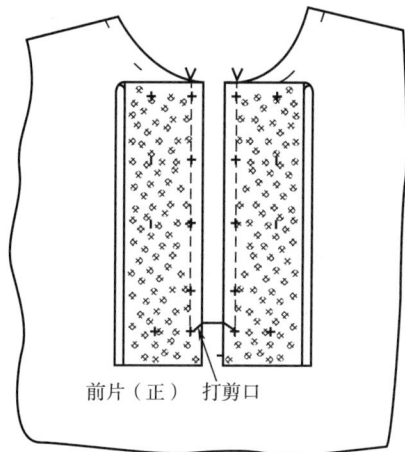

图5-31 装门里襟

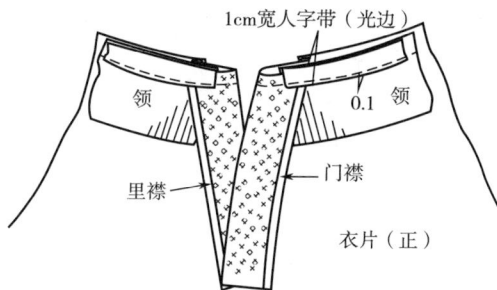

图5-32 绱领

6. 做前门襟、缝门襟底端 平车做前门襟，缝门襟底端，穿着时左襟搭右襟；门襟四周缉0.15cm明线；门襟底端四线拷光，两侧打暗回针，外门襟底端缉1cm明线；注意门襟上下宽窄一致，门襟底端缉线方正；门襟外形美观（图5-33）。

7. 门襟锁眼 扣眼直径1.3cm（外径），第一粒扣眼为横眼，距门襟顶端1.5cm；第二粒与第三粒为竖眼，位置位于第一粒扣眼与门襟最底端缉线三等分处，注意最上一个扣眼的外端过门襟中心线0.3cm。

8. 钉扣 里襟钉三粒大身色扣。纽扣扣好后里襟不外露，领角无高低（图5-33）。

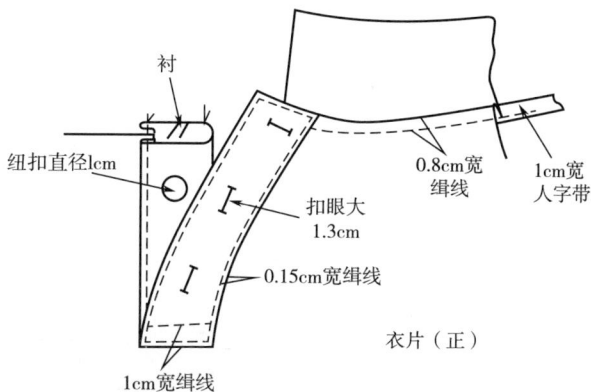

图5-33 做前门襟

第四节 针织服装常见口袋的缝制

一、任务目的

（1）了解直插袋、斜插袋、单嵌线插袋在针织服装中的应用。

（2）学习直插袋、斜插袋、单嵌线插袋的缝制，并能较为熟练地操作。

（3）掌握直插袋、斜插袋、单嵌线插袋缝制的全过程。

二、工具与设备

（1）包缝机、熨斗、烫台。

（2）缝纫线、面料。

（3）划粉、铅笔、直尺。

三、任务内容

（1）从针织服装中找出直插袋、斜插袋，观察其外形结构特征。

（2）裁剪面、辅料。

（3）按工艺要求缝制直插袋、斜插袋。

四、报告内容

（1）独立完成直插袋、斜插袋、单嵌线插袋的缝制，各一个。

（2）简述直插袋、斜插袋、单嵌线插袋的缝制注意事项。

（3）简述直插袋、斜插袋、单嵌线插袋的缝制质量要求。

（4）总结本任务的收获。

五、步骤和方法

（一）直插袋

直插袋是针织运动裤最基本的袋型，如图 5-34 所示。

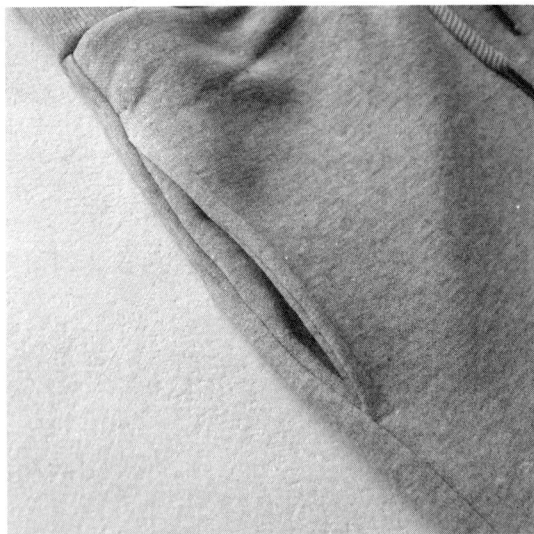

图 5-34　直插袋

本实训任务缝制的直插袋尺寸规格如图5-35所示，具体步骤如下。

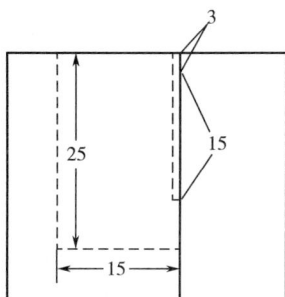

图5-35　直插袋尺寸

1. 零部件的裁剪　零部件的裁剪及尺寸规格如图5-36所示，前裤片1片，后裤片1片，袋布2片，尺寸规格如图5-36所示。

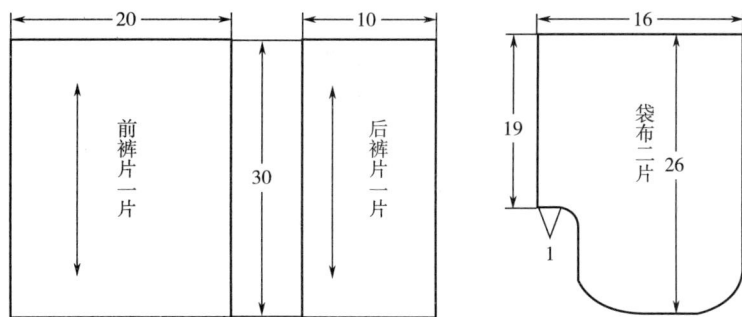

图5-36　零部件裁剪图

2. 直插袋的缝制

（1）合绲侧缝：把前后裤片正面相对，侧缝处画出口袋位，缝合侧缝，留出袋口部分不缝合，如图5-37所示。

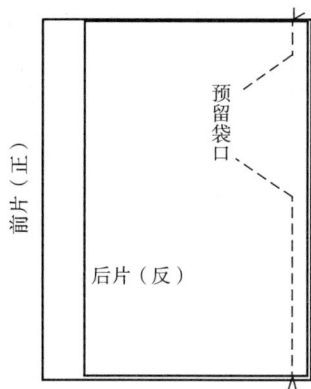

图5-37　合侧缝

（2）装上袋布：上袋布正面朝上，袋口边缘与前裤片袋口净线对齐，在裤片正面拷边线内侧缉住袋布。

（3）缉袋口明线：将上袋布翻折到前裤片一侧，沿线钉将袋口烫平，在裤片正面缉0.6cm明线，如图5-38所示。

（4）封袋底：把下袋布正面朝下和上袋布边缘对齐，四线包缝封袋底。

（5）固定后袋布：将后袋布侧缝边和前裤片缝份缉在一起，缝份0.1cm，如图5-39所示。

（6）封袋口：袋口上下封结，距腰口3cm，每次封结做三道回针。

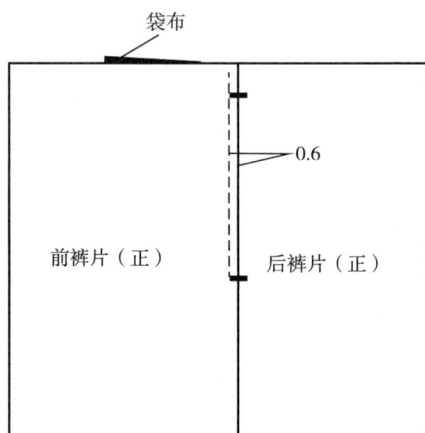

图5-38　装上袋布

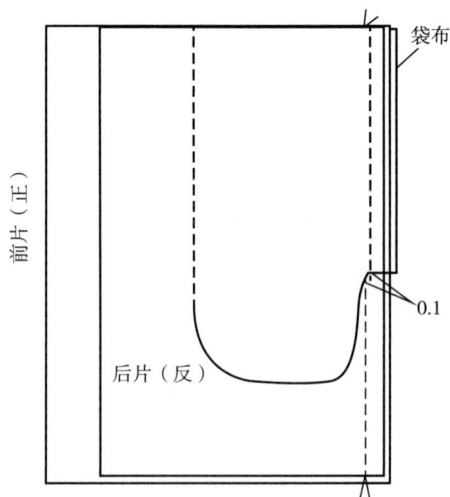

图5-39　固定后袋布

3. 质量要求

（1）侧缝缝份分足，无虚缝。

（2）袋口平服，大小准确。

（3）袋口封结牢固。

（4）袋布平服，缉线顺直，袋底无毛露。

（二）斜插袋

斜插袋在针织运动裤中应用较多，如图 5-40 所示。

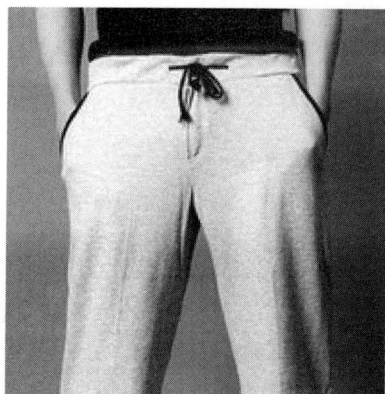

图 5-40　斜插袋

本任务缝制的斜插袋尺寸规格如图 5-41 所示，具体步骤如下。

1. 零部件的裁剪　如图 5-42 所示。

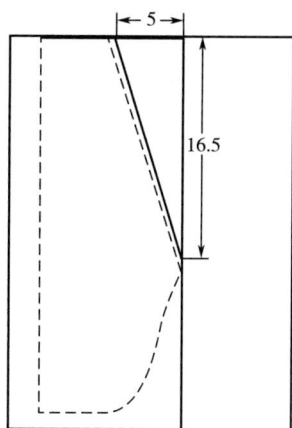

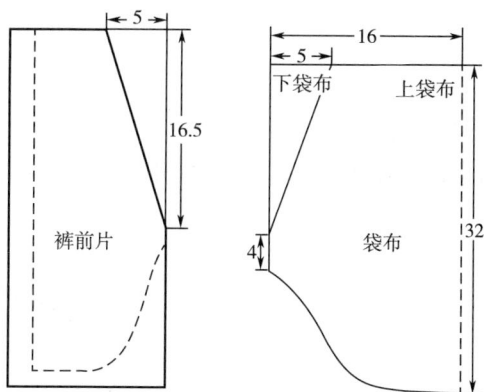

图 5-41　斜插袋　　　　　　　图 5-42　零部件裁剪图

2. 斜插袋的缝制

（1）缝袋底：将袋布正面相对，离袋口 2cm，缝头 0.3cm 兜缉袋底，并翻正。两个袋布要同步制作，方向相对。

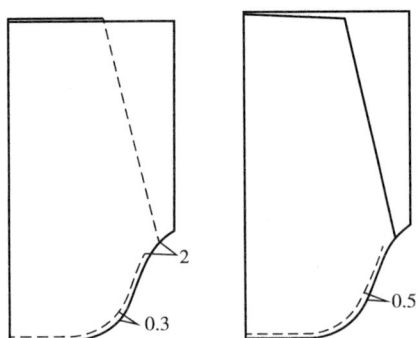

图 5-43　缝袋底

（2）装袋布：袋布斜边与前裤片袋口斜边对齐，正面相对，包缝。

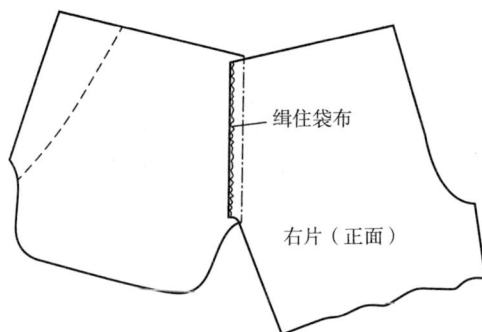

图 5-44　装袋布

（3）缉袋口明线：将裤片折烫，把袋口烫平，缉 0.8cm 明线。

（4）合缉侧缝：掀开后袋布，把前后片的侧缝缝合在一起，用电熨斗分开烫平。

（5）封袋口：把袋布、袋口、裤片放平，封上下袋口，缉三四道线封住。上袋口封住后，将袋口以上部分缉住。

（三）单嵌线插袋

单嵌线插袋在针织外衣裤上都有应用，如图 5-45 所示。

图 5-45　单嵌线插袋外套

本任务缝制的单嵌线斜插袋尺寸规格如图 5-46 所示，具体步骤如下。

1. 零部件的裁剪　如图 5-46 所示，衣片 1 片，袋口嵌条 1 片，袋布 A1 片，袋布 B1 片，另用卡纸准备一个 1.9cm×14cm 的辑线模板。

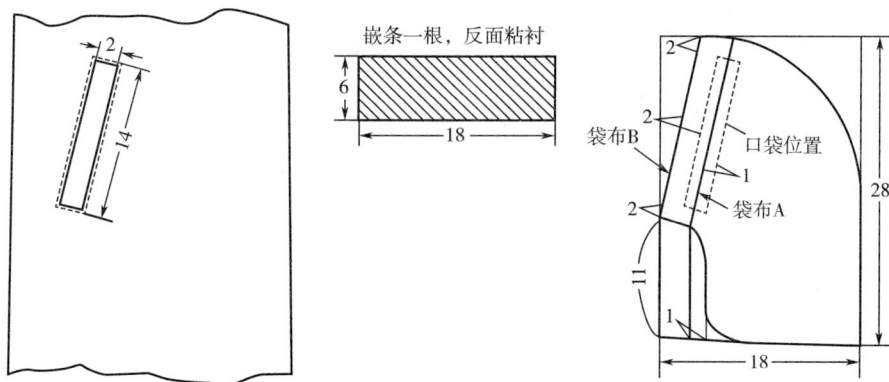

图 5-46　单嵌线插袋样板图

2. 单嵌线插袋的缝制

（1）嵌条和衣片口袋位烫衬。

（2）折烫嵌条，并沿袋布 A 袋口边缘 1cm 辑线，将嵌条固定在袋布 A 正面。

（3）分别辑缝袋布 A+嵌条组合和袋布 B 到口袋位相应位置，如图 5-47 所示。

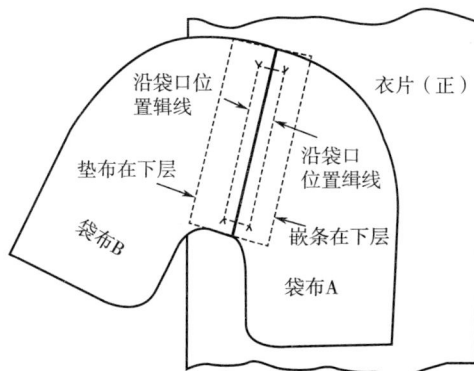

图 5-47　辑缝袋布

（4）剪袋口：掀开袋布 A 和袋布 B，在口袋位中线位置将口袋剪开，距离两端 1cm 处，剪成小三角，剪到线的根部，不剪断线，如图 5-48 所示。

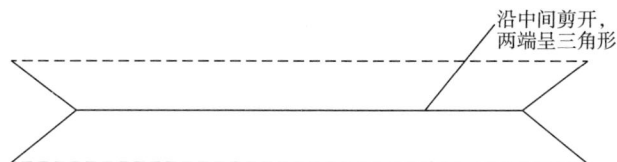

图 5-48　剪袋口

（5）辑袋口：将袋布 A、B 从开剪处翻到反面，并整理袋口，沿袋口一周辑 0.1cm 明线，如图 5-49 所示。

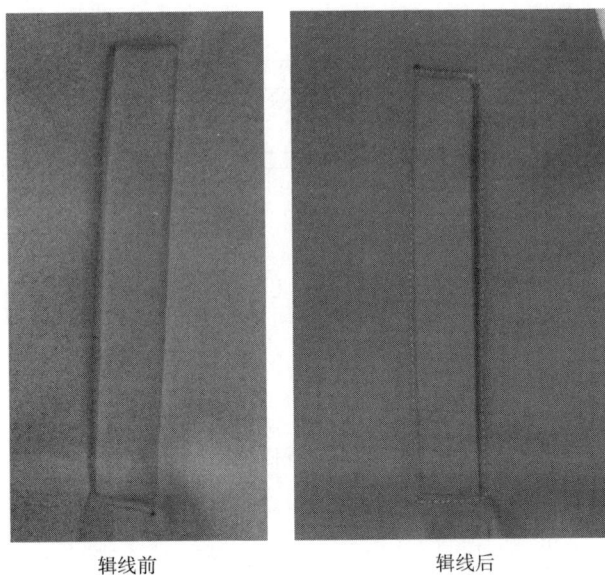

辑线前   辑线后

图 5-49 辑袋口明线

（6）缝合袋底：袋布三周缝合，四周拷边，如图 5-50 所示。

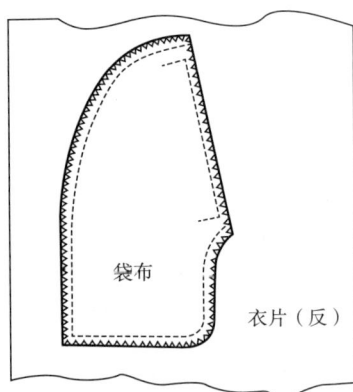

袋布

衣片（反）

图 5-50 缝合袋布

第五节 衩的缝制

一、任务目的

（1）学习服装侧开衩的缝制，并能较为熟练地操作。

(2) 掌握侧开衩缝制的全过程。

(3) 了解开衩在针织服装中的应用。

二、工具和设备

(1) 包缝机、平缝机、熨斗、烫台。

(2) 缝纫线、面料、人字带。

(3) 划粉、铅笔、直尺。

三、任务内容

(1) 从针织服装中找出开衩，观察其外形结构特征。

(2) 裁剪面、辅料。

(3) 按工艺要求缝制侧开衩。

四、报告内容

(1) 独立完成两个侧开衩的缝制。

(2) 简述侧开衩的缝制注意事项。

(3) 总结本任务的收获。

五、步骤和方法

侧开衩是 POLO 衫最常用的下摆形式，如图 5-51 所示。

本任务缝制的侧开衩尺寸规格如图 5-52 所示，具体步骤如下。

图 5-51　侧缝开衩

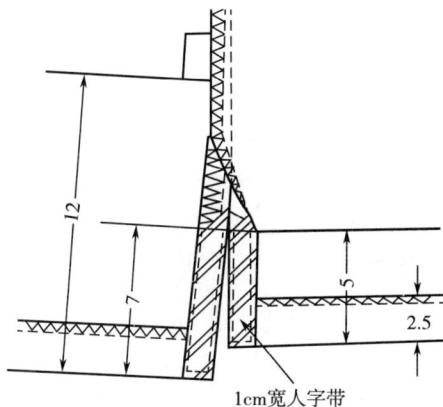

图 5-52　侧开衩图

(1) 零部件的裁剪：如图 5-53 所示。

(2) 合衣片侧缝：距开衩剪口 2cm 起，四线包缝合侧缝，如图 5-54（a）所示。

(3) 四线拷开衩：拷边时不切边，如图 5-54（b）所示。

（4）下摆折边：衣片正面朝上，双针绷缝折下摆。

（5）衩边内折：沿侧缝边将衩边往衣片反面内折1cm左右，保证衩口平整，如图5-55所示。

（6）做侧开衩：将人字带整齐压放在折好的衩边上，边缘平齐，两个头端预留0.5cm内折量，沿人字带两边缉0.1cm明线，缉线宽度一致，折三角左右对称，如图5-56所示。

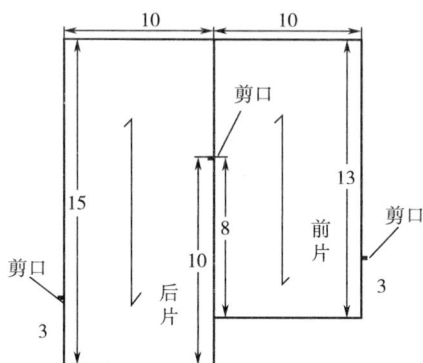

图5-53 零部件的裁剪

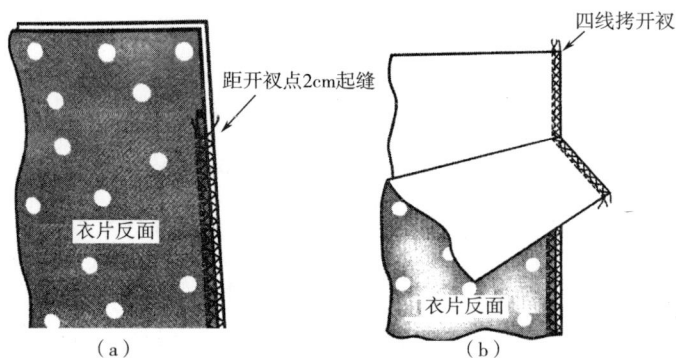

（a）　　　　　　　　　　　（b）

图5-54 侧缝

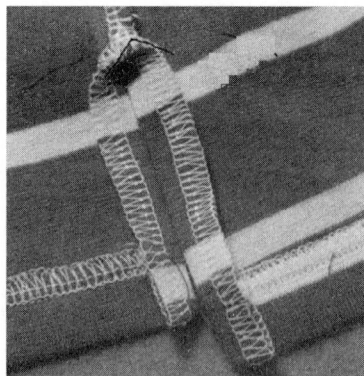

图5-55 衩边内折

图5-56 做侧开衩

第六章 针织成衣设计制作实例

第一节 针织内衣设计实例

一、女式三角裤

（一）成品款式特点

1. 款式与缝制特点 该女式三角裤前片脚口、后片脚口、底裆、腰口同色弹性包边条滚边，底裆为双层大身面料，如图 6-1 所示。

2. 用料 9.7tex（60 英支）精梳棉汗布，克重为 110g/m²，2cm 宽弹性包边条。

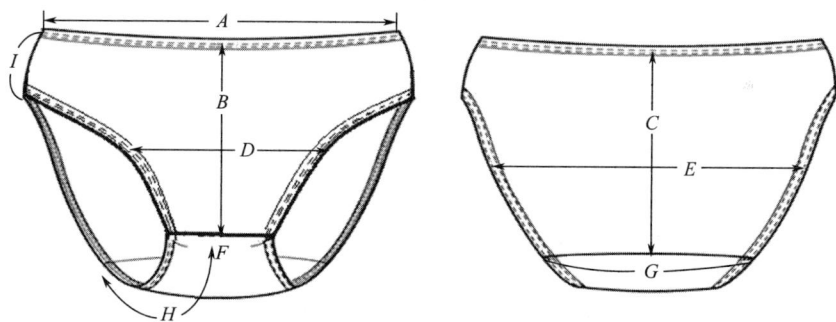

图 6-1 女士三角裤款式图

（二）成品规格

成品规格见表 6-1，表中代号对应款式图 6-1 中的测量部位。

表 6-1 女式三角裤成品规格   单位：cm

代号	部位名称	规格尺寸			档差	公差
		150/75A S	155/80A M	160/85A L		
A	腰围/2	26.5	29	31.5	2.5	±1
B	前中长	17	18	19	1	±20.5
C	后中长	20	21	22	1	±0.5
D	前片宽	14.5	15	15.5	0.5	±0.2

续表

代号	部位名称	规格尺寸			档差	公差
		150/75A S	155/80A M	160/85A L		
E	后片宽	25.8	27	28.2	1.2	±0.2
F	前裆宽	7	7	7	0.5	±0.2
G	后裆宽	13.5	13.5	13.5	0	±0.2
H	底裆长	13.5	13.5	13.5	0	±0.2
I	侧缝长	5	5	5	0	±0.2

(三) 制图尺寸计算

以 M 号规格为例，采用规格演算法制图，制图时考虑坯布回缩率，不考虑缝耗，制作裁剪样板时再把缝耗加进去。经测试，坯布纵向回缩率为 2%，横向回缩率为 2%。计算结果见表 6-2。

表 6-2　制图尺寸计算　　　　　　　　　　　　　　　　　　单位：cm

部位	计算方法	规格
腰围/4	(1+横向回缩率) ×腰围/4 +1cm 缝缩	15.8
前中长	前中长规格× (1+纵向回缩率)	18.3
后中长	后中长规格× (1+纵向回缩率)	21.4
前片宽/2	(1+横向回缩率) ×前片宽/2	7.7
后片宽/2	(1+横向回缩率) ×后片宽/2	13.8
前裆宽/2	(1+横向回缩率) ×前裆宽/2	3.6
后裆宽/2	(1+横向回缩率) ×后裆宽/2	7
底裆长	底裆长规格× (1+纵向回缩率) +0.5cm 缝缩	14.3
侧缝长	侧缝长不考虑回缩率	5

(四) 制图

根据表 6-2 中计算所得尺寸，女式三角裤制图步骤如下：

1. 后片及裆片制图步骤

①画后中线，并在后中线上确定后片长尺寸，为 21.4cm，底裆长尺寸，为 14.3cm。

②画上平线，上平线向上 1.5cm 画斜线，长度为腰围/4，大小为 15.8cm，确定腰线。

③沿后片长 1/2 处、后片长点、底裆长点分别画上平线的平行线，并以后中线为起点分别取后片宽尺寸/2、后裆宽尺寸/2、前裆宽尺寸/2。

④画侧缝线：以腰侧点为起点，作腰线垂直线，取侧缝长 5cm 画侧缝线。

⑤画后裆线：后裆宽线向下 1cm，画顺弧线作后裆线。

⑥画底裆弧线：连接前裆线侧点和后裆线侧点，向内凹进 1cm 画顺弧线，作底裆弧线。

⑦画脚口弧线：连接后裆线侧点、后片宽线侧点和侧缝脚口点，分别向外 0.5cm、向内

0.5cm 画顺弧线。

2. 前片制图步骤

①画前中线，并在前中线上确定前片长尺寸，为 13.8cm。

②画上、下平线，沿前片长 1/2 处画上平线的平行线作前片宽线，以前中线为起点分别在前片宽线和下平线上取前片宽和前裆宽。

③画前片腰线：上平线向上 1.5cm 画斜线，长度为腰围/4，大小为 15.8cm，确定腰线。

④画侧缝线：以腰侧点为起点，作腰线垂直线，取侧缝长 5cm 画侧缝线。

⑤画前片脚口弧线：首先连接侧缝脚口点和前片宽侧点向内凹进 0.5cm 画顺弧线，再连接前片宽侧点和前裆宽侧点向内凹进 0.5cm 画顺弧线。

女式三角裤制图如图 6-2 所示。

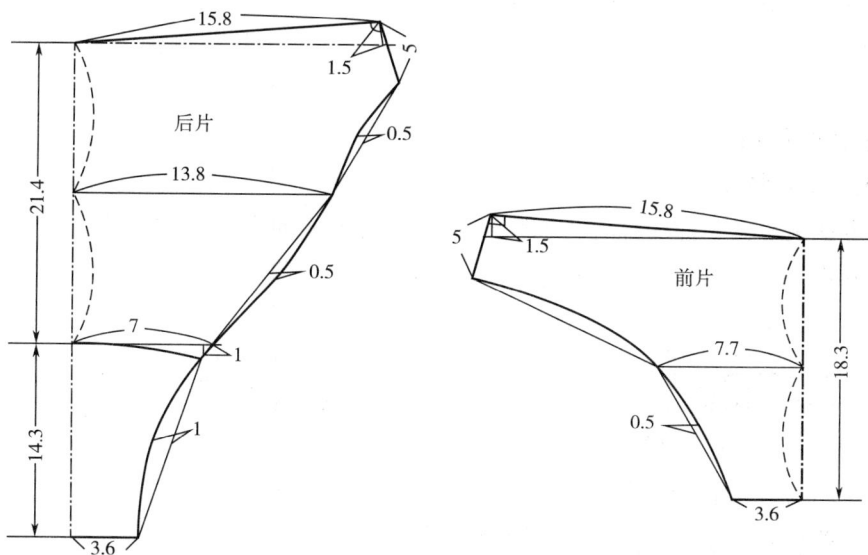

图 6-2　女式三角裤制图

（五）样板制作

1. 加缝份　在净样板制图四周加缝份，前后片与底裆脚口缝份为 0（腰口、前后片与底裆脚口均为滚边包实，故不需要加缝份）；前片的底裆拼缝、底裆的前后片拼缝、后片的底裆拼缝、前后片侧缝缝份均为 1cm。

2. 加标注　在样板上标注丝缕方向，并写明款式名称或款号、规格、衣片名称、衣片需裁剪的片数等，如图 6-3 所示。

（六）缝制工艺流程

拼合底裆与前片→拼合底裆与后片→前后片与底裆脚口包弹性包边→拼合前后片左侧缝→腰口包弹性包边→拼合前后片右侧缝→打套结→整烫、检验

（七）缝制要求

（1）四线拷克将前后片夹到底裆与里裆布中间，与裆线处比齐，注意三片平齐，线迹平顺。

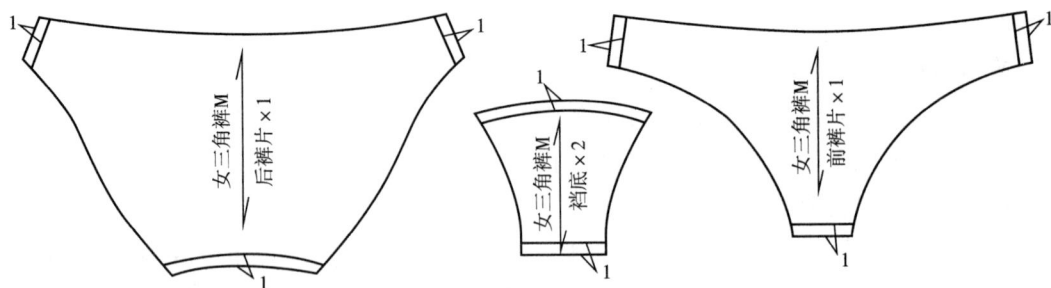

图 6-3 女士三角裤样板图

（2）前后片与底裆脚口松紧滚边。线迹平顺圆滑，滚边包实。

（3）四线拷克拼左侧缝。

（4）腰口松紧滚边。侧缝缝份倒向后片，线迹平顺圆滑，滚边包实。

（5）右侧缝腰口与脚口打竖形套结。套结打在后片上，并压住侧缝。

二、男式平角裤

（一）成品款式特点

1. 款式与缝制特点 前中部分为双层，左右拼接形成前中裆，前中裆中部呈 U 形凸起；裤腰边内夹松紧带；脚口双针绷缝机缝制，如图 6-4 所示。

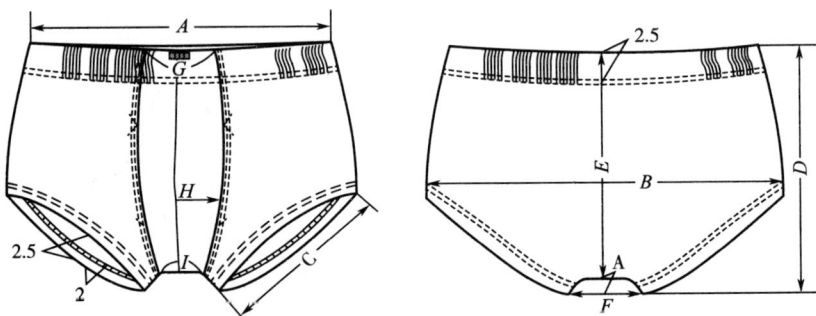

图 6-4 男式平角裤款式图

2. 用料 14.6tex（40 英支）精梳棉汗布，克重为 $180g/m^2$，2.5cm 宽松紧带。

（二）成品规格

成品规格见表 6-3，表中代号对应款式图 6-4 中的测量部位。

表 6-3 成品规格 单位：cm

代号	部位名称	规格尺寸			档差	公差
		150/75A S	155/80A M	160/85A L		
A	腰围/2（拉量）	39.5	42	44.5	2.5	±1
	腰围/2（松量）	29.5	32	34.5	2.5	±1

代号	部位名称	规格尺寸			档差	公差
		150/75A S	155/80A M	160/85A L		
B	臀围/2	47.5	50	52.5	2.5	±1
C	脚口宽	22	23	24	1	±0.5
D	裤长	28.5	30	31.5	1.5	±0.5
E	直裆	25	26	27	1	±0.5
F	裆宽	9	10	11	1	±0.2
G	前中片上宽	11	12	13	1	±0.2
H	前中片凸势	8.1	8.6	9.1	0.5	±0.2
I	前中片下宽	5	5.5	6	0.5	±0.2

（三）制图尺寸计算

以 M 号规格为例，采用规格演算法制图，制图时考虑坯布回缩率，不考虑缝耗，制作裁剪样板时再把缝耗加进去。经测试，坯布纵向回缩率为2%，横向回缩率为2%。计算结果见表6-4。

表6-4　制图尺寸计算　　　　　　　　单位：cm

部位	计算方法	规格
腰围/4	（1+横向回缩率）×腰围/4	21.4
臀围/4	（1+横向回缩率）×臀围/4	25.5
脚口宽	由于脚口部位在缝制过程中容易受到拉伸，故不考虑回缩率	23
裤长	裤长规格×（1+纵向回缩率）	30.6
直裆	直裆规格×（1+横向回缩率）	26.5
裆宽/2	不考虑回缩率	5
前中片上宽/2	（1+横向回缩率）×前中片上宽/2	6.1
前裆片凸势	前裆片凸势规格×（1+横向回缩率）	8.7
前中片下宽/2	（1+横向回缩率）×前中片下宽/2	2.8

（四）制图

根据表6-4中计算所得尺寸，男式平角裤制图步骤如下：

1. 前片制图步骤

①画上下平线，上下距离为裤长，尺寸为30.6cm。

②画前中线及臀围线，垂直于上平线，相互距离为臀围/2，大小为25.5cm。

③画腰口线：在上平线上，以前中线为起点，取腰围/4，找到腰侧点，前中线以上平线为起点向下凹1.5cm，连接两点，并画顺弧线。

④画底裆弧线：在下平线及前中线上分别取5cm和4.1cm，找到底裆中点和脚口最低点，

连接两点，并画顺弧线。

⑤画前片脚口线：以脚口最低点为起点，脚口宽为半径画弧与臀围线相交，交点即为侧缝脚口点，连接两点，向内凹进 2.5cm 画弧线。

⑥画侧缝线：连接腰口侧点和侧缝脚口点。

⑦画前裆片：在腰口弧线上取前中片上宽，大小为 6.1cm；在底裆弧线上取前中片下宽，大小为 2.8cm；在前中片 1/3 处，画上平线的平行线，以前中线为起点在线上分别向左取 3cm，右取 5.7cm，连接前中片各点，并画顺弧线，如图 6-5（a）所示。

2. 后片制图步骤

①画上、下平线，上下距离为裤长，尺寸为 30.6cm。

②画前中线及臀围线的辅助线，垂直于上平线，相互距离为臀围/2，大小为 25.5cm。

③画腰口线：在上平线上，以前中线为起点，取腰围/4，找到腰侧点。

④画底裆弧线：在下平线及前中线上分别取 5cm 和 4.1cm，找到底裆中点和脚口最低点，连接两点，并画顺弧线。

⑤画前片脚口线：以脚口最低点为起点，脚口宽为半径画弧与臀围线相交，交点即为侧缝脚口点，连接两点。

⑥画侧缝线：连接腰口侧点和侧缝脚口点，如图 6-5（b）所示。

⑦画前中线：改为点画线。

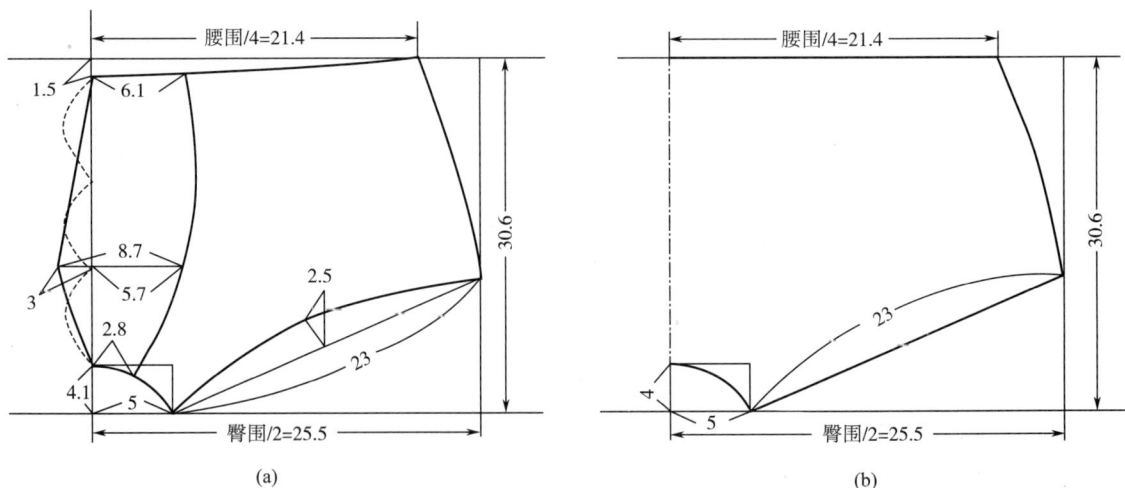

图 6-5 男式平角裤制图

（五）样板制作

1. 加缝份 在净样板制图四周加缝份，前中片、前侧片、后裤片腰口部位加缝份为 2.7cm；前侧片、后裤片脚口折边加缝份为 2cm，其余合缝部位加缝份均为 1cm。

2. 打剪口 前中片、前侧片、后裤片腰口 2.7cm 处打剪口，前侧片、后裤片脚口 2cm 处打剪口，后裤片腰口中点处打剪口。

3. 加标注　在样板上标注丝缕方向，并写明款式名称或款号、规格、裤片名称、裤片需裁剪的片数等，如图6-6所示。

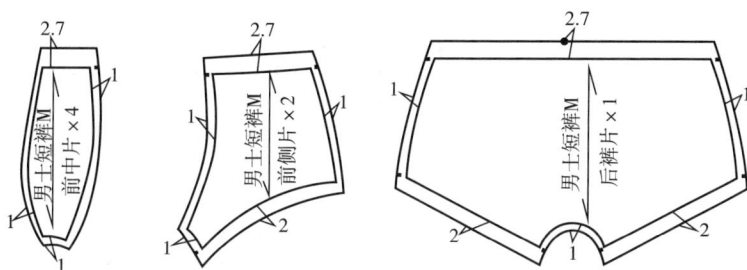

图6-6　男式平角裤样板图

（六）缝制工艺流程

四线合前中片→四线拼缝前片→双针压前片拼缝→四线包缝合前后裤片→双针脚口卷边→四线固定腰口松紧→双针绱腰口松紧

（七）缝制要求

（1）前中片对位要准确。

（2）双针压前片拼缝，缝份向侧缝倒，双针线迹必须压在做缝上，双针宽度为0.5cm，线迹顺直并要宽窄一致。

（3）双针脚口卷边宽2cm，双针腰口卷边宽2.5cm。

三、吊带背心

（一）成品款式特点

1. 款式与缝制特点　此吊带背心属于紧身式样，领口及袖窿采用滚边处理，下摆双针绷缝挽边，如图6-7所示。

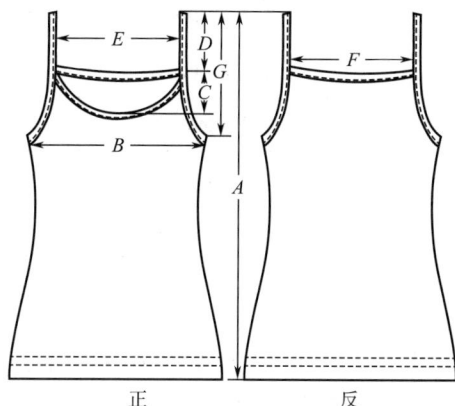

正　　　反

图6-7　女式吊带款式图

2. 用料　14.6tex（40英支）精梳棉汗布，克重为180g/m²，2cm弹性包边。

（二）成品规格

成品规格见表6-5，表中代号对应款式图6-7中的测量部位。

表6-5　成品规格　　　　　　　　　　　　　　　　　　单位：cm

代号	部位名称	规格尺寸			档差	公差
		155/80A S	160/84A M	165/88A L		
A	衣长	48	50	52	2	±0.5
B	胸围	80	84	88	4	±0.5
C	前领深	5	6	7	1	±0.2
D	肩带高	9	10	11	1	±0.5
E	前领宽	20	21	22	1	±0.2
F	后领宽	21	22	23	1	±0.2
G	袖窿深	17	18	19	1	±0.2

（三）制图尺寸计算

以M号规格为例，采用规格演算法制图，制图时考虑坯布回缩率，不考虑缝耗，制作裁剪样板时再把缝耗加进去。经测试，坯布纵向回缩率为2%，横向回缩率为2%。计算结果见表6-6。

表6-6　制图尺寸计算　　　　　　　　　　　　　　　　　单位：cm

部位	计算方法	规格
胸围/2	（1+横向回缩率）×胸围/2	42.8
衣长	衣长规格×（1+纵向回缩率）	51
前领深	不考虑回缩率	6
肩带高	不考虑回缩率	10
前领宽	不考虑回缩率	21
后领宽	不考虑回缩率	22
袖窿深	不考虑回缩率	18

（四）制图

根据表6-6中计算所得尺寸，吊带背心制图如图6-8所示，制图时注意以下几点：

（1）前后片胸围大小相同，前领宽和后领宽尺寸不同。

（2）后领中下落1~1.5cm。

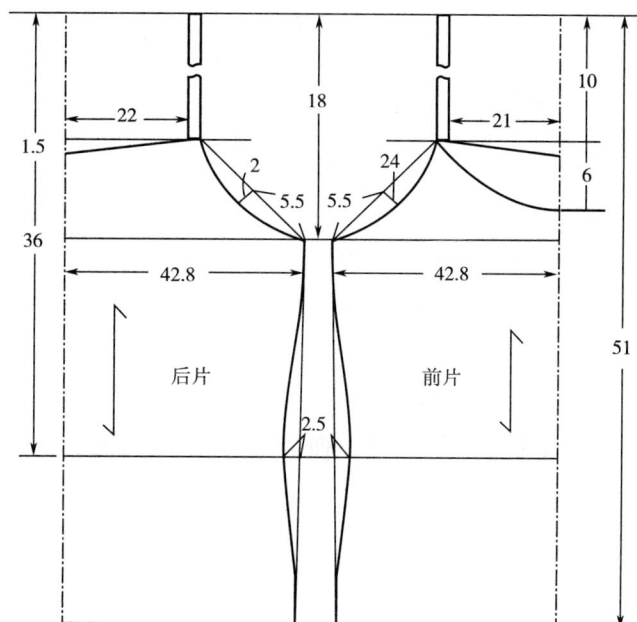

图 6-8 吊带背心制图

（五）样板制作

在净样板制图四周加缝份，前、后片侧缝部位加缝份为 1cm；下摆折边加缝份为 3cm，其余滚边部位不放缝，如图 6-9 所示。

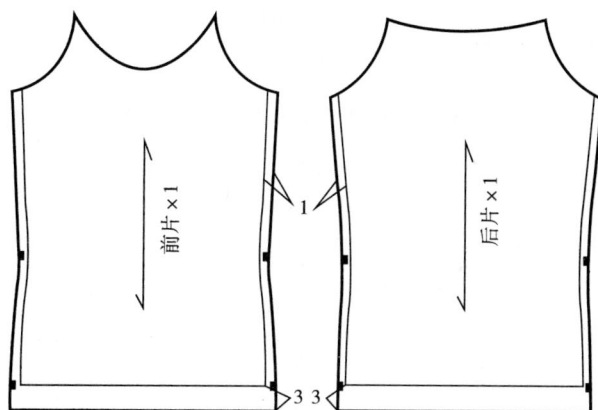

图 6-9 吊带样板图

（六）缝制工艺流程

前、后领口滚边→滚袖窿→合侧缝→下摆折边

（七）缝制要求

（1）左右肩带高要一致。

（2）双针绷缝针迹均匀，袖窿滚边与领口重叠处要干净平整，如图 6-10 所示。

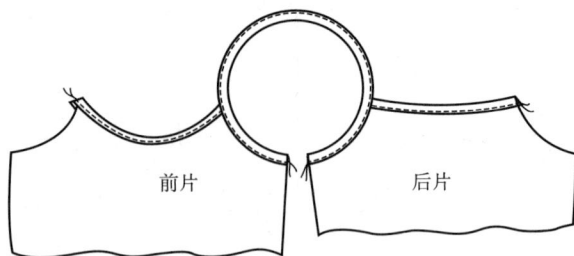

图 6-10 滚袖窿

第二节 T恤衫设计实例

一、圆领短袖 T 恤

（一）成品款式特点

1. 款式与缝制特点 领口拼接罗纹、双针绷缝辑线，下摆、袖口双针折边，如图 6-11 所示。

2. 用料 主料为汗布，领口为 1+1 罗纹。

（二）成品规格

成品规格见表 6-7，表中代号对应款式图 6-11 中的测量部位。

表 6-7 成品规格 单位：cm

代号	部位名称	规格尺寸			档差	公差
		165/84A S	170/88A M	175/92A L		
A	衣长	68	70	72	2	±1.5
B	胸围	100	105	110	5	±2
C	肩宽	44	46	48	2	±1.5
D	挂肩	23	24	25	1	±0.5
E	领宽	17.5	18	18.5	0.5	±1
F	前领深	8	8.5	9	0.5	±0.5
G	后领深	2	2	2	0	±0.1
H	袖长	22	23	24	1	±1
J	袖口宽	17.5	18	18.5	0.5	±1
L	领高	2.3			0	±0.1
N	折边宽	2.5			0	±0.1

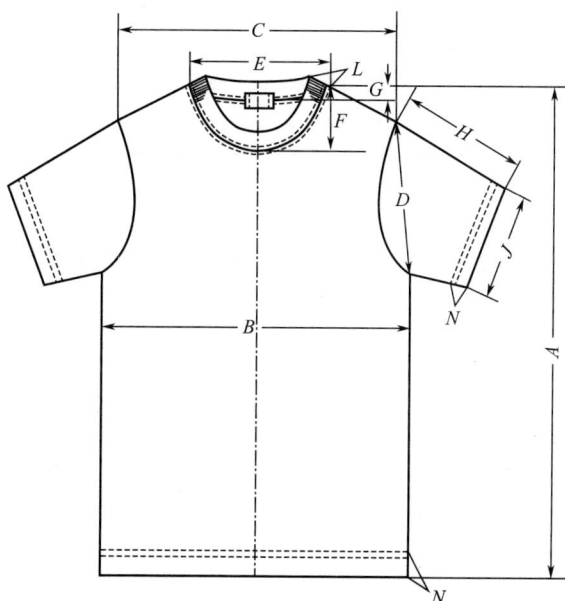

图 6-11　圆领 T 恤款式图

（三）制图尺寸计算

以 M 号规格为例，采用规格演算法制图，制图时考虑坯布回缩率，不考虑缝耗，制作裁剪样板时再把缝耗加进去。经测试，坯布纵向回缩率为 2.2%，横向回缩率为 2.5%。计算结果见表 6-8。

表 6-8　制图尺寸计算

单位：cm

部位	计算方法	规格
衣长	衣长／（1-纵向回缩率）= 70／（1-2.2%）	71.6
胸围/4	胸围／［4×（1-横向回缩率）］= 105/4（1-2.5%）	26.9
肩宽/2	肩宽规格/2，由于肩宽部位在缝制过程中容易受拉伸，故不考虑回缩率	23
挂肩	挂肩规格24。由于肩挂肩部位在缝制过程中容易受拉伸，故不考虑回缩率	24
领宽/2	领宽规格/2。由于领宽部位在缝制过程中容易受拉伸，故不考虑回缩率	9
前领深	前领深规格9。由于领深部位在缝制过程中容易受拉伸，故不考虑回缩率	9
后领深	后领深规格2。由于领深部位在缝制过程中容易受拉伸，故不考虑回缩率	2
肩斜度	15∶4	15∶4
袖长	袖长规格-0.3。由于袖长在整烫过程中容易受到拉伸，故不考虑回缩率	22.7
袖山高	［袖窿弧长（大身制图完毕后取袖窿弧总长51.6）/4］-1	12
袖山斜线	（袖窿弧长51.6/2）-0.3	25.5
袖口宽	袖口宽规格／（1-纵向回缩率）= 20.5／（1-2.2%）	18

部位	计算方法	规格
领罗纹长	领高×2+拉伸回缩 0.4＝5	5
领罗纹宽	领圈周长 57×0.85	48

（四）制图

根据表 6-8 中计算所得尺寸，圆领 T 恤的大身制图如图 6-12 所示，袖制图如图 6-13 所示。

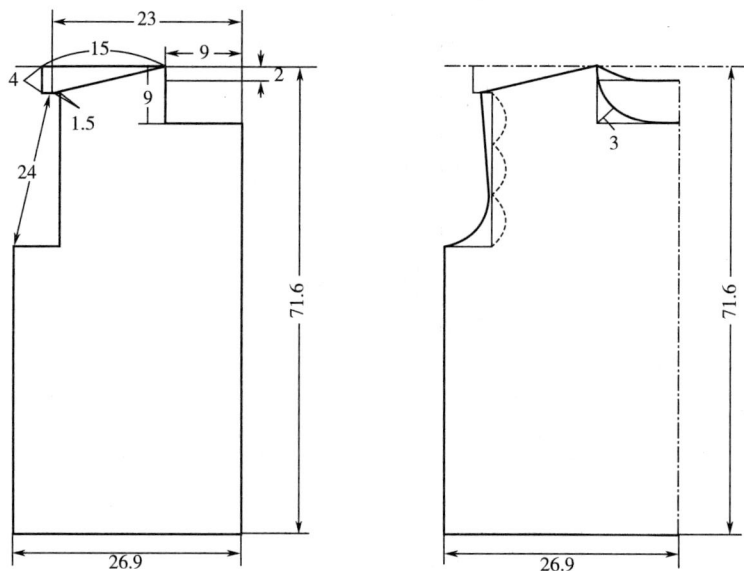

图 6-12　圆领 T 恤大身制图

1. 大身制图步骤

（1）画基本线（前后中线），并在基本线上确定衣长尺寸，衣长为 71.6cm。

（2）画下平线，在下平线上确定胸围/4 尺寸，大小为 26.9cm，并以此点为起点，画前后中线的平行线为侧缝线。

（3）画上平线，并在上平线上确定领宽/2，大小为 9cm。

（4）画前领深线：以领宽点为起点，取 8.5cm，画上平线的平行线。

（5）画后领深线：以领宽点为起点，取 2cm，画上平线的平行线。

（6）画肩斜线：以领宽点为起点，取比值 15：4 确定肩斜度。

（7）画肩宽线：取肩宽/2，画前后中线的平行线与肩斜线相交，交点即为肩端点。

（8）以肩端点为圆心，以挂肩大 24cm 为半径，画弧线与侧缝线相交；以此交点为起点，画上平线为袖窿深线。

（9）前后中线：按基本线，同时把基本线改为点画线。

（10）后领圈弧线：把后领宽分成两等份，从肩端点至后领中点画顺领弧线。

（11）前领圈弧线：从领肩点至前领中点通过角平分线上 3cm 点，画顺领弧线。

（12）肩斜线：从领肩点连接至肩端点为肩斜线。

（13）袖窿弧线：首先从肩端点引上平线的平行线，取 1.5cm 定点，再从该点引袖窿深线的垂直线，再把该垂直线分成三等份，最后从肩端点至袖窿深点通过三分之一袖窿深点画顺袖窿弧线。

（14）画侧缝线：按辅助线。

（15）画底摆线：按辅助线。

2. 袖子制图步骤

（1）画基本线（袖中线）：在基本线上确定袖长尺寸，袖长为 22.7cm，并画上平线及下平线。

（2）袖山高线：自上平线往下量（袖窿弧长/4-1）cm 画上平线的平行线。

（3）袖斜线：自袖山顶点取（袖窿弧长/2-0.3）cm 画斜线与袖山高线相交，自该交点画袖中线的平行线为袖肥线。

（4）下平线上，自袖中线起，量袖口大，把该点和袖山高线与袖肥线的交点相连即为袖底线。

（5）画袖中线：按基本线，同时把基本线改为点画线。

（6）画袖山弧线：把袖斜线分成三等份，如图定点画袖山弧线。

（7）袖底线：按辅助线，并于辅助线中点凹进 0.5cm，画顺袖底弧线。

（8）袖口线：按辅助线。

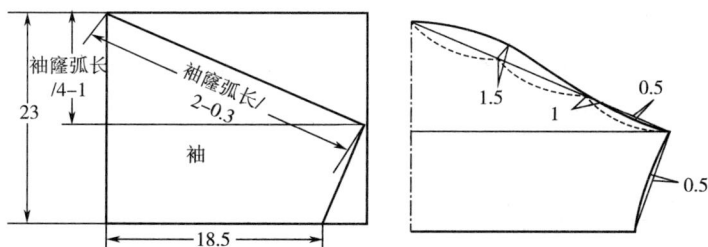

图 6-13　圆领 T 恤袖制图

（五）样板制作

1. 加缝份　在净样板制图四周加缝份，大身底边、袖口边缝份为 3cm，大身侧缝、袖窿、肩缝、袖底缝、领圈为四线拷合，缝份为 1cm，领罗纹拼合为三线拷缝，缝份为 0.75cm。

2. 做记号　在底边、袖口折边处打剪口；在前后领中心处、袖山顶点处打剪口；在袖子和衣身上打对位记号，大身的对位记号在离侧缝 1cm 处，袖子的对位记号在离袖底缝 10cm 处。在样板上标注丝缕方向，并写明款式名称或款号、规格、衣片名称、衣片需裁剪的片数等，如图 6-14 和图 6-15 所示。

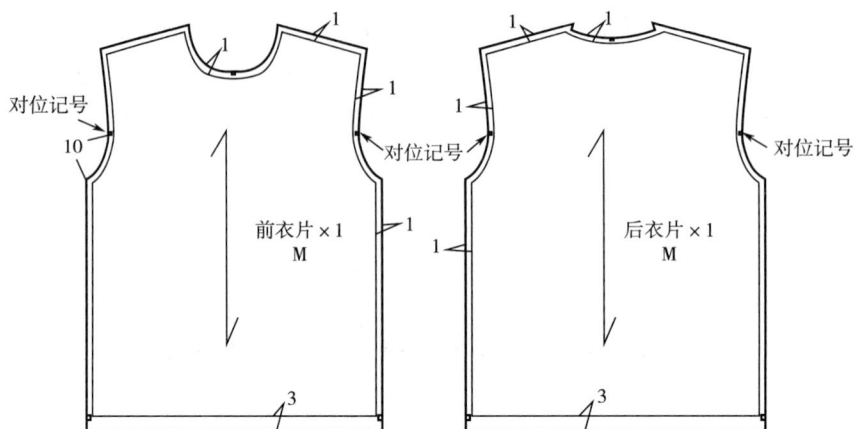

图 6-14　圆领 T 恤大身样板图

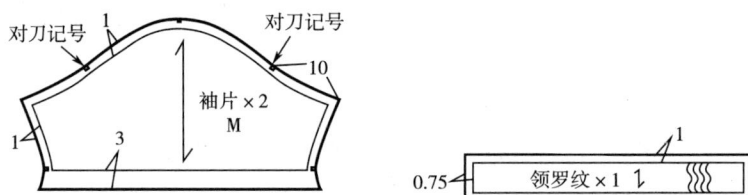

图 6-15　圆领 T 恤袖样板图

（六）缝制工艺流程

三线合领罗纹→四线合肩→四线绱罗纹领→领一周绷缝→四线绱袖片→四线合侧缝、袖底缝→双针绷缝袖口、下摆折边

（七）缝制要求

（1）三线合领罗纹，纹路要直。

（2）四线合肩时，后片衬 0.5cm 宽尼龙肩带，注意左右肩长短一致；绱袖片时，左右袖对条，袖子长短一致；合侧缝时，注意侧缝对条。

（3）双针绷缝领一周时，缝居中，宽窄一致；双针折袖口、下摆时，注意宽窄一致，线迹首尾重叠 2~3cm。

二、男式 POLO 衫

（一）成品款式特点

1. 款式与缝制特点　款式为半开襟横机翻领短袖衫，如图 6-16 所示。领型为横机领、底摆双针卷边、横机袖口、偏门襟、三粒扣，底摆侧缝开衩。平缝机做门襟及绱领；包缝机合肩、绱袖、合袖底缝及侧缝；绷缝机折大身下摆。

2. 用料　12.4tex 珠地网眼布，克重为 220g/m²；横机领及袖口，1cm 宽人字带，非织造衬，纽扣。

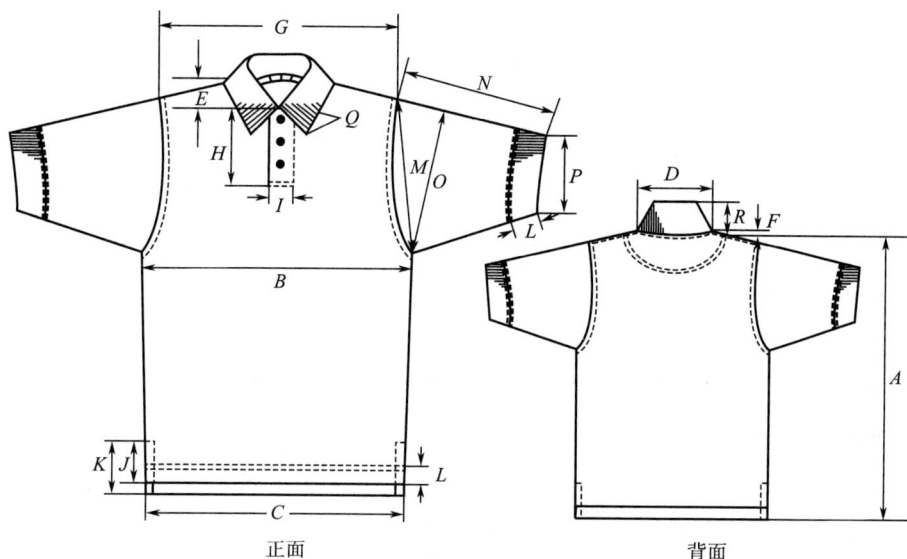

图 6-16　POLO 衫款式图

（二）成品规格

成品规格见表 6-9，表中代号为款式图（图 6-16）中的测量部位。

表 6-9　成品规格　　　　　　　　　单位：cm

代号	部位名称	规格尺寸			档差	公差
		165/84A S	170/88A M	175/92A L		
A	后中长	73	75	77	2	±1.5
B	胸围/2	52.5	55	57.5	2.5	±1
C	下摆围/2	50.5	53	55.5	2.5	±1
D	领宽	16.8	17.3	17.8	0.5	±0.5
E	前领深	8	8.25	8.5	0.25	±5
F	后领深	1.5			0	±0.2
G	肩宽	47.5	49.5	51.5	2	±1.5
H	门襟长	16			0	±0.5
I	门襟宽	3.5			0	±0.2
J	前衩长	5			0	±0.5
K	后衩长	7			0	±0.5

续表

代号	部位名称	规格尺寸			档差	公差
		165/84A S	170/88A M	175/92A L		
L	横机袖口长	2.5			0	±0.2
	下摆折边宽	2.5			0	±0.2
M	挂肩	22.5	23.5	24.5	1	±0.5
N	袖长	22	22.5	23	0.5	±1
O	袖肥	22	23	24	1	±0.5
P	袖口宽	18	18.2	19	0.5	±0.5
Q	前领长	6			0	±0.5
R	后中领高	7			0	±0.5

（三）制图尺寸计算

以 M 号规格为例，采用规格演算法制图，制图时考虑坯布回缩率，不考虑缝耗，制作裁剪样板时再把缝耗加进去。经测试，坯布纵向回缩率为 1.3%，横向回缩率为 3%。计算结果见表 6-10。

表 6-10　制图尺寸计算　　　　　　　　　　　　　　　　单位：cm

部位	计算方法	尺寸
后中长	衣长规格/（1-纵向回缩率）= 73/（1-1.3%）	73.9
胸围/2	胸围/2/（1-横向回缩率）= 52.5/（1-3%）	54.1
下摆围/2	下摆围/2/（1-横向回缩率）= 50.5/（1-3%）	52.1
领宽	由于领宽部位在缝制过程中容易受到拉伸，故不考虑回缩率，因缝门襟贴边使得领宽减小，故需加上 0.5	17.3
前领深	前领深规格	8
后领深	后领深规格	1.5
肩宽	肩宽规格	47.5
挂肩	挂肩规格	22.5
袖长	（袖长规格-横机袖口长）/（1-纵向回缩率）= 19.5/（1-1.3%）	19.8
袖肥	袖肥规格/（1-横向回缩率）= 22/（1-3%）	22.7
袖口宽	袖口宽规格/（1-横向回缩率）= 18/（1-3%）+0.2 松量	18.8

（四）制图

根据表 6-10 中计算所得尺寸，POLO 衫的制图如图 6-17 和图 6-18 所示。具体步骤如下：

1. 大身前片制图步骤

（1）画前片辅助线（上下平线、左右侧缝线），上下平线距离为后中长-2＝71.9cm。左右侧缝线垂直于下平线，距离为胸围/2＝54.1cm。

（2）画前中心线，并在上平线上确定肩宽大小为 47.5cm，画中心线的平行线作肩宽线。

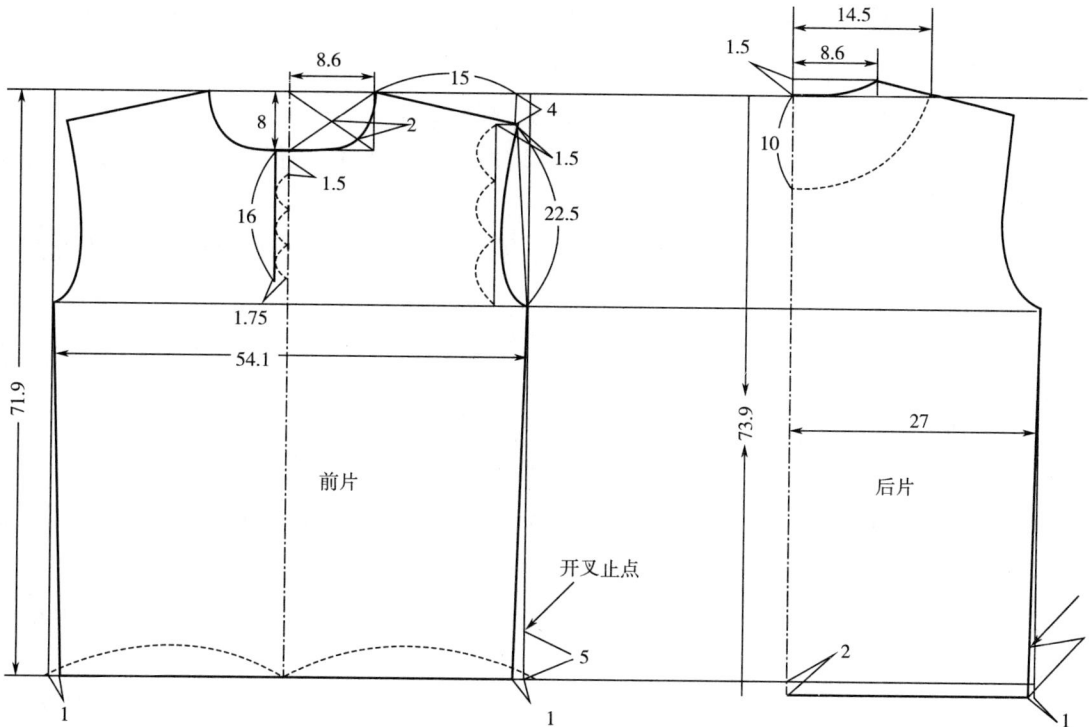

图 6-17　POLO 衫大身制图

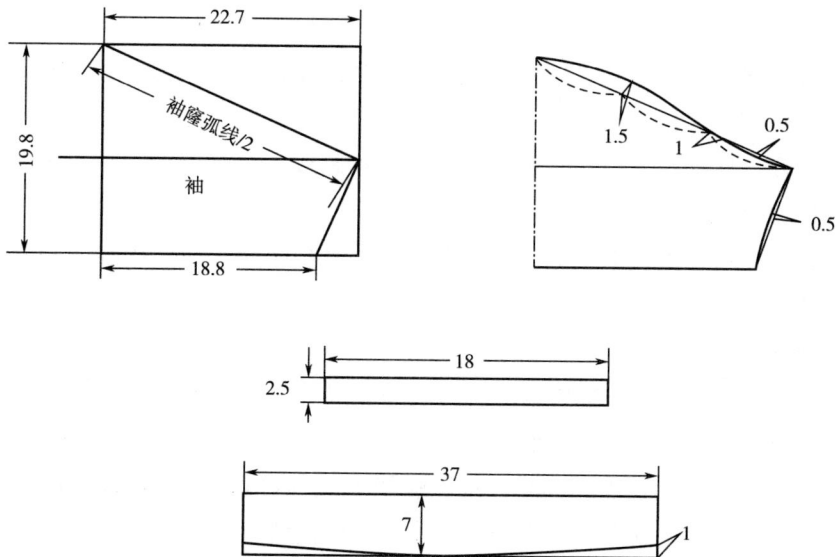

图 6-18　POLO 衫袖制图

（3）画前领弧线：以领宽点为起点，取8cm，画上平线的平行线，按照图示连接领宽点和前领深点，画顺弧线。

（4）画肩斜线，以领宽点为起点，按15∶4画斜线与肩宽线相交，交点即为肩端点。

（5）画袖窿深线：以肩端点为圆心，挂肩尺寸为半径画圆弧，与侧缝线相交于袖窿深点，沿此点作上平线的平行线即为袖窿深线。

（6）画袖窿弧线：首先从肩端点引上平线的平行线，取1.5cm定点，再从该点引袖窿深线的垂直线，再把该垂直线分成三等份，最后从肩端点至袖窿深点通过三分之一袖窿深点画顺袖窿弧线。

（7）画侧缝线：在下平线上从左右侧缝线向内1cm连接袖窿深点作侧缝线，在侧缝线上从底边线向上5cm，找到开衩止点。

（8）画门襟开口线：自前中线左侧1.75cm作前中线的平行线，以前领深线为起点，长度为16cm。

（9）做扣眼记号：自前领深线向下1.5cm到门襟底三等分，在等分处做记号。

2. 大身后片制图步骤

（1）画后片基本线：延长前片上下平线，在下平线下2cm处作平行线，作后片中心线，距中心线27cm，画侧缝线。

（2）后领圈弧线：上平线向上1.5cm画平行线，以后中线为起点，取领宽确定领宽点，从领宽点至后领中点画顺领弧线。

（3）后肩斜线：以领宽点为起点，按15∶4画斜线与肩宽线相交，交点即为肩端点，连接领宽点至肩端点画肩斜线。

（4）袖窿弧线：首先从肩端点引上平线的平行线，取1.5cm定点，再从该点引袖窿深线的垂直线，再把该垂直线分成三等份，最后从肩端点至袖窿深点通过三分之一袖窿深点画顺袖窿弧线。

（5）侧缝线：在下平线上从右侧缝线向内1cm连接袖窿深点画侧缝线，在侧缝线上从底边线向上7cm，找到开衩止点。

（6）画后中线：按基本线，同时把基本线改为点画线。

（7）画底摆线：按辅助线。

（8）画龟背：沿上平线取14.5cm作垂线与肩斜线相交，在后中线上自后领深线向下取10cm，连接两点画弧线。

3. 袖子辅助线制图步骤

（1）画基本线（袖中线）：在基本线上确定袖长尺寸，袖长为19.8cm，并画上平及下平线。取袖肥作袖中线的平行线，画袖肥线。

（2）袖山高线：以袖山顶点为圆心，袖窿弧线/2为半径画弧与袖肥线相交于一点，连接袖山顶点，作袖斜线。沿此点作上平线的平行线为袖山高线。

（3）下平线上，自袖中线起，量袖口大，把该点和袖山高线与袖肥线的交点相连即为袖底线。

4. 袖子结构线制图步骤

（1）画袖中线：按基本线，同时把基本线改为点画线。

（2）画袖山弧线：把袖斜线分成三等份，如图定点画袖山弧线。

（3）袖底线：按辅助线，并于辅助线中点凹进0.5cm，画顺袖底弧线。

（4）袖口线：按辅助线。

后衣片的领宽、肩宽、肩斜度、胸宽、下摆大均与前衣片相同；后衣片上平线高出前衣片上平线1.5cm，这是由男性体型特性和服装款式所决定的，男性后腰节长大于前腰节长，因此在服装制图时，一般后片上平线高出前片上平线0~2cm，具体尺寸依服装款式而定。

（五）样板制作

1. 加缝份　大身底边缝份为3cm（折边宽2.5cm+余量0.5cm），大身侧缝、袖窿、肩缝、袖底缝、袖口处为四线拷边合缝，缝份均为1cm；大身领圈、横机领领底线缝份为0.8cm。

2. 做记号　在底边折边处打剪口；在前后领中心处、袖山顶点、绱门襟处打剪口；在门襟底端打孔；在袖子和衣身上打对位记号，大身的对位记号在离袖底缝10cm处。

3. 加标注　在样板上标注丝缕方向，并写明款式名称或款号、规格、衣片名称、衣片需裁剪的片数等，如图6-19~图6-21所示。

（六）缝制工艺流程

前门襟贴边粘非织造黏合衬→双针卷下摆→前门襟缝贴边→四线拷光龟背→双钉做龟背→合肩缝→ 平车绱横机领→平车做前门襟→四线拷克绱左右横机袖口→四线拷克绱左右袖→四线拷合左右侧缝→平车左右袖打明回针→四线拷光左右衩→平车做左右衩→左右衩打套结→门襟锁眼→钉扣

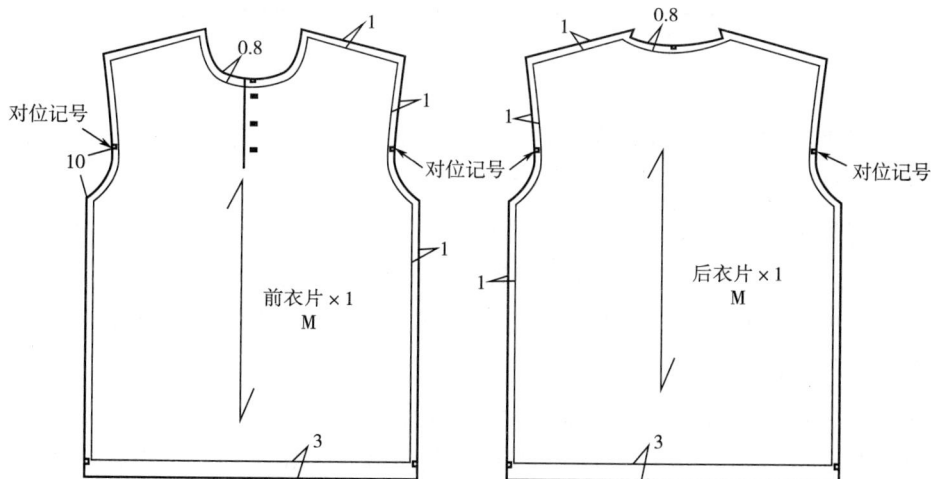

图6-19　POLO衫大身样板图

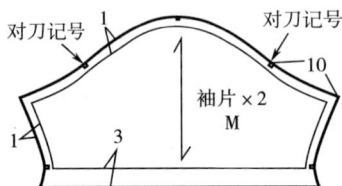

图 6-20 POLO 衫袖样板图

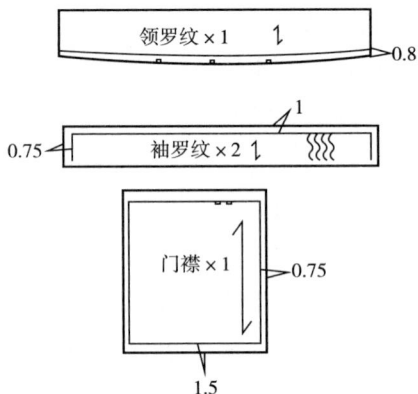

图 6-21 POLO 衫配件样板图

（七）缝制要求

（1）粘衬：前门襟贴边粘非织造黏合衬，注意黏合度，不烫黄；根据样板包烫，门襟净宽为 3.5cm；注意丝缕顺直，如图 6-22 所示。

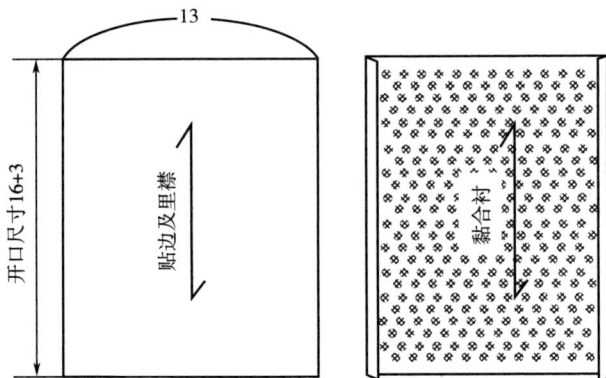

图 6-22 粘衬

（2）贴前门襟：偏门襟，穿计左搭右。半成品长 16.8cm，成品长 16cm、宽 3.5cm。注意丝缕顺直，不偏斜。同时开门襟，剪到线根处但不要剪断线，如图 6-23 所示。

（3）四线拷光龟背：平服，保持圆弧圆顺美观。双针绷缝做龟背，针距为 0.6cm，龟背反面对大身反面，正面见明线圆顺。左右对称，如图 6-24 所示。

（4）合肩：四线合左右肩，注意两肩长短一致。单针加固两肩缝。合缝倒向后身，正面见明线 0.5cm，肩部平服。

（5）平车绱横机领：领子刀眼对准肩缝，缝份为 0.8cm，领子夹在门里襟与衣身之间，门里襟上面放 1cm 宽人字带，人字带前端和前领角平齐，绱领一周。后中领高 7cm，领角高 6cm，两领角翻后平服，如图 6-25 所示。

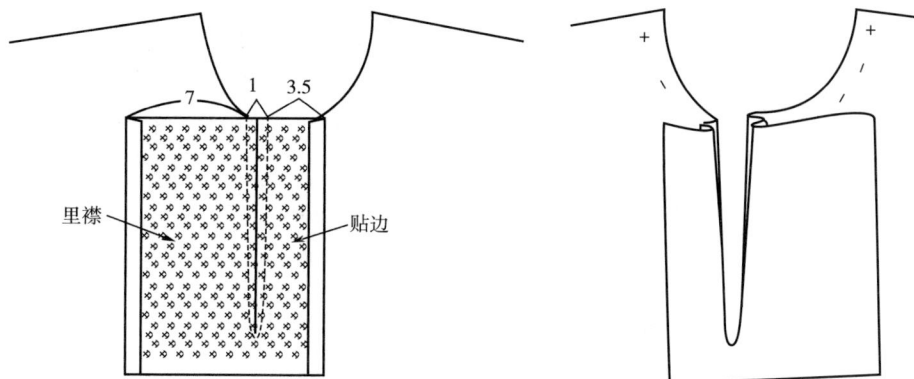

图 6-23 贴门襟

里襟 贴边

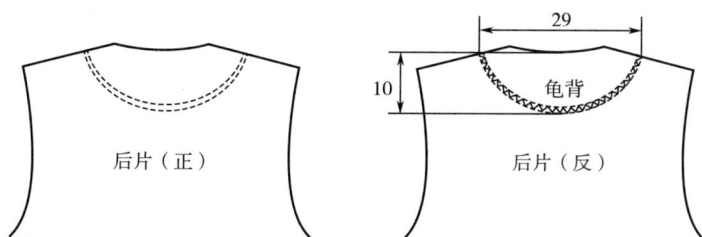

图 6-24 龟背

后片（正） 后片（反）

龟背

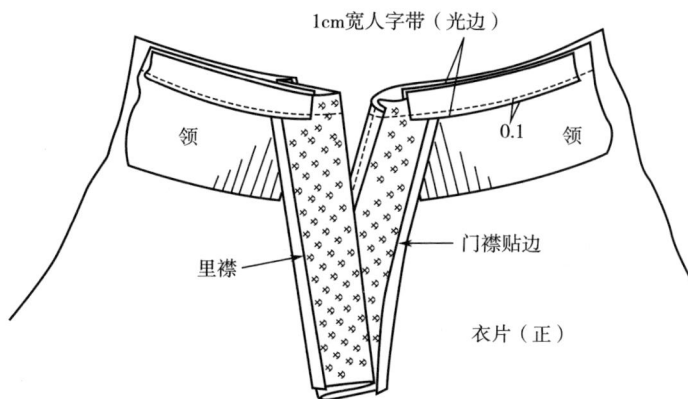

图 6-25 绱领

1cm宽人字带（光边）

领 0.1 领

里襟 门襟贴边

衣片（正）

（6）平车做前门襟：门襟四周缉 0.15cm 宽明线。门襟底端四线拷光，两侧打暗回针，外门襟底端缉线 1cm 单线。注意门襟上下宽窄一致，门襟底端刹线方正。门襟外形美观，如图 6-26 所示。

（7）四线拷克绱左右横机袖口：袖口横机高 2.5cm。绱袖口时注意宽窄一致，吃势均匀。四线绱左右袖。袖中刀眼对准肩缝，肩缝倒向后身，注意两挂肩对称圆顺，松紧适宜。

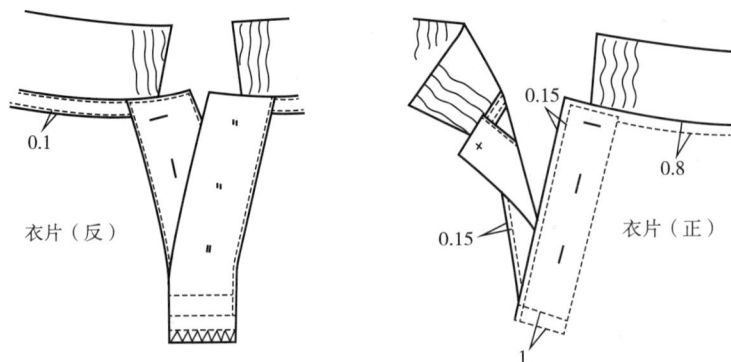

图 6-26　做门襟

（8）四线拷合左右侧缝：袖口、袖底十字缝对齐。缝至下摆刀眼处，留出一部分做左右衩。

（9）平车左右袖打明回针：距袖底缝0.3cm，打在后袖，和横机袖口一样高。

（10）四线拷光左右衩：拷边时，切0.2cm毛边。

（11）平车做左右衩：先固定衩长，后片比前片长2cm，前衩长5cm，后衩长7cm，衩反面为大身色人字带，做好后侧缝顺直，如图6-27所示。

（12）门襟锁眼：扣眼直径为1.3cm（外径），第一粒扣眼为横眼，距门襟顶端1.5cm；第二粒与第三粒为竖眼，位置在第一粒扣眼与门襟最底端缉线三等分处，注意最上一个扣眼的外端过门襟中心线0.31cm。按样板净样点点，要轻点，如图6-28所示。

（13）钉扣：门襟钉三粒大身色扣。纽扣扣好后里襟不外露，领角无高低。

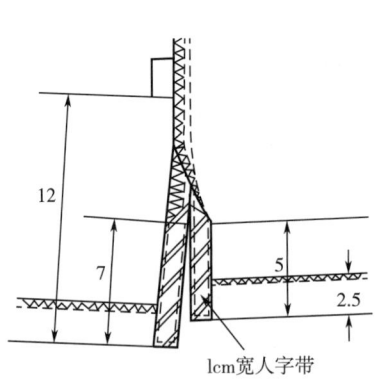

图 6-27　开衩

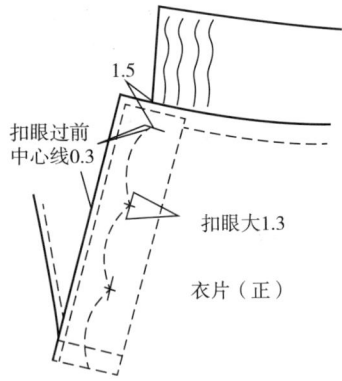

图 6-28　锁扣眼

第三节　针织运动裤

一、针织休闲裤

（一）成品款式特点

1. 款式与缝制特点　腰口装松紧，抽绳，裤口、袋口边为双针卷边，后贴袋，如图6-29

所示。

2. 用料　前后裤片、口袋用 JC18.2tex+JC27.8tex+4.4tex 氨纶（32 英支精梳棉+21 英支精梳棉+40 旦氨纶）小毛圈组织，克重为 $280g/m^2$。缝制辅料明细见表 6-11。

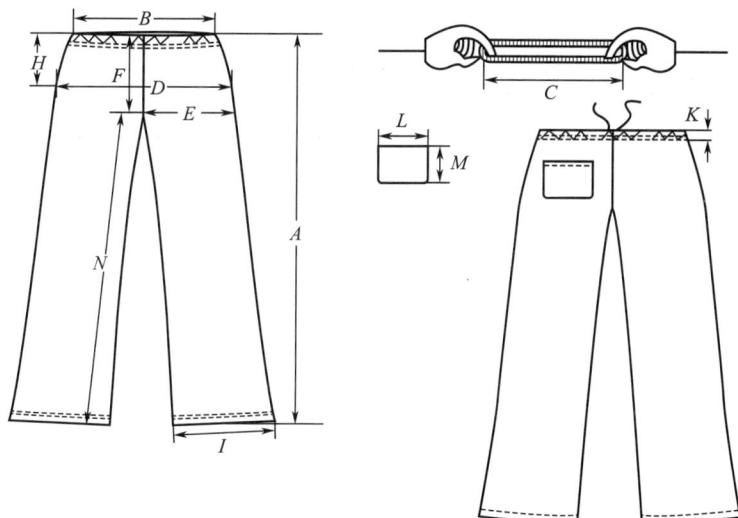

图 6-29　针织休闲裤款式图

表 6-11　缝制辅料明细表

名称	规格	使用方法
抽绳	大身色	穿腰内，分尺码
黏合衬	有纺衬	烫锁眼位及口袋一周
松紧带	2.4cm 宽，白色	拷腰内，放松回缩后平断

（二）成品规格

成品规格见表 6-12，表中代号为款式图（图 6-29）中的测量部位。

表 6-12　成品规格　　　　　　　　　　　　　　　　　单位：cm

代号	部位名称	规格尺寸			档差	公差
		S	M	L		
A	裤长	95	98	101	3	±1.5
B	腰围/2（松度）	30	34	38	4	±1
C	腰围/2（拉度）	46	50	54	4	不小于此尺寸
D	臀围/2	45	49	53	4	±1.5
E	横档/2	28	30.5	33	2.5	±0.7
F	上档长	26	27	28	1	±1
H	内侧长	69.3	71.3	73.3	2	±1

代号	部位名称	规格尺寸			档差	公差
		S	M	L		
I	脚口宽/2	25	26	27	1	±1
K	腰高	2.5	2.5	2.5	0	±0.1
L/M	口袋宽/长	11/13	11/13	11/13	0	±0.2
	腰带长	117	125	133	8	±1.5

(三) 制图尺寸计算

以 M 号规格为例，采用规格演算法制图，制图时考虑坯布回缩率，不考虑缝耗，制作裁剪样板时再把缝耗加进去。经测试，坯布纵向回缩率为2%，横向回缩率为2.2%。计算结果见表6-13。

表6-13　制图尺寸计算

部位	计算方法	规格
裤长	裤长规格/（1−纵向回缩率）= 98/（1−2%）	100
腰围/2（拉度）	腰围规格/2/（1−横向回缩率）= 50/（1−2.2%）	51.1
臀围/2	臀围规格/2/（1−横向回缩率）= 49/（1−2.2%）	50.1
横档/2	横档规格/2/（1−横向回缩率）= 30.5/（1−2.2%）	31.2
脚口宽	脚口宽/（1−横向回缩率）= 26/（1−2.2%）	26.6
直档	直档规格/（1−纵向回缩率）= 27/（1−2%）	27.6

(四) 制图

根据表6-13中计算所得尺寸，休闲裤的制图如图6-30和图6-31所示。具体步骤如下：

1. 辅助线制图步骤（图6-30）

(1) 画基本线（前侧缝直线）：首先画出基础直线。

(2) 画上平线：垂直相交于基本线。

(3) 画下平线（裤长线）：自上平线向下量取裤长，平行于上平线。

(4) 画直档线：自上平线向下量取直档长，平行于上平线。

(5) 画臀高线：自直档线向上量取直档长的1/3，平行于上平线。

(6) 画中档线：取臀高线至下平线的1/2，平行于上平线。

(7) 画前档缝直线：在臀高线上，以基本线为起点，量取（臀围/4−1）cm，平行于基本线。

(8) 画前下档缝直线：在直档线上，以前档缝直线为起点，量取（0.4 臀围/10）cm，平行于基本线。

(9) 画前烫迹线：过前下档缝直线与前侧缝直线的中点作平行于前侧缝直线的平行线。

(10) 画后侧缝直线：画前侧缝直线的平行线。

（11）画后裆缝直线：在臀高线上，以后侧缝直线为起点，量取（臀围/4+1）cm，平行于基本线。

（12）画落裆线：以直裆线为基础，向下落 0.5～1cm。

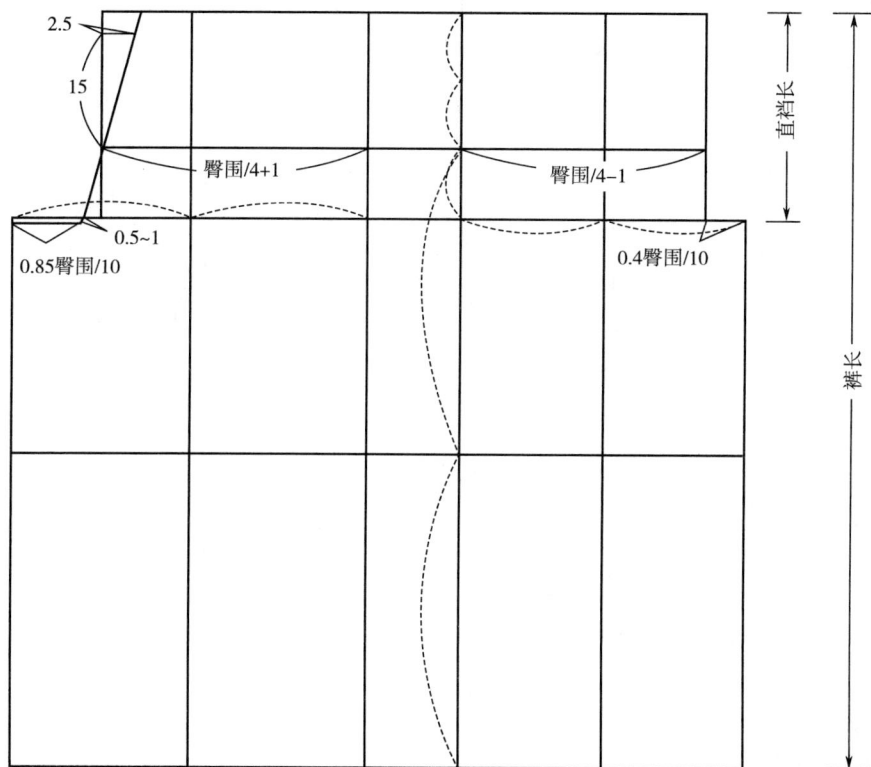

图 6-30　休闲裤辅助线制图

（13）画后裆缝斜线：以臀高线与后裆线直线的交点为起点，取比值 15∶2.5 画斜线。

（14）画后下裆缝直线：以后裆缝斜线与落裆线的交点为起点，量取（0.85 臀围/10）cm，平行于基本线。

（15）画后烫迹线：自后侧缝直线与后下裆缝直线的中点作平行于后侧缝线直线的平行线。

2. 结构线制图步骤（图 6-31）

（1）画前腰口大：在上平线上，自前裆缝直线量取腰围/4 为前腰口大。

（2）画上下平线，沿前片长 1/2 处画上平线的平行线作前片宽线，以前中线为起点分别在前片宽线和下平线上取前片宽和前裆宽。

（3）画前片腰线：上平线向上 1.5cm 画斜线，长度为腰围/4，大小为 15.8cm，确定腰线。

（4）画侧缝线：以腰侧点为起点，作腰线垂直线，取侧缝长 5cm 画侧缝线。

（5）画前片脚口弧线：首先连接侧缝脚口点和前片宽侧点向内凹进 0.5cm 画顺弧线，再连接前片宽侧点和前裆宽侧点向内凹进 0.5cm 画顺弧线。

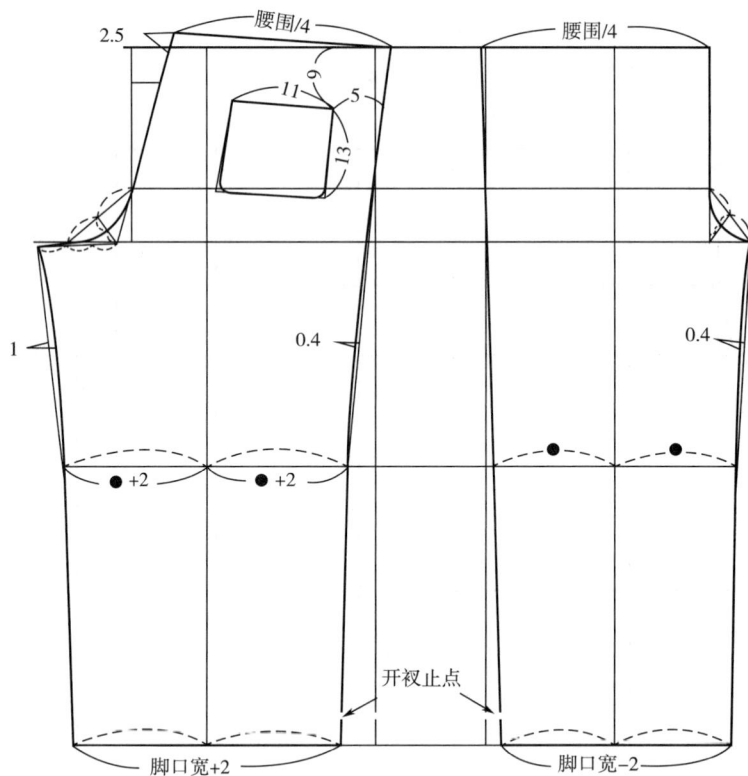

图 6-31 休闲裤结构线制图

（五）样板制作

1. 加缝份 在净样板制图四周加缝份，裤口边缝份为 2cm（折边宽）；口袋边缝份为 1.6cm（折边宽）、腰口缝份为 2.5cm（折边宽）；前后侧缝、前后下裆缝、前后裆缝均为四线拷边合缝，缝份均为 1cm；平缝机缉口袋，口袋三周缝份为 1cm。

2. 打剪口 在脚口、腰口折边处打剪口；在缉口袋位打孔。

3. 加标注 在样板上标注丝缕方向，并写明款式名称或款号、规格、衣片名称、衣片需裁剪的片数等。

4. 口袋工艺板 口袋需工艺板，用于扣烫口袋，如图 6-32 所示。

（六）缝制工艺流程

口袋、腰部烫衬→腰部锁眼→三线拷口袋边→袋口双针折边→烫口袋净样→平车钉口袋→四线拷合左右内裆缝→四线拷合外侧缝→四线拷合前后裆→平缝接松紧带→四线拷缉腰松紧带→双针卷腰头

（七）缝制要求

（1）前片腰内、口袋边一周烫黑色有纺衬，注意牢度。

（2）前片腰顶锁两只竖眼，外径长 1.4cm，锁眼中心距腰顶 1.8cm，距前中 3.2cm。试后生产，确保成品后眼居中、平直。

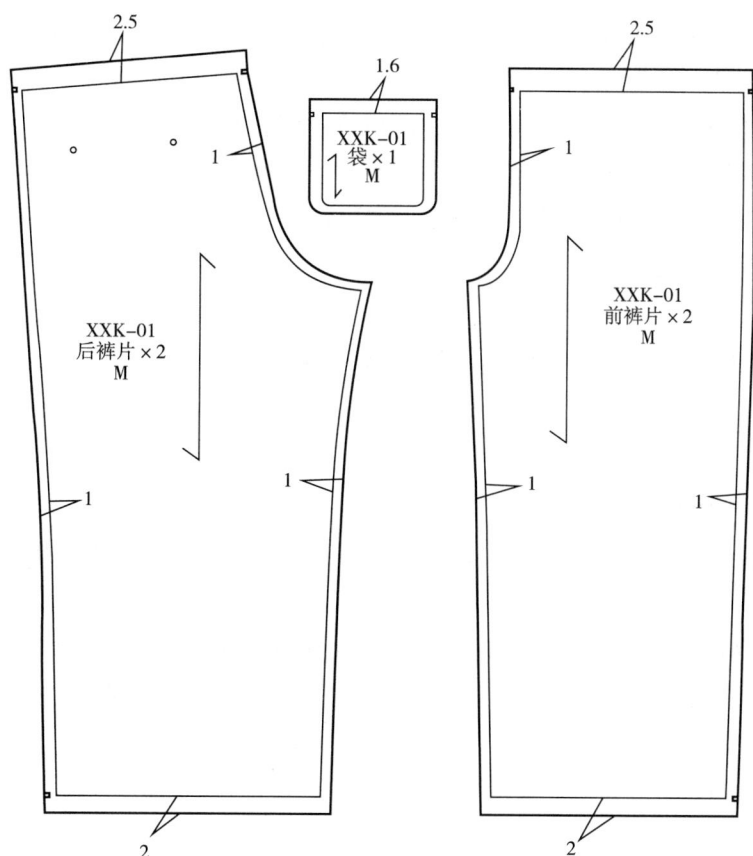

图 6-32　休闲裤样板图

（3）袋口三线拷光，略切丝 0.2cm，袋口平直。

（4）袋口双针折边 1.6cm，针距 0.6cm。上下车一致，不弯曲。

（5）根据口袋净样烫袋，左右对称，袋角圆顺。

（6）按穿着时的左后片根据记号点位订袋，止口 0.15cm，袋角圆顺，左右对称，袋口两侧竖向套结 0.8cm 长，如图 6-33 所示。

（7）四线分别拷合左右内裆缝，前片放上一层拷克，左右长短一致，拷克缝平直（不伸不缩）。

（8）三线拷光脚口，略切丝 0.2cm，线迹美观，脚口平服（不拷撑开）。

（9）脚口双针 2cm，针距 0.6cm，内裆缝拷克缝倒向后片，反面无毛进或毛出。线迹调松。

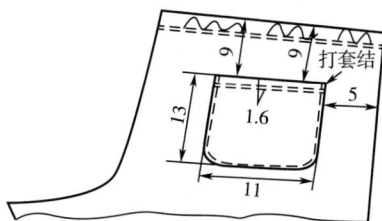

图 6-33　订袋

（10）四线拷合前后裆，从后腰顶向前拷合，拷克时带进 0.5cm 大身色尼龙带，裆底十字缝对齐，控制前后裆尺寸，尼龙带需包进刀口内，带放松，内裆缝均一致向后倒。

（11）平车缝合腰部 2.4cm 宽白色松紧带两头，松紧带尺寸大小码不同，两端做缝各 0.8cm。确保牢度，重合 1.6cm 平缝，并做四等分标记。

（12）四线拷绱腰松紧带，一周松紧一致、均匀，切丝一致，差动调好，确保拉伸，不乍线。腰松紧带接头置于后中。侧缝后倒，前后浪向穿着时的左侧倒。

（13）双针卷腰头，针距 0.6cm，龙头 2.5cm，内侧止口一致，重针在后缝中，两侧各 1.5cm 长，无双轨，一周松紧一致。不绞边，腰边包实，底线放松。

（14）腰内穿大身色抽绳，绳左右外露一致。分尺码，毛头向内侧。

第四节　针织外套

一、插肩袖连帽卫衣

（一）成品款式特点

1. 款式与缝制特点　下摆、袖口为罗纹，袖型为插肩袖，口袋为贴袋，装帽如图 6-33 所示。

2. 用料　主料为 JC18.2tex×2+58.3tex（32 英支/2+10 英支）半精梳毛圈布，克重为 320g/m²；下摆、袖口罗纹为 JC27.8tex+7.8tex 氨纶（21 英支+70 旦）×2 罗纹，克重为 360g/m²。

（二）成品规格

成品规格见表 6-14，表中代号为款式图 6-34 中的测量部位。

表 6-14　成品规格
单位：cm

代号	部位名称	规格尺寸			档差	公差
		155/80A	160/84A	165/88A		
A	后中长	59	61	63	2	±1
B	胸围/2	47.5	50	52.5	2.5	±1
C	下摆围/2	41.5	44	46.5	2.5	±1
D	领宽	18	18.5	19	0.5	±0.5
E	前领深	8	8.5	9	0.5	±0.5
F	后领深	2.5	2.5	2.5	0	±0.1
G	袖长	72	76	80	4	±1
H	袖肥	19	20	21	1	±0.5
I	袖口宽/2	8.5	9	9.5	0.5	±0.5
J	袖口罗纹长	7			0	±0.1
K	下摆罗纹长	6.5			0	±0.1
L、M、N	帽子	24、36、28	25、36、28	25、37、29	1	±0.5
Q、R、S、T	口袋	27.5、19.5、35.5、5.5	27.5、19.5、35.5、5.5	28、20、36、6	0.5	±0.5

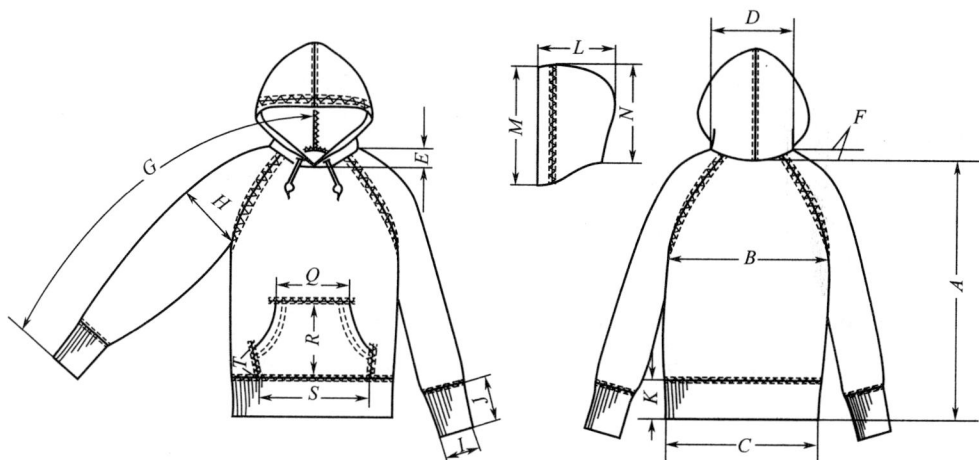

图 6-34　插肩袖连帽卫衣款式图

（三）制图尺寸计算

以 160/80A 规格为例，采用规格演算法制图，制图时考虑坯布回缩率，不考虑缝耗，制作裁剪样板时再把缝耗加进去。经测试，面料纵横向回缩率均为 2%。计算结果见表 6-15。

表 6-15　制图尺寸计算

单位：cm

部位	计算方法	规格
后中长	（后中长-罗纹长）/（1-纵向回缩率）=（61-6.5）/（1-2%）	55.6
胸围/2	胸围/［2×（1-横向回缩率）］=50/（1-2%）	51
领宽	领宽规格18.5。由于领宽部位在缝制过程中容易受拉伸，故不考虑回缩率	18.5
前领深	前领深规格8.5。由于领深部位在缝制过程中容易受拉伸，故不考虑回缩率	8.5
后领深	后领深规格2.5。由于领深部位在缝制过程中容易受拉伸，故不考虑回缩率	2.5
袖长	（袖长规格-罗纹长 7）-1。由于袖长在整烫过程中容易受到拉伸， 故不考虑回缩率，还应减1cm	68
袖肥	袖肥大规格/（1-横向回缩率）=20/（1-2%）	20.4
袖口宽	袖口大规格/（1-横向回缩率）=9/（1-2%）	9.2
风帽	风帽前长由于受双针绷缝的影响容易伸长， 故不加回缩，帽宽和帽后长各加 0.5cm 回缩	24.75/36/28.5
口袋	口袋宽和高各加 0.5cm 回缩	28/20/36/5.5

（四）制图

根据表 6-15 中计算所得尺寸，插肩袖连帽卫衣制图如图 6-35 和图 6-36 所示，帽制图如图 6-37 所示。具体步骤如下：

1. 大身辅助线制图步骤（图6-35）

（1）画基本线（前后中线），并在基本线上确定后中长尺寸，后中长为55.6cm。

（2）画下平线，在下平线上确定胸围规格/4，大小为25.5cm，并以此点为起点，画前后中线的平行线为侧缝线。

（3）画上平线，以后中长为基础，向上量取2.5cm画下平线的平行线为上平线，并在上平线上确定领宽规格/2，大小为9.25cm。

（4）画前领深线：以领宽点为起点，取8.5cm，画上平线的平行线。

（5）画肩斜线：以领宽点为起点，取比值15:4确定肩斜度。

（6）以前后中线与上平线的交点为起点，量取袖长尺寸68cm，在肩斜线的延长线上确定一点为袖中线与袖口线的交点A。

（7）画袖口宽：以A点为起点，垂直量取袖口宽9.5cm，取袖底线与袖口线的交点B。

（8）画袖肥，距离侧缝线3cm，画侧缝线的平行线，量取袖肥20.5cm与侧缝线的平行线相交于D点；袖肥线与袖中线垂直，交点为C。

（9）以肩颈点为起点，在前领圈弧线上量取4cm为E点，用直线连接DE。

（10）以E点为圆心，以DE长度为半径，画圆弧与侧缝线相交于F点，用直线连接EF。

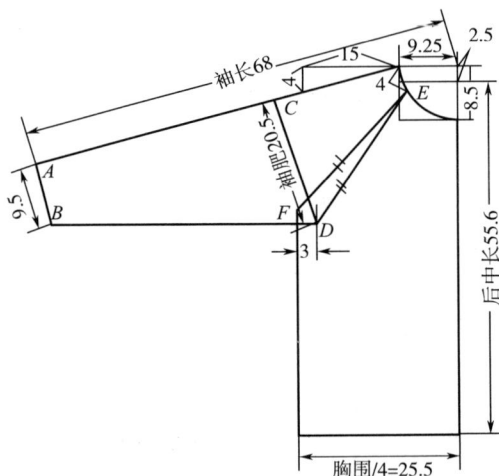

图6-35　插肩袖连帽卫衣大身辅助线制图

2. 大身结构线制图步骤（图6-36）

（1）前后中线：按基本线，同时把基本线改为点画线。

（2）后领圈弧线：把后领宽分成两等份，从领肩点到后领中点画顺领圆弧。

（3）前领圈弧线：从领肩点至前领中点通过角平分线上3cm点，画顺领圆弧。

（4）袖中线：从领肩点连接至袖口点为袖中线。

（5）袖口线：按辅助线。

（6）袖窿弧线及袖山弧线：将直线EF分成三等份，离E点三分之一处凸出0.8cm，KF

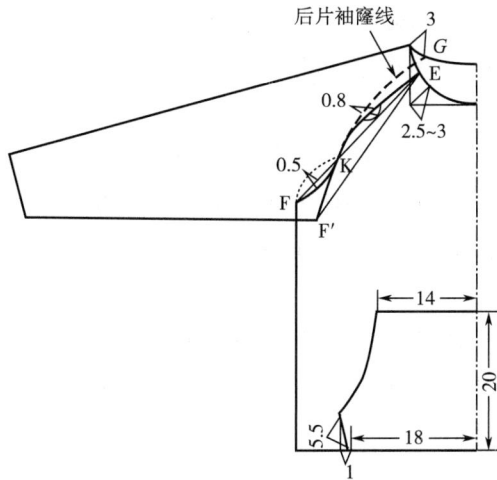

图 6-36　插肩袖连帽卫衣大身结构线制图

中点凸进 0.5cm，画顺圆弧 $\overparen{EKF}$ 即为前袖窿弧线；测量 $\overparen{KF}$ 弧长，修正 F' 点，使得 $\overparen{KF'}=\overparen{KF}$，画顺弧线 $\overparen{EKF'}$ 即为前袖山弧线；从肩颈点沿后领圈弧线量取 3cm 得点 G，画顺弧线 $\overparen{GKF}$ 即为后袖窿弧线；画顺弧线 $\overparen{GKF'}$ 即为后袖山弧线。

（7）袖底线：直线连接 BF'。

（8）侧缝线：按辅助线。

（9）底摆线：按辅助线。

（10）画口袋：在前后中线上，从下平线往上量 20cm 为袋口高，袋底宽 18cm 在下平线上，袋顶宽 14cm 画底边线的平行线，袋侧长 5.5cm，画顺袋口弧线。

3. 帽子制图　帽子框架图及结构线完成图如图 6-37 所示。

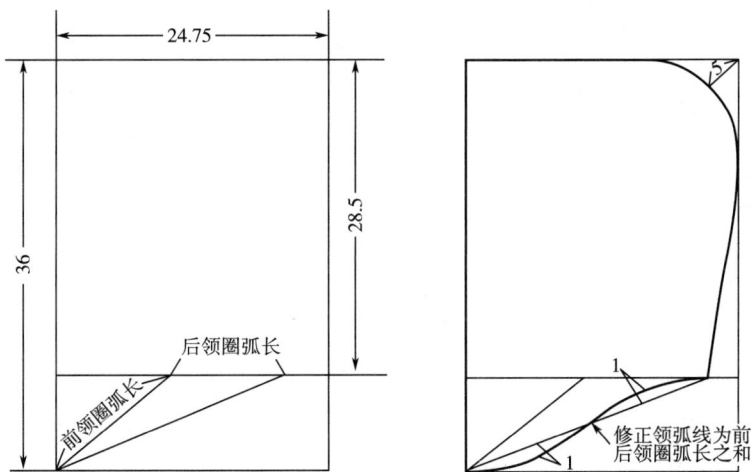

图 6-37　插肩袖连帽卫衣大身帽子制图

帽子各部位尺寸可依据以下方法测量：从前领围中心点开始，通过头顶部再量至前领围中心点，加上必要的松量即可作为帽子前长尺寸，使用软尺自额头中央经过耳朵上方，绕脑后突出处围量一周取头围，作为帽宽尺寸的依据。

（五）样板制作

1. 加缝份 在净样板制图四周加缝份，大身底边、侧缝、袖窿、领圈、袖山头、帽中缝及帽底缝均为四线拷合，缝份为1cm，帽檐放缝3cm（折边宽2.5cm+余量0.5cm）；袋口缝份为2.5cm（折边宽2cm+余量0.5cm）；口袋上口及侧边缝份为0（毛边），口袋下口缝份为1cm。

2. 做记号 在前片底边绱口袋处打剪口；在前后领中心点、袖山前后交界处打上剪口；在前片袋位处打孔。在样板上标注丝绺方向，并写明款式名称、规格、衣片名称、衣片需裁剪的片数等，如图6-38和图6-39所示。

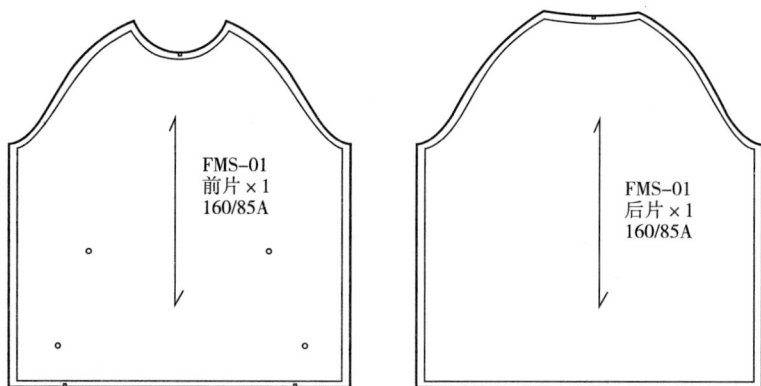

图6-38 插肩袖连帽卫衣前后片样板图

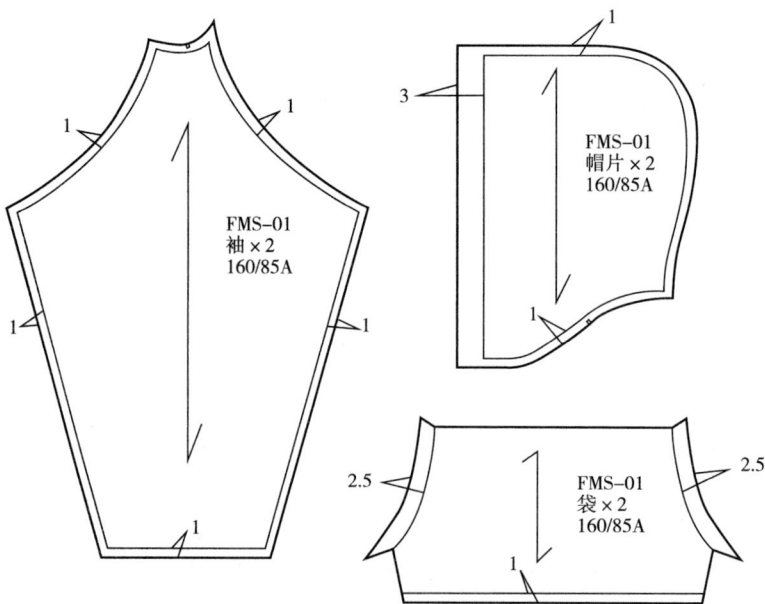

图6-39 插肩袖连帽卫衣袖、帽子样板图

（六）缝制工艺流程

帽檐锁眼→四线合帽→双针绷缝帽中缝→帽檐三针五线卷边→双针卷袋口边→三针五线缝口袋上口（平车打回针）→三针五线缝口袋外侧（平车打回针）→平车拼合袖口罗纹、下摆罗纹→三线包缝缝插肩袖→缝袖处三针五线绷缝→四线包缝合大身→三线包缝分别缝袖口罗纹、下摆罗纹→袖口罗纹、下摆罗纹处三针五线绷缝→四线包缝缝帽→穿帽绳

（七）缝制要求

（1）帽檐竖锁眼，眼大1cm（不连线迹），眼中心距帽檐和第一根针线居中。

（2）帽檐三针五线卷边2.5cm，卷边时注意宽窄一致，不能有毛边外露。

（3）双针卷袋口边2cm，三针五线缝口袋上口，毛边外露0.3cm，三针五线做出口袋外3cm处。

（4）平车口袋上口三针五线处打竖回针0.6cm长，三针五线装饰线过袋边成品2.5cm，回针要打牢，以防水洗后松开。

（5）三针五线缝口袋外侧，毛边外露0.3cm，三针五线做出口袋外3cm处。

（6）平车口袋外侧三针五线处打横回针0.6cm长，三针五线装饰线过袋边成品2.5cm，回针要打牢，以防水洗后松开，如图6-40所示。

（7）袖口、下摆及缝袖处为三针五线绷缝，所有用到三针五线的地方均为配色涤纶线，罗纹处为罗纹色，钉商标配商标色涤纶线，其他为大身色涤纶线。

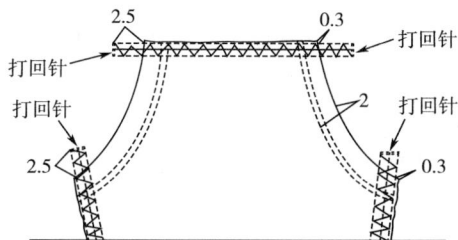

图6-40　打回针示意图

（8）四线拷合缝帽片，帽檐重叠2cm，拷时注意松紧要一致。

（9）四线包缝合大身，注意袖底十字缝对齐。

（10）平车后中钉商标，钉于后中向下1cm。

参考文献

［1］上海市针织工业公司，天津市针织工业公司．针织手册：第六分册［M］．北京：纺织工业出版社，1981.

［2］彭立云．针织服装设计与生产实训教程［M］．北京：中国纺织出版社，2008.

［3］李津．针织服装设计与生产工艺［M］．北京：中国纺织出版社，2005.

［4］李世波，金惠琴．针织缝纫工艺［M］.3 版．北京：中国纺织出版社，2006.

［5］桂继烈．针织服装设计基础［M］．北京：中国纺织出版社，2001.

［6］蒋高明．针织学［M］．北京：中国纺织出版社，2012.

［7］张文斌．服装工艺学：成衣工艺分册［M］.2 版．北京：中国纺织出版社，2004.

［8］薛福平．针织服装设计概论［M］．北京：中国纺织出版社，2008.

［9］刘瑞璞，刘维和．女装纸样设计原理与技巧［M］.2 版．北京：中国纺织出版社，2004.

［10］包昌法．服装缝纫工艺［M］．北京：中国纺织出版社，1998.

［11］孔令榜，李勇．服装设备使用与维修［M］．北京：中国轻工业出版社，2004.

［12］韩滨颖，李佳荣，高岩．现代服装纸样设计［M］．北京：中国纺织出版社，2001.

［13］贺庆玉．针织概论［M］.4 版．北京：中国纺织出版社，2012.

［14］日本文化服装学院．文化服装函授讲座［M］．张文斌，译．北京：纺织工业出版社，1986.

［15］陈美芳，李少华．裁剪打版技法［M］．海南：海南出版社，1989.

［16］郑健．服装设计学［M］.2 版．北京：纺织工业出版社，1996.

［17］姜蕾．服装生产工艺与设备［M］.3 版．北京：中国纺织出版社，2019.

［18］孙金阶．服装机械原理［M］.4 版．北京：中国纺织出版社，2011.

［19］刘国联．成衣生产技术管理［M］.2 版．北京：中国纺织出版社，2009.

［20］陆鑫，穆红，滕洪军．成衣缝制工艺与管理［M］．北京：中国纺织出版社，2005.

［21］鲍卫君．服装工艺基础［M］.2 版．上海：东华大学出版社，2016.